中·等·职·业·教·育·教·材

化学实验
基本操作技术

第二版

姜淑敏　孙　巍　张春艳　主编

张　雪　副主编

化学工业出版社

·北京·

内容简介

本书从化学实验室的基本操作入手，以具体的实验操作方法为手段，旨在让学生掌握化学实验室的基本技能，内容包括化学实验室的安全和环保常识，化学实验常用玻璃器皿的洗涤、玻璃仪器的干燥，加热器的种类与用法、物质的干燥方法，玻璃工操作技术，溶解和搅拌、蒸发和结晶、过滤和洗涤等技术，在此基础上进一步学习化学定量分析基本操作，包括各种天平的使用、滴定管和吸管的选择以及实验室测量仪表的使用等，之后进行操作训练，即混合物的提纯与分离、基本有机合成、物理常数的测定和纯水制备技术。

本书可作为中等职业学校加工制造类、医药卫生类、农林牧渔类等相关专业教材，也可作为涉及化学实验操作相关工种的培训教材，同时也可供相关行业质检和分析人员参考使用。

图书在版编目（CIP）数据

化学实验基本操作技术/姜淑敏，孙巍，张春艳主编．—2版．—北京：化学工业出版社，2021.8（2024.9重印）

ISBN 978-7-122-37297-0

Ⅰ.①化… Ⅱ.①姜…②孙…③张… Ⅲ.①化学实验-实验技术 Ⅳ.①O6-33

中国版本图书馆CIP数据核字（2021）第143129号

责任编辑：刘心怡　　装帧设计：关　飞
责任校对：宋　夏

出版发行：化学工业出版社（北京市东城区青年湖南街13号　邮政编码100011）
印　　装：大厂聚鑫印刷有限责任公司
787mm×1092mm　1/16　印张14¼　字数267千字　2024年9月北京第2版第4次印刷

购书咨询：010-64518888　　售后服务：010-64518899
网　　址：http://www.cip.com.cn
凡购买本书，如有缺损质量问题，本社销售中心负责调换。

定　　价：39.80元

前 言

化学实验是培养学生实践技能的重要手段，而化学实验基本操作技术的学习是学生掌握化学实践技能的基础。本书主要介绍了化学实验的基本操作知识，包括各种天平的使用、滴定管和吸管的选择以及实验室测量仪表的使用等，之后进行操作训练，即混合物的提纯与分离、基本有机合成、物理常数测定、试样的采集与制备和纯水制备技术。本书注重理论和实践达到有机结合，使学生能掌握所学习的技能。

本书既考虑了初学者的基本知识和基本技能，也考虑到现代分析技术的要求。通过本书的学习，读者不仅能掌握化学分析的基本操作技术，而且能掌握实验室中一般仪器分析的操作方法，通过实践和学习，可达到举一反三的效果，为后续学习打下初步基础。

本书第一版经过多年的使用，受到广大师生的喜爱，本次修订，更新了国家标准相关内容，增加了课后习题答案内容，使读者学习更方便。

本书由本溪市化学工业学校姜淑敏、张春艳、张雪（第一、六章），山西省工贸学校冯淑琴、本溪市化学工业学校樊志强（第二章），本溪市化学工业学校付云红、孙巍（第三章），安徽化工学校章厚林（第四、七章），沈阳市化学工业学校马彦峰、本溪市化学工业学校王金丹（第五章）同志修订。全书由本溪市化学工业学校姜淑敏、张春艳、孙巍同志统稿，合肥化工职业技术学校董吉川主审。

由于我们的水平有限，缺点和不妥之处在所难免，真诚地希望广大读者批评指正。

编 者

2021 年 7 月

第一版前言

本书是根据中国化工教育协会批准颁布的《全国化工中级技工教学计划》，由全国化工高级技工教育教学指导委员会组织编写的全国化工中级工教材，也可作为化工企业工人培训教材使用。

本书主要介绍化学实验的基本操作知识，如化学实验常用玻璃器皿的洗涤、玻璃仪器的干燥，加热器的种类与用法、物质的干燥方法，玻璃工操作技术，溶解和搅拌、蒸发和结晶、过滤和洗涤等技术，在此基础上进一步学习化学定量分析基本操作。本书既考虑了初学者的基本知识和基本技能，也考虑到现代分析技术的要求。

为了体现中级技工的培训特点，本教材内容力求通俗易懂、涉及面宽，突出实际技能训练。本书按“掌握”、“理解”和“了解”三个层次编写，在每章开始的“学习目标”中均有明确的说明以分清主次。每章末的阅读材料内容丰富、趣味性强，是对教材内容的补充，以提高学生的学习兴趣。本书为满足不同类型专业的需要，增添了教学大纲中未作要求的一些新知识和新技能。教学中各校可根据需要选用教学内容，以体现灵活性。

本书由姜淑敏主编，董吉川主审。全书共分八章。绪论、第一章和第六章由姜淑敏编写；第二章由冯淑琴编写；第三章和第八章由付云红编写；第四章和第七章由章厚林编写；第五章由马颜峰编写；全书由姜淑敏统稿。参加本教材审稿及帮助指导工作的有胡仲胜、李文原、王新庄、张荣、盛晓东、侯波、宁芬英、杨延军、贺红举、陈建军、吴卫东、赵华、朱宝光、韩利义、杨桂玲、王波、陈艾霞、杨兵、巫显会、黄凌凌、戴捷、邱国声、杨永红、袁龈、黎坤、陈本寿、王丽、高盐生、焦明哲等。

本教材在编写过程中得到中国化工教育协会、全国化工高级技工教育教学指导委员会、全国化工中等专业教育教学指导委员会、化学工业出版社及相关学校领导和同行们的大力支持和帮助，在此一并表示感谢。

由于编者水平有限、不完善之处在所难免，敬请读者和同行批评指正。

编　者

2008 年 1 月

目 录

绪 论

化学是一门以实验为基础的学科。化学实验是培养学生实践技能的重要手段，而化学实验基本操作技术的学习是学生掌握化学实践技能的基础，因此，化学实验基本操作技术这门课是化学检验专业的最基本课程，也是学好其他后续化学类课程的前提条件。

本课程主要介绍了化学实验的基本操作知识，如化学实验常用玻璃器皿的洗涤、玻璃仪器的干燥，加热器的种类与用法、物质的干燥方法，玻璃工操作技术，溶解和搅拌、蒸发和结晶、过滤和洗涤等技术。在此基础上进一步学习化学定量分析基本操作，包括各种天平的使用，滴定管和吸管的选择以及实验室测量仪表的使用等。混合物的提纯与分离、基本有机合成、物理常数的测定、试样的采集与制备和纯水制备技术等。对每一项操作都进行严格、规范的基本训练，理论和实践达到有机结合，使学生能很快掌握所学习的技能。

为了使学习者目的明确，有的放矢，每项技能学习前都设有学习目标，学习结束后都设有操作指南和安全提示，起到画龙点睛的作用，使学习者有章可循。

学生要学好这门课程，不仅要有正确的学习态度，还要有科学的学习方法。首先要进行必要的预习，对基本操作过程有一个较全面的认识，了解操作原理，熟悉操作装置，尤其对操作的关键点要做到心中有数，到实验室后才不会手忙脚乱，起到事半功倍的效果。在操作训练时必须听从教师的指导，做好实验操作记录，对操作过程中出现的异常现象要及时记录下来，并能结合已学过的知识加以分析与讨论，找到问题所在，提出解决方案，提高基本操作技术水平。

第一章 实验室的安全和环保常识

学习目标：

1. 了解实验室规则。
2. 了解实验室中一般伤害的预防及急救知识。
3. 了解实验室中有关安全用电和灭火常识。
4. 掌握实验室中危险化学品的分类、储存、包装和使用知识。
5. 应用所学知识处理实验结束后的废弃物。

第一节 学生实验规则

为确保化学实验课有序、安全、有效地进行，提高化学实验课的教学质量，达到本课程的教学目标，学生必须遵守下列规则。

① 实验前必须作好预习，认真学习所做实验内容，了解实验过程中所需的仪器及试剂、实验原理、实验过程中的关键点，做到心中有数。自己归纳实验内容，写好实验预习提纲，没有完成预习者，不得进行实验操作。

② 不准迟到，如果迟到超过 20min，则本次实验不记成绩。操作中不准无故离开实验室，如必须离开时要委托他人看管。

③ 上实验课需穿实验服或长袖上衣及长裤，不得穿短裙、短裤、拖鞋。

④ 为了确保实验课堂的纪律，不准在实验室里大声喧哗，不准到处乱跑，尤其是不能拿着药品和玻璃仪器来回跑，以免伤到自己或他人。

⑤ 实验过程中，要严格按实验规则操作，本着实事求是的科学态度认真完成实验操作。仔细观察实验现象，如实记录实验数据。实验数据要记在专门的实验记录本上，不准记在手上或其他小纸片上。

⑥ 不得用手直接接触药品，不得品尝任何药品的味道。配制腐蚀性、挥发性药品时必须戴防护手套及防护眼镜。

⑦ 玻璃仪器要轻拿轻放，发现实验仪器有问题或打碎玻璃器皿，要立即报

告实验教师，以便教师妥善处理，确保实验正常进行。

⑧ 为保证实验课的良好环境和安全，不准在实验室吸烟和饮食，不准随地吐痰，不准乱扔杂物。要保持实验台面、地面和水槽的清洁，公共试剂、仪器及药品用完后要及时放回原处。实验台上不得放置与实验无关的物品或书本。

⑨ 实验过程中的废弃物不准倒入水池，要倒入指定的地点。不宜回收的浓酸、浓碱废液，须先中和，再加水稀释后方可排放。

⑩ 要按实验要求取用试剂及药品，不得浪费。

⑪ 实验结束后要整理好实验所用的仪器、试剂和药品，擦净实验台，放好实验凳，检查所用过的水、电开关是否关闭，经实验教师允许后方可离开实验室。

⑫ 值日生要认真做好实验室内的卫生清扫工作。

⑬ 实验室内的任何物品没有经过实验教师同意，不准以任何理由私自带出去。

⑭ 实验完成后，按教师要求写出实验报告。

第二节　安全用电及灭火常识

一、实验室安全用电

1. 实验室安全用电标识

明确统一的标志是保证实验室安全用电的一项重要措施。作为一名化学检验工作者，要具备识别安全用电标志的能力。

标志分为颜色标志（见表 1-1）和图形标志（见图 1-2）。颜色标志常用来区分各种不同性质、不同用途的导线，或用来表示某处安全程度。图形标志一般用来告诫人们不要去接近有危险的场所。为保证安全用电，必须严格按有关标准使用颜色标志和图形标志。我国安全用电一般采用的安全色标如表 1-1 所示。

表 1-1　安全用电颜色标志

色标颜色	颜色标志含义
红色	用来标志禁止、停止和消防，如信号灯、信号旗、机器上的紧急停机按钮等都是用红色来表示“禁止”的信息
黄色	用来标志注意危险。如“当心触电”“注意安全”等
蓝色	用来标志强制执行，如“必须戴安全帽”等

续表

色标颜色	颜色标志含义
黑色	用来标志图像、文字符号和警告标志的几何图形
绿色	用来标志安全无事。如“在此工作”“已接地”等

按照规定，为便于识别，防止误操作，确保运行和检修人员的安全，采用不同颜色来区别设备特征。如电气母线，A 相为黄色，B 相为绿色，C 相为红色，明敷的接地线涂为黑色。在二次系统中，交流电压回路用黄色，交流电流回路用绿色，信号和警告回路用白色。

2. 实验室安全用电的有关注意事项

① 认识了解电源总开关的位置，学会在紧急情况下切断总电源。

② 不用手或导电物（如铁丝、钉子、别针等金属制品）去直接接触、探试电源插座内部。

③ 不用湿手触摸电器，不用湿布擦拭带电仪器。

④ 实验仪器使用完毕后应拔掉电源插头；插拔电源插头时不要用力拉拽电线，以防止电线的绝缘层受损造成漏电；电线的绝缘皮剥落，要及时更换新线或者用绝缘胶布包好。

⑤ 不随意拆卸、安装电源线路、插座、插头等。即使是安装电炉等简单的操作，也要先关断电源，并在实验教师的指导下进行。

⑥ 要时常检查电线、开关、插头和一切电器用具是否完整，有无漏电、受潮、霉烂等情况。

⑦ 电炉、烘箱在工作状态下不能离人。

二、实验室灭火常识

实验室中储存有各种易燃易爆化学品，如果保管或者操作不当，就会发生火灾。一旦有事故发生，实验人员不仅要挺身而出，积极参与，还要用科学的方法来处理。首先要正确认识火灾火源的性质，选用适当的灭火器。碱金属、氢化钾、氢化钠、电石和锌粉等，遇水后即发生剧烈的化学反应，放出可燃性气体，同时释放出大量的热，极易引起爆炸；汽油、乙醚、丙酮和苯等有机溶剂，这些物质比水轻，着火时若用水灭火，它们会漂浮在水面上，随水流动，造成火势蔓延扩大；高压电气装置着火时，在没有良好的接地，或没有切断电源的情况下，不能用水扑救，这是因为一般的水都具有导电性能，电流可通过水流造成人身触电事故；精密化学仪器设备，也不易用水扑救。因此要正确识别物品的理化性质，做到知己知彼，方能百战百胜。

1. 火灾分类

根据燃烧物的性质，国际上统一将火灾分成 A、B、C、D 四大类。具体内容见表1-2。

表1-2　火灾分类

类型	内容
A类火灾	A类火灾是指木材、纸张和棉布等物质的着火。这类火灾发生时最有效的扑救方法是用水。也可以用泡沫灭火器和酸碱式灭火器
B类火灾	B类火灾是指可燃性液体着火。扑救这类火灾可以用泡沫灭火器，但是不能用酸碱式灭火器和水
C类火灾	C类火灾是指可燃性气体着火。扑救这类火灾可以用1211灭火器和干粉灭火器
D类火灾	D类火灾是指可燃性金属着火。扑灭这类火灾最有效的方法是用砂土覆盖燃烧的物质

2. 灭火器的类型、适用范围和使用方法

化验室经常使用到易燃、易爆和自燃性质很强的化学试剂，有发生燃烧，甚至有爆炸危险的不安全因素存在。实验人员应该学习并掌握灭火器材的分类和使用，具体内容见表1-3。

表1-3　灭火器类型

灭火器类型	适用范围	使用方法
泡沫式	扑救一般B类火灾，如油制品、油脂等火灾，也可适用于A类火灾，但不能扑救B类火灾中水溶性可燃、易燃液体的火灾。也不能扑救带电设备及C类和D类火灾	可手提筒体上部的提环，迅速奔赴火场，当距离着火点10m左右，将筒体颠倒过来，一只手紧握提环，另一只手扶住筒体的底圈，将射流对准燃烧物
酸碱式	适用于A类物质燃烧的初起火灾。如木、织物、纸张等燃烧的火灾	手提筒体上部提环，在距离燃烧物6m左右向燃烧物喷射
二氧化碳	适用于电器失火	灭火时，只要将灭火器在距离燃烧物5m左右拔下保险销，一手握住喇叭筒根部的手柄，另一只手紧握启闭阀的压把向燃烧物喷射
1211	油类、有机溶剂、高压电气设备、精密仪器等失火	灭火时只要将灭火器提到或扛到火场，在距离燃烧物5m左右，放下灭火器，拔下保险销，一手握住开启把，另一只手紧握喷射软管前端的喷嘴处，向燃烧物喷射
干粉灭火	油类、可燃气体、电气设备、精密仪器和遇水燃烧等物品的初起火灾	扑救可燃、易燃液体火灾时，应对准火焰要害部扫射，如果被扑救的液体火灾呈流淌燃烧时，应对准火焰根部由近而远，并左右扫射，直至把火焰全部扑灭

在一般情况下，灭火器材就是水、沙子、湿土、石棉毡等，但是在有些情况下却不能单单用这些灭火器材。如当实验室某个地方着火时，首先要立即切断电源，采取一定措施进行扑救。如果火势较大，就要用灭火器来灭火，并应立即拨打“119”请求援助。

第三节　危险化学品的使用

一、危险化学品的分类

目前，我国危险化学品分类由《化学品分类和危险性公示 通则》（GB 13690—2009）规定，该标准按照联合国《化学品分类及标记全球协调制度》（GHS）的要求对化学品危险性进行分类，其规定的危险化学品分类见表1-4。

表1-4　危险化学品的分类

危险化学品类型		特性
理化危险	爆炸物	本身能够通过化学反应产生气体，而产生气体的温度、压力和速度能对周围环境造成破坏，也包括发火物质。发火物质指发生非爆炸自持放热化学反应产生的热、光、声、气体、烟或组合产生效应的物质
	易燃气体	20℃和101.3kPa标准压力下，与空气有易燃范围的气体
	易燃气溶胶	容器内装强制压缩、液化或溶解的气体，可以使所装物质喷射出来，形成在气体中悬浮的固态或液态微粒或形成泡沫、膏剂或粉末或处于液态或气态的，易燃的物质
	氧化性气体	比空气更能导致或促使其他物质燃烧的任何气体
	压力下气体	高压气体在压力等于或大于200kPa（表压）下装入储器的气体，或是液化气体或冷冻液化气体
	易燃液体	闪电不高于93℃的液体
	易燃固体	容易燃烧或通过摩擦可能引燃或助燃的固体
	自反应物质	即使没有氧气（空气）也容易发生激烈发热分解的热不稳定液态或固态混合物
	自热物质	发火液体或固体以外，与空气反应不需要能源供应就能够自己发热的固体或液体或混合物
	自燃液体	即使数量小也能在与空气接触后5min之内引燃的液体
	自燃固体	即使数量小也能在与空气接触后5min之内引燃的固体
	遇水放出易燃气体的物质	通过与水作用，容易具有自燃性或放出危险数量的易燃气体的固态或液态物质或混合物
	金属腐蚀物	腐蚀金属的物质或混合物
	氧化性液体	本身未必燃烧，但通常因放出氧气可能引起或促使其他物质燃烧的液体
	氧化性固体	本身未必燃烧，但通常因放出氧气可能引起或促使其他物质燃烧的固体
	有机过氧化物	含有二价—O—O—结构的液态或固态有机物。有机过氧化物是热不稳定物质或混合物，容易放热自加速分解

续表

危险化学品类型		特性
健康危险	急性毒性	24h内多剂量口服、皮肤接触一种物质，或吸入接触4h之后出现的有害效应
	皮肤腐蚀/刺激	皮肤腐蚀指施用4h后，可观察到表皮和真皮坏死；皮肤刺激是施用4h后对皮肤造成可逆损伤
	严重眼睛损伤/眼睛刺激性	严重眼损伤指在眼前部表面施用试验物质后，对眼部造成21d内并不完全可逆的组织损伤或严重的视觉物理衰退；眼睛刺激指在眼前部表面施用试验物质后，在眼部产生21d内完全可逆的变化
	呼吸或皮肤过敏	呼吸过敏物是吸入后会导致气管超过敏反应的物质；皮肤过敏物是皮肤接触后会导致过敏反应的物质
	生殖细胞突变性	可能导致人类生殖细胞发生可传播给后代的突变的化学品
	致癌性	导致癌症或增加癌症发生率的化学物质或混合物
	生殖毒性	对成年雄性或雌性性功能和生育能力的有害影响，以及在后代中的发育毒性
	特异性靶器官系统毒性一次接触	由于单次接触而产生的特异性、非致命性靶器官/毒性的物质。所有可能损害机能的，可逆和不可逆的，即时和/或延迟的显著健康影响都包括在内
	特异性靶器官系统毒性反复接触	由于反复接触而产生特定性靶器官/毒性的物质。所有可能损害机能的，可逆和不可逆的，即时和/或延迟的显著健康影响都包括在内
	对水环境的危害	包括急性水生毒性、潜在或实际的生物积累、有机化学品的降解和慢性水生毒性

二、常用危险化学品的标志图

GHS规定了标准符号及象形图，见图1-1。对于运输，我国采用的是《联合国关于危险货物运输的建议书　规章范本》，其规定了运输象形图的规格，包括颜色、符号、尺寸、背景对比度、补充安全信息和一般格式等，本书列出了常见的12种危险化学品的象形图，见图1-2。

(a) 爆炸标准符号　　(b) 爆炸物象形图

图1-1　GHS规定的标准符号及象形图示例

(a) 爆炸物(整体爆炸危险)

(b) 爆炸物(严重进射危险)

(c) 易燃气体

(d) 易燃液体

图1-2

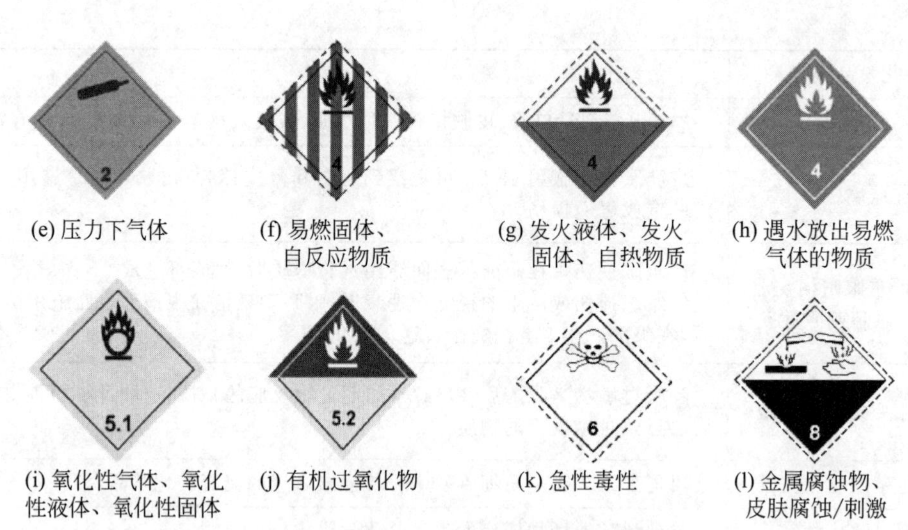

图 1-2　常见的危险化学品象形图

三、危险化学品的储存

储存、使用危险化学品，应当根据危险化学品的种类、特性，在库房等作业场所设置相应的监测、通风、防晒、调温、防火、灭火、防爆、泄压、防毒、消毒、中和、防潮、防雷、防静电、防腐、防渗漏、防护围堤或者隔离操作等安全设施、设备，并按照国家标准和国家有关规定进行维护、保养，保证符合安全运行要求。根据危险化学品的分类情况，其具体储存方法如下。

1. 易燃液体、遇湿易燃物品、易燃固体的储存

易燃液体、遇湿易燃物品、易燃固体的存放要专库专人保管，保管人员应定期检查存放安全和库房消防设备的有效性，发现问题及时报告。不得与氧化剂混合储存。氧化剂要单独存放。

2. 剧毒品的储存

剧毒品应执行“五双”制度，即双人验收、双人保管、双人发货、双把锁、双本账的管理体制。剧毒品配制过程应详细记录数量、浓度、配制人、复核人、配制日期、有效期等；使用过程应详细记录消耗量、处理方式、处理去向、使用人、复核人；使用过程中的保存应符合“五双”制度的要求。不要露天存放，不要接近酸类物质。

3. 低沸点有机溶剂的储存

低沸点有机溶剂应低温储存（如防爆冰箱），防止爆炸。

4. 强氧化性物品的储存

强氧化性物品的管理要保持存放处低温、空气流通性好。要远离易燃或可燃物，不能和易氧化物质混合存放。

5. 强腐蚀性物品的储存

强腐蚀性物品要求存放处阴凉、通风，药品柜要耐腐蚀，不允许与液化气体和其他药品共存；强酸强碱化学试剂应上锁储存，防止挪作他用。

6. 爆炸品的储存

爆炸品不得和其他类物品一起存放，必须单独隔离，限量储存。

7. 放射性物品的储存

放射性物品要单独存放，同时要备有防护设备、操作器、操作服等以确保人身安全。

第四节　实验室废弃物的处理

化学实验给环境带来的污染问题是不容忽视的，我们必须重视对污染物的正确处理，一般处理原则为：分类收集、存放，分别集中处理。实验室的废弃物所包含的种类很多，从整体上看主要有无机物和有机物两大类。排放这些废弃物时，一方面受到政府颁布的各项法令的限制，另一方面要考虑到对自然环境和人体健康的危害，所以不能随意排放实验室的废弃物，特别是化学废弃物，即便是数量甚微，在排放前也必须进行适当的处理。

实验室的废液通常是数量较少，但是种类多，而且组成也经常发生变化，这与工厂废液不同，因此最后不要对它进行集中处理，而由各实验室根据废弃物的性质，分别加以处理。为此，实验人员要养成收集废弃物的习惯，并掌握每一种废弃物的处理方法。

本节所叙述的是针对实验室废弃物中，对水造成污染的有害物质，并列出一些方法作为示例。当然，随着废液组成的变化和环境的改变，处理方法也将随着发生改变，这就要求我们实验人员不断学习，研究出更合理、更实用的处理方法。

一、实验室废弃物收集、储存注意事项

实验室的废弃化学试剂和实验产生的有毒有害废液、废物，严禁向下水口倾倒或随垃圾丢弃，不可将废弃的化学试剂放在楼道、阳台、庭院等公共场合，违者将受到严格追查和处罚。有毒有害废液及废弃化学试剂应按下述规定放置。

1. 固体试剂

固体试剂一般应保存在原（旧）试剂瓶中，并注明是废弃试剂，暂时保存在试剂柜中。

2. 液体试剂

化学实验室统一购置塑料桶（分三类并印有标志），用以分别收集含卤素有机物、一般有机物、无机物废液。废液收集桶应随时盖紧，并放于实验室较阴凉处。进入废液收集桶的主要有毒有害成分须在《化学废弃物记录单》上登记，要写有毒有害成分的全称或化学式，不可写简称或缩写。桶满后，将记录单粘贴在相应的桶上。

3. 有害废液

有害废液不包括含剧毒试剂的废液，剧毒废液不可直接放入上述三类收集桶中。

4. 高浓度废液

浓度超过表 1-5 所列数字时必须进行处理。

表 1-5 必须加以处理的废液的最低浓度、收集分类及处理方法

分类		处理物质	浓度/(μg/g)	处理方法名称
无机类废液	有害物质	Hg	0.005	硫化物共沉淀、吸附法
		Cd	0.1	氢氧化物沉淀法、硫化物共沉淀、吸附法
		Cr(Ⅵ)	0.5	还原、中和、吸附法
		As	0.5	氢氧化物共沉淀法
		CN	1	氯碱法、电解氧化法、臭氧氧化法、普鲁士蓝法
		Pb	1	氢氧化物沉淀法、硫化物共沉淀法、吸附法、碳酸盐沉淀法
	污染物质	Ni	1	氢氧化物共沉淀法、硫化物共沉淀法、吸附法、碳酸盐沉淀法
		Co	1	
		Ag	1	
		Sn	1	
		Cr(Ⅲ)	2	
		Cu	3	
		Zn	5	

续表

分类		处理物质	浓度/(μg/g)	处理方法名称
无机类废液	污染物质	Te	10	氢氧化物共沉淀法、硫化物共沉淀法、吸附法、碳酸盐沉淀法
		Mn	10	
		其他(Se、W、V、Mo、Bi、Sb 等)	1	
		B	2	吸附法
		F	15	吸附法、沉淀法
		氧化剂、还原剂	1%	氧化法、还原法
		酸、碱类物质	若不含其他有害物质,稀释后即可排放	中和法
		有关照相的废液	只排放洗净液	氧化分解法
有机类废液	有害物质	多氯联苯	0.003	碱分解法、焚烧法
		有机磷化合物(农药)	1	
	污染物质	酚类物质	5	焚烧法、溶剂萃取法、吸附法、氧化分解法、水解法、生物化学处理法
		石油类物质	5	
		油脂类物质	30	
		一般有机溶剂(由 C、H、O 元素组成的物质)	100	
有机类废液	污染物质	除以上外的有机溶剂(含 S、N、卤素等成分的物质)	100	焚烧法、溶剂萃取法、吸附法、氧化分解法、水解法、生物化学处理法
		含有重金属的溶剂	100	
		其他难于分解的有机溶剂	100	

5. 配位离子、螯合物之类的废弃液

处理配位离子、螯合物之类的废弃液时，如果有干扰成分存在，要把含有这些成分的废液另外收集。

6. 盛放废液的容器

要选择不会被废液腐蚀的容器收集。将所收集的废液成分及含量写清楚，并贴上明显的标签，放在安全的地点保存，对于毒性比较大的废液，要有专人保管好。

7. 有毒气体的废液

对硫醇、胺等会发出臭味的废液和会发出氰、磷化氢等有毒气体的废液，以及易燃性大的二硫化碳、乙醚之类的废液，为防止泄漏，应尽快进行处理。

8. 含有爆炸性物质的废液

对含有过氧化物、硝化甘油之类的爆炸性物质的废液，应小心操作，并要尽快处理。

9. 含有放射性物质的废弃物

对含有放射性物质的废弃物，要用另外的方法收集，并严格按照有关规定，防止泄漏，格外谨慎地处理。

二、无机类废液的处理方法

1. 含六价铬的废液

不管在酸性还是碱性条件下，Cr(Ⅵ) 总以稳定的铬酸根离子状态存在。因此，可将 Cr(Ⅵ) 处理，使之生成难溶性的 $Cr(OH)_3$ 沉淀而除去。

2. 含镉及铅的废液

用 $Ca(OH)_2$ 将 Cd^{2+} 转化成难溶于水的 $Cd(OH)_2$ 而分离。用 $Ca(OH)_2$ 把 Pb^{2+} 转变成难溶性的 $Pb(OH)_2$，然后使其与凝聚剂共沉淀而分离。

3. 含砷废液

用中和法处理不能把 As 沉淀。通常使它与 Ca、Mg、Ba、Fe、Al 等的氢氧化物共沉淀而分离除去。用 $Fe(OH)_3$ 时，其最适宜的操作条件是：铁砷比（Fe/As）为 30～50；pH 为 7～10。

4. 含汞废液

用 Na_2S 或 NaHS 把 Hg^{2+} 转变为难溶于水的 HgS，并使废液的 pH 保持在 6～8 范围内。然后使其与 $Fe(OH)_3$ 共沉淀而分离除去。

5. 含重金属的废液

把重金属离子转变成难溶于水的氢氧化物或硫化物等的盐类，然后进行共沉淀而除去。

6. 含钡废液

在废液中加入 Na_2SO_4 溶液，过滤生成沉淀后，即可排放。

7. 含硼废液

把废液浓缩，或者用阴离子交换树脂吸附。对含有重金属的废液，按含重金属废液的处理方法进行处理。

8. 含氟废液

于废液中加入消化石灰乳，至废液充分呈碱性为止，并加以充分搅拌，放置一夜后进行过滤。滤液作含碱废液处理。此法不能把氟含量降到8×10^{-6}以下。要进一步降低氟的浓度时，需用阴离子交换树脂进行处理。

9. 含酸、碱、盐类物质的废液

用pH试纸（或pH计）检验，使加入的酸或碱的废液至溶液的pH约等于7。或者用水稀释，使溶液浓度降到5%以下，然后把它排放。

三、有机类实验废液的处理方法

1. 含一般有机溶剂的废液

一般有机溶剂是指醇类、酯类、有机酸、酮及醚等由C、H、O元素构成的物质。对此类物质的废液中的可燃性物质，用焚烧法处理。对难于燃烧的物质及可燃性物质的低浓度废液，则用溶剂萃取法、吸附法及氧化分解法处理。再者，废液中含有重金属时，要保管好焚烧残渣。但是，对其易被生物分解的物质（即通过微生物的作用而容易分解的物质），其稀溶液经用水稀释后，即可排放。

（1）可燃性物质废液的处理　将可燃性物质的废液置于燃烧炉中燃烧。如果数量很少，可把它装入铁制或瓷制容器中，选择室外安全的地方把它燃烧。点火时，取一长棒，在其一端扎上沾有油类的布，或用木片等东西，站在上风方向进行点火燃烧。并且，必须监视至烧完为止。

（2）难于燃烧物质的处理　对难于燃烧的物质，可把它与可燃性物质混合燃烧，或者把它喷入配备有助燃器的焚烧炉中燃烧。对多氯联苯之类难于燃烧的物质，往往会排出一部分未焚烧的物质，要加以注意。对含水的高浓度有机类废液，此法亦能进行焚烧。

（3）产生有害气体的废液处理　对由于燃烧而产生NO_2、SO_2或HCl之类有害气体的废液，必须用配备有洗涤器的焚烧炉燃烧。此时，必须用碱液洗涤燃烧废气，除去其中的有害气体。

（4）固体物质的处理　对固体物质，亦可将其溶解于可燃性溶剂中，然后使之燃烧。

2. 含石油、动植物性油脂的废液

此类废液包括：苯、己烷、二甲苯、甲苯、煤油、轻油、重油、润滑油、切削油、机器油、动植物性油脂及液体和固体脂肪酸等物质的废液。

对其可燃性物质，用焚烧法处理。对其难于燃烧的物质及低浓度的废液，则

用溶剂萃取法或吸附法处理。对含有重金属的机油之类的废液，要保管好焚烧残渣。

3. 含N、S及卤素类的有机废液

此类废液包括：吡啶、喹啉、甲基吡啶、氨基酸、酰胺、二甲基甲酰胺、二硫化碳、硫醇、烷基硫、硫脲、硫酰胺、噻吩、二甲基亚砜、氯仿、四氯化碳、氯乙烯类、氯苯类、酰卤化物和含N、S、卤素的染料、农药、颜料及其中间体等。

对其可燃性物质，用焚烧法处理。但必须采取措施除去由燃烧而产生的有害气体（如SO_2、HCl、NO_2等）。对多氯联苯之类物质，因难以燃烧而有一部分直接被排出，要加以注意。

对难于燃烧的物质及低浓度的废液，用溶剂萃取法、吸附法及水解法进行处理。但对氨基酸等易被微生物分解的物质，经用水稀释后，即可排放。

4. 含酚类物质的废液

此类废液包括：苯酚、甲酚、萘酚等。对其浓度大的可燃性物质，可用焚烧法处理。而浓度低的废液，则用吸附法、溶剂萃取法或氧化分解法处理。

5. 含有酸、碱、氧化剂、还原剂及无机盐类的有机类废液

此类废液包括：含有硫酸、盐酸、硝酸等酸类和氢氧化钠、碳酸钠、氨等碱类，以及过氧化氢、过氧化物等氧化剂与硫化物、联氨等还原剂的有机类废液。首先，按无机类废液的处理方法，把它们分别加以中和。然后，若有机类物质浓度大时，用焚烧法处理（保管好残渣）。能分离出有机层和水层时，将有机层焚烧，对水层或其浓度低的废液，则用吸附法、溶剂萃取法或氧化分解法进行处理。但是，对其易被微生物分解的物质，用水稀释后，即可排放。

6. 含有机磷的废液

此类废液包括：含磷酸、亚磷酸、硫代磷酸及磷酸酯类，磷化氢类以及磷系农药等物质的废液。对其浓度高的废液进行焚烧处理（因含难于燃烧的物质多，故可与可燃性物质混合进行焚烧）。对浓度低的废液，经水解或溶剂萃取后，用吸附法进行处理。

7. 含有天然及合成高分子化合物的废液

此类废液包括：含有聚乙烯、聚乙烯醇、聚苯乙烯、聚乙二醇等合成高分子化合物，以及蛋白质、木质素、纤维素、淀粉、橡胶等天然高分子化合物的废液。对其含有可燃性物质的废液，用焚烧法处理。而对难以焚烧的物质及含水的低浓度废液，经浓缩后，将其焚烧。但对蛋白质、淀粉等易被微生物分解的物质，其稀溶液可不经处理即可排放。

操作指南与安全提示

① 尽量回收溶剂，在对实验没有妨碍的情况下，把它反复使用。

② 可溶于水的物质，容易成为水溶液流失。因此，回收时要加以注意。但是，对甲醇、乙醇及乙酸之类溶剂，能被细菌作用而易于分解。故对这类溶剂的稀溶液，经用大量水稀释后，即可排放。

③ 含重金属等的废液，将其有机质分解后，作为无机类废液进行处理。

第五节　实验室一般伤害的预防与急救

本节主要叙述在实验过程中可能出现的各种实验事故时，紧急情况下，实验人员必须先在实验室进行的一些应急的处理方法。

一、一般伤害的急救

1. 玻璃割伤

首先用消毒棉棍或纱布把伤口清理干净，小心取出伤口中的玻璃或固体物，然后将红药水涂在伤口的创面上。若伤口较脏可用3%双氧水擦洗或用碘酒涂在伤口的周围。但要注意，不能将红药水与碘酒同时使用。伤口消毒后再用消炎粉敷上（或其他适用于消炎的外用药），并加以包扎。

若伤口比较严重，出血较多时，可在伤口上部扎上止血带，用消毒纱布盖住伤口，立即送医院治疗。

2. 烫伤和烧伤的急救

轻度的烫伤或烧伤，可用药棉棍浸90%～95%的酒精轻涂伤处，也可用3%～5%高锰酸钾溶液擦伤处至皮肤变为棕色，然后涂上獾油或烫伤药膏。

较严重的烫伤或烧伤，不要弄破水泡，以防感染。要用消毒纱布轻轻包扎伤处立即送医院治疗。

二、化学灼伤的急救

化学灼伤与一般的烧伤、烫伤不同，其特殊性在于：即使脱离了致伤源，但如果不立即把污染在人体上的腐蚀物除去，这些物质仍会继续腐蚀皮肤和组织。化学物质与组织接触时间越长、浓度越高，如处理不当、清洗不彻底时，烧伤也越严重。就同等程度的烧伤而言，碱烧伤要比酸烧伤为重。因为酸作用于身体组织后，一般能很快使组织蛋白凝固，形成保护膜，阻止酸性物质向深层进展。而当碱与身体组织接触后，碱能与组织变成可溶性化合物，尽管烧伤初期可能不严重，但过一段时间后，碱往往继续向深度及广度扩散，使烧伤面不断加深加大。所以对碱烧伤的紧急处理尤为重要。

一旦发生化学烧伤事故，都应于最短时间（最好不超过1～2min）进行冲洗。冲洗抢救如同救火，要争分夺秒。冲洗时必须立足于现场条件，不必强求用消毒液和药水，凉开水、自来水、甚至河水、井水都可应急。冲洗需要反复而彻底地进行，具体做法分述如下。

1. 化学烧伤的处理办法

① 发现化学烧伤后，要立即脱去被污染的衣物、鞋袜，随后用大量清水冲洗创面15～20min。有条件时边冲洗边用pH试纸不断测定创面的酸碱度，一直冲洗至中性（pH=7）。

② 干石灰或浓硫酸烧伤时，不得先用水冲洗。因它们遇水反而放出大量的热，会加重伤势。可先用干布（纱布或棉布）擦拭干净后，再用清水冲洗。

③ 氢氟酸烧伤时，要引起足够的重视。因为氢氟酸烧伤开始时不明显，病人也无不适的感觉，当稍有疼痛时，说明烧伤已到严重程度。氢氟酸不但能腐蚀皮肤、组织和器官，还可腐蚀至骨骼。经常是麻痹1～2h后才感到疼痛。万一被氢氟酸（包括氟化物，它们遇水能水解成氢氟酸）烧伤，应立即用水冲洗几分钟，然后在伤口处敷以新配制的20%MgO甘油悬浮液。

④ 如完全可以确定是酸碱类化学烧伤，可用低浓度的弱酸、弱碱进行中和处理。酸性烧伤可用清水或2%的碳酸氢钠（即小苏打）溶液冲洗；碱性烧伤可用2%醋酸溶液或2%的硼酸溶液冲洗，冲洗后涂上油膏，并将伤口扎好。重者送医院诊治。

⑤ 溴灼烧，应立即用酒精洗涤，涂上甘油，用力按摩，将伤处包好。如眼睛受到溴蒸气刺激，暂时不能睁开时，可对着盛有氯仿或酒精的瓶内注视片刻。

⑥ 热沥青（柏油）烧伤时，千万不能用手去揭已沾在皮肤上的沥青，否则可加重创面皮肤的损伤，加重伤情。清除沾在皮肤上的沥青可用棉花或纱布，沾上二甲苯或氯仿（也可用豆油或菜油），轻轻擦拭。擦干净后，再涂上一层抗生素药膏。使用氯仿时要注意不宜过多，以防止引起局部麻醉。

2. 眼睛烧伤的处理办法

试剂溅入眼中，任何情况下都要先洗涤，急救后送医院治疗。

① 立即睁大眼睛，用流动清水反复冲洗，边冲洗边转动眼球，但冲洗时水流不宜正对角膜方向。冲洗时间一般不得少于15min。

② 若是固体化学物质落入眼内，应及时取出，以免继续发生化学作用；若是碎玻璃，应先用镊子移去碎块，或在盆里用水洗，切勿用手揉动。

③ 若无冲洗设备或无他人协助冲洗时，可将头浸入脸盆或水桶中。努力睁大眼睛（或用手拉开眼皮），浸泡十几分钟，同样可达到冲洗的目的。注意，若双眼同时受伤，必须同时冲洗。

④ 冲洗完毕，盖上干净的纱布，速去医院眼科做进一步处理，并切记不要紧闭双眼，不要用手使劲揉眼睛。

操作指南与安全提示

① 所有化学伤害的救助过程中，眼睛仍然是优先救助对象。

② 化学烧伤必须在现场作紧急处理，切忌未经任何处理就送医院，以免耽误了最佳的救治时机。

技能检查与测试

一、填空题

1. 作为一名化学检验工作者，要具备识别安全用电标志的能力。红色标志表示________，黄色标志表示________，绿色标志表示________，黑色标志表示________，蓝色标志表示________。

2. 常用灭火器有以下几种，分别是______、______、______、______、______。

二、选择题

1. 安全用电颜色标志中蓝色表示（　　）。

A. 用来标志强制执行　B. 标志不执行　C. 标志可执行　D. 标志注意危险

2. A 类火灾是指（　　）。

A. 木材、纸张和棉布等物质的着火　B. 可燃性液体着火

C. 可燃性气体着火　D. 可燃性金属着火

3. 扑灭 D 类火灾最有效的方法是（　　）。

A. 用砂土覆盖燃烧的物质　B. 用泡沫灭火器

C. 用水　D. 用干粉灭火器

4. 含石油、动植物性油脂的废液，对其可燃性物质用（　　）法处理。

A. 焚烧法　B. 萃取法　C. 吸附法　D. 物理法

三、判断题

1. 浓硫酸烧伤时，先用水冲洗。（　　）

2. 试剂溅入眼中，不需要做任何处理，先送医院治疗。（　　）

3. 溴灼烧，应立即用酒精洗涤，涂上甘油，用力按摩，将伤处包好。（　　）

4. 含重金属等的废液，将其有机质分解后，作无机类废液进行处理。（　　）

5. 含有爆炸性物质的废液应小心操作，并要尽快处理。（　　）

6. 按我国目前已经颁布的标准，将危险化学品分为八大类，每一类又分为若干项。（　　）

7. 根据燃烧物的性质，国际上统一将火灾分成A、B、C、D四大类。（　　）

8. 泡沫式灭火器适用于扑救B类火灾。（　　）

9. 低沸点有机溶剂应低温储存（如防爆冰箱），防止爆炸。（　　）

10. 酸碱式灭火器适用于A类物质燃烧的初起火灾。（　　）

四、问答题

1. 剧毒品的储存与管理时应执行“五双”制度，“五双”是指什么？

2. 实验室废弃物收集、储存时应该注意哪些问题？

3. 含一般有机溶剂的处理方法是什么？

4. 火灾可分为哪几类？

5. 化学实验应遵循哪些原则？

6. 化学灼伤的急救措施有哪些？

7. 指出下面标志图的含义。

第二章 化学实验基本知识

学习目标：

1. 了解实验室常用的洗涤剂及使用方法；掌握玻璃器皿的洗涤和干燥方法。

2. 了解化学试剂的分类、包装及储存方法。

3. 了解溶解、蒸发和结晶的机理；掌握溶解方法；学习蒸发和结晶技术；掌握过滤和洗涤的方法。

4. 掌握使用电炉、电热恒温干燥箱、电热恒温水浴锅（箱）、电热板和电热砂浴的操作。

5. 掌握液体、固体和气体物质的各种干燥方式。

6. 掌握化学试剂取用的一般知识。

7. 识别和选择玻璃材料，熟练使用一般玻璃加工用具，掌握玻璃管（棒）的加工操作。

第一节 化学实验常用玻璃器皿的洗涤

一、化验室常用洗涤液及使用方法

在分析工作中，仪器的洗涤是决定实验成功及实验结果准确与否的首要环节。实验要求不同，污物的性质和沾污的程度不同，所选的洗涤液也不同。化验室常用洗涤液有以下几种。

1. 铬酸洗涤液

这是一种实验室的常规洗液，由重铬酸钾与硫酸配制而成。重铬酸钾在酸性溶液中有很强的氧化能力。这种洗液对玻璃的侵蚀性小，洗涤效果好，但六价铬能污染水质，应注意废液的处理。

将 5g 研细的重铬酸钾加入到 10mL 水中，加热使之溶解，冷却后，在不断搅拌下缓缓加入 80mL 浓 H_2SO_4，边加边搅拌，配好的洗涤液呈深褐色，冷却后倒入磨口瓶中备用。

铬酸洗涤液用于去除器壁残留油污及有机物。洗涤时，应先将仪器中的水尽量控净，然后用洗液刷洗或浸泡。洗涤完毕，洗液应倒回原瓶，不可随意乱倒。洗液可重复使用，当颜色变绿时即为失效。

2. 工业盐酸和草酸洗涤液

工业盐酸的浓溶液或（1＋1）的盐酸溶液主要用于洗去碱性物质以及大多数无机物残渣。草酸洗涤液是将5～10g草酸溶于100mL水中，再加入少量的浓盐酸配成。主要用于洗涤除去沉积在器壁上的MnO_2，必要时加热使用。

3. NaOH-乙醇洗涤液

取120g NaOH溶于120mL水中，再以95%乙醇稀释至1L。NaOH-乙醇洗涤液适于洗涤油污及有机物沾污的器皿，但由于碱的腐蚀作用，玻璃器皿不能用该洗涤液长期浸泡。

4. 碱性高锰酸钾洗涤液

此洗液作用缓慢温和，可用于洗涤器皿上的油污。其配法是将4g高锰酸钾溶于少量水中，然后加入10%NaOH溶液至100mL。使用时，倒入器皿中，5～10min后倒出，此时玻璃器皿上沾有褐色二氧化锰，可用浓盐酸或草酸洗液除去。碱性高锰酸钾洗液不应在所洗的玻璃器皿中长期保留。

5. 合成洗涤剂或洗衣粉配成的洗涤液

此类洗液高效、低毒，既能溶解油污，又能溶于水，对玻璃器皿的腐蚀性小，是洗涤玻璃器皿的最佳选择。合成洗涤剂或洗衣粉配成的洗涤液，其配法是：取适宜洗涤剂或洗衣粉溶于温水中，配成浓溶液。此洗液用于洗涤玻璃器皿效果很好，并且使用安全方便。但洗涤后最好再用6mol/L硝酸浸泡片刻，然后再用自来水充分洗净，继以少量蒸馏水冲洗数次。

6. 有机溶剂

沾有较多油脂性污物的玻璃仪器，尤其是难以使用毛刷洗刷的小件和形状复杂的玻璃仪器，如活塞内孔、吸管和滴定管的尖头、滴管等，可用汽油、甲苯、二甲苯、丙酮、酒精、氯仿等有机溶剂浸泡清洗。

7. 碘-碘化钾溶液

取1g碘和2g碘化钾溶于水中，再用水稀释至100mL即可配成。使用过硝酸银溶液的玻璃器皿上留下的褐色沾污物可用该洗涤液洗涤。

二、洗涤玻璃器皿的一般步骤

1. 水刷洗

根据要洗涤的玻璃仪器的形状选择合适的毛刷，如试管刷、烧杯刷、滴定管刷等。先用毛刷蘸水刷洗仪器，再用水冲去可溶性物质及刷去表面黏附的灰尘，但往往洗不去油污和有机物。

2. 洗涤液刷洗

玻璃仪器的洗涤

根据沾污的程度和性质分别采用适当的洗涤液洗涤或浸泡，然后用自来水冲洗3～5次，再用蒸馏水淋洗3次。

蒸馏水冲洗时应按少量多次的原则，即每次用少量的水，分多次冲洗，每次冲洗应充分振荡后，倾倒干净，再进行下一次冲洗。

洗干净的玻璃仪器，当倒置时，应该以仪器内壁均匀地被水润湿而不挂水珠为准。在定量分析实验中，仪器用蒸馏水冲洗后，残留水分用pH试纸检查，应为中性。

三、砂芯玻璃滤器的洗涤

砂芯玻璃漏斗在使用前必须用热浓盐酸或铬酸洗液边抽滤边清洗，再用蒸馏水冲洗干净，置于烘箱中干燥。

带1～4号滤片的漏斗使用后，滤片上的沉淀物可先用蒸馏水冲洗，必要时可用适当的洗涤剂浸泡4～5h，使沉淀溶解，再用蒸馏水冲洗至无沉淀为止。然后置于烘箱中干燥，并保存在无尘埃的柜中或有盖的容器中。否则，积存的灰尘和沉淀物堵塞滤孔，很难洗净。

带5～6号滤片的漏斗使用后，附着的细菌和沉淀物先用洗涤液抽滤一次，再在该混合物中浸泡48h后取出，以蒸馏水冲洗、抽滤、干燥后备用。

洗涤砂芯玻璃滤器的常用洗涤液见表2-1。

表2-1　洗涤砂芯玻璃滤器的常用洗涤液

沉淀物	洗涤液
AgCl	(1+1)氨水或10%$Na_2S_2O_3$溶液
$BaSO_4$	100℃浓硫酸或EDTA-NH_3溶液(3%EDTA二钠盐500mL与浓氨水100mL混合)，加热洗涤
汞渣	浓热HNO_3
氧化铜	热$KClO_4$与HCl混合液
有机物	铬酸洗液
脂肪	CCl_4或其他适当的有机溶剂
细菌	浓H_2SO_4 7mL，$NaNO_3$ 2g，蒸馏水94mL，充分混匀

四、比色皿的洗涤

分光光度计上的比色皿，用于测定有机物之后，应以有机溶剂洗涤，必要时可用硝酸浸洗。但要避免用重铬酸钾洗液洗涤，以免重铬酸盐附着在玻璃上。用酸浸后，先用水冲净，再用去离子水或蒸馏水洗净晾干，不宜在烘箱中烘干。如应急使用而要除去比色皿内的水分时，可先用滤纸吸干大部分水分后，再用无水乙醇或丙醇洗涤除尽残存水分，晾干后即可使用。参比池也应同样处理。

五、特殊洗涤方法

1. 水蒸气洗涤法

有的玻璃仪器，主要是成套的组合仪器，除按上述要求洗涤之外，还要安装起来用水蒸气蒸馏法洗涤一定的时间。如凯氏微量定氮仪，每次使用前应将整个装置连同接收瓶用热蒸气处理 5min，以便除去装置中的空气和前次实验所遗留的沾污物，从而减少实验误差。

2. 测定微量元素用的玻璃器皿洗涤

测定微量元素用的玻璃器皿用 10% HNO_3 溶液浸泡 8h 以上，然后用纯水冲净。测磷用的仪器不可用含磷酸盐的洗涤剂洗，测铬的仪器不可用铬酸洗液，测锰的仪器不用高锰酸钾洗液洗涤。测锌、铁用的玻璃仪器酸洗后不能用自来水冲洗，必须直接用纯水洗涤。

3. 测定水中微量有机物的仪器洗涤

测定水中微量有机物的仪器可用铬酸洗液浸泡 15min 以上，然后用自来水、蒸馏水洗净。

4. 有细菌的器皿的洗涤

有细菌的器皿可用 170℃的热空气灭菌 2h。

5. 严重沾污的器皿的洗涤

严重沾污的器皿可置于高温炉中于 400℃灼烧 15～30min。

凡是已洗净的仪器，绝不能再用抹布或纸去擦拭。否则，抹布或纸上的污物及纤维将会留在器壁上而沾污仪器。

第二节　化学试剂的一般知识

一、化学试剂的分类

化学试剂种类繁多，目前还没有统一的分类方法，按化学试剂的标准分类法，将化学试剂分为标准试剂、一般试剂、高纯试剂、专用试剂四类。

1. 一般试剂

根据纯度及杂质含量的多少，可将其分为以下四个等级。

(1) 优级纯试剂　优级纯试剂又称保证试剂，纯度高，杂质少，为一级品，用于精确分析和科学研究。

(2) 分析纯试剂　分析纯试剂又称分析试剂，纯度略低于优级纯，为二级品，用于一般的分析和科研。

(3) 化学纯试剂　化学纯试剂的纯度低于分析纯，为三级品，用于工业分析及教学实验。

(4) 实验试剂　实验试剂的杂质含量较多，但比工业品纯度高，为四级品，用于一般的化学实验。按我国原化工部标准“化学试剂包装及标志”的规定，用各种颜色的瓶签标志化学试剂的等级，见表 2-2。

表 2-2　我国化学试剂的等级及标志

级别	一级品	二级品	三级品	四级品
纯度分类	优级纯	分析纯	化学纯	实验试剂
瓶签颜色	深绿色	金光红色	中蓝色	黄色
符　号	G. R.	A. R.	C. P.	L. R.

2. 高纯试剂

质量品级高于一级品的高纯试剂，国内常用 9 表示产品的纯度，在规格栏中标以 2 个 9、3 个 9、4 个 9 等。

杂质总含量不大于 $1\times10^{-2}\%$，其纯度为 4 个 9 (99.99%)。

杂质总含量不大于 $1\times10^{-3}\%$，其纯度为 5 个 9 (99.999%)。

杂质总含量不大于 $1\times10^{-4}\%$，其纯度为 6 个 9 (99.9999%)。

3. 标准试剂

标准试剂是用于衡量其他物质化学含量的标准物质。标准试剂的特点是主体含量高而且准确可靠，其产品一般由大型试剂厂生产，并严格按国家标准检验。主要国产标准试剂见表 2-3。

表 2-3　主要国产标准试剂

类别	主要用途
滴定分析第一基准试剂	工作基准试剂的定值
滴定分析工作基准	滴定分析标准溶液的定值
杂质分析标准溶液	仪器及化学分析中作为微量杂质分析的标准
滴定分析标准溶液	滴定分析测定物质的含量
一级 pH 基准试剂	pH 基准试剂的定值和高精度 pH 计的校准
pH 基准试剂	pH 计的校准(定位)

续表

类别	主要用途
热值分析标准	热值分析仪的标定
气相色谱标准	气相色谱进行定性和定量分析的标准
临床分析标准溶液	临床化验
农药分析标准	农药分析
有机元素分析标准	有机元素分析

4. 专用试剂

专用试剂是指有特殊用途的试剂。其特点是不仅主体含量高，而且杂质含量很低。它与高纯试剂的区别是：在特定的用途中有干扰的杂质只需控制在不致产生明显干扰的限度以下。例如色谱分析试剂、紫外及红外光谱试剂、核磁共振分析试剂等。

二、化学试剂的包装和储存

化学试剂的良好包装和储存，可以防止试剂污染、变质和损耗，并可大大减少燃烧、爆炸、腐蚀和中毒事故的发生。

1. 化学试剂包装的一般要求

① 产品经检验合格后应由质检部门出具产品质量合格报告单后才可进行包装。

② 产品包装作业应严格按照产品包装操作规程和包装规范进行。

③ 产品包装环境应保持清洁、干燥、采光充分。操作有毒、有尘产品应有排毒、排尘装置。产品包装应在室温条件且相对湿度不大于75%的环境中进行。

④ 产品包装时要防止试剂间的互相干扰，确保产品包装后不降低产品质量。瓶外应清洁，不得有产品残留物。

⑤ 包装材料和包装容器必须清洁、干燥，不与内装物发生理化反应。

⑥ 化学试剂内包装容器封口应有严密的启封后无法复原的封口材料。属于剧毒、贵重产品的包装应有生产厂家专用封签、封条等封口物。

⑦ 见光易分解的产品应采用不透光的内包装容器。透光的内包装容器应采用避光措施，如包上黑纸、套上黑塑料袋等。

2. 包装单位

包装单位指每个内包装容器内盛装试剂的净重或体积的数量。根据化学试剂的性质和使用要求，按表 2-4 规定选择适当的包装单位。

表 2-4　产品的包装单位

类别	固体产品的包装单位/g	液体产品的包装单位/mL
1	0.1,0.25,0.5,1	0.5,1
2	5,10,25	5,10,20,25
3	50,100	50,100
4	250,500	250,500
5	1000,2500,5000	1000,2500,5000

注：1. 根据需要在保证储存、运输安全的原则下，可以采用 5000g 或 5000mL 以上的包装单位。
2. 个别密度较大或包装单位较小不易计量的液体产品，如汞等可按质量计量。

3. 包装规格

根据化学试剂的性质选择适宜的内包装和外包装的包装形式、包装材料和包装单位等。

首先对试剂进行内包装，内包装形式如广口瓶、小口瓶、安瓿瓶、塑料袋、桶等。其次对内包装容器为 100mL 以下的广口瓶或 50mL 以下小口瓶时，必须有中包装（如各种纸盒等）；用安瓿瓶包装的液体产品，其包装单位大于 50mL 时，每个安瓿瓶均应有单独的中包装。最后选择普通木箱、瓦楞纸箱等进行外包装。

4. 常用化学试剂的储存

（1）分类摆放　化学试剂较多时，应按各种试剂的化学性质分类保管。

（2）剧毒试剂的储存　剧毒试剂如氰化钠（钾）、氧化砷、汞盐等应储存于保险柜中，并由专人保管。

（3）易挥发试剂的储存　易挥发试剂应储存在有通风设备的房间内。

（4）易燃、易爆试剂的储存　易燃、易爆试剂应储存于铁皮柜或砂箱中。所有试剂瓶外面应擦拭干净，储存在干燥洁净的药品柜内，最好置于阴暗避光的房间。化学试剂如保管不善则会发生变质。试剂变质不仅是导致分析误差的主要原因，而且还会使分析工作失败，甚至会引起事故，因此必须注意。

（5）影响试剂变质的因素　影响试剂变质的因素有以下几点。

① 空气的影响。空气中的氧、二氧化碳、水分、尘埃等都可能使某些试剂变质。化学试剂必须密封储于容器内，开启取用后立即盖严，必要时应加蜡封。

② 温度的影响。试剂变质的速度与温度有关。夏季高温会加快不稳定试剂的分解；冬季严寒会促使甲醛聚合。因此必须根据试剂的性质选择保存的合适温度。

③ 光的影响。日光中的紫外线能使某些试剂变质。一般要求避光的试剂，可装在棕色瓶内，有时在棕色瓶外还要包一层黑纸，如硝酸银的包装。

④ 杂质的影响。不稳定试剂的纯净与否对其变质情况的影响不容忽视。如纯净的溴化汞实际上不受光的影响，而含微量溴化亚汞的溴化汞遇光易变黑。

⑤ 储存期的影响。不稳定试剂在长期储存中能发生歧化、聚合、分解或沉淀变化。

三、化学试剂的取用

取用化学试剂时，必须看清标签，核对试剂的名称、规格及浓度等，确保准确无误后方可取用。取用时，瓶塞应倒置在桌面上，不能横放，以免受到污染。取完后应立即盖好瓶塞，并将试剂瓶放回原处，注意标签应朝外放置。

取用试剂时，不要超过指定用量，多取的试剂不能倒回原瓶，可以放入指定的容器中。任何化学试剂都不能用手直接取用。

1. 固体试剂的取用

固体试剂通常盛放在便于取用的广口瓶中，取用固体试剂要用洁净干燥的药匙，它的两端分别是大小两个匙，取较多试剂使用大匙一端，取少量试剂或所取试剂欲加入到较小口径的试管时，则用小匙一端。用过的药匙必须洗净干燥后存放在洁净的器皿中。

往试管中加入粉末状固体时，可将药匙或放有试剂的纸槽，伸入平放的试管中约 2/3 处，然后竖直试管，使试剂落入试管底部（见图 2-1）。

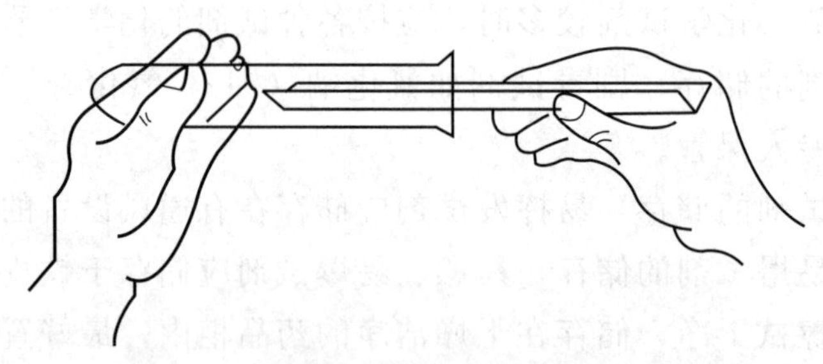

图 2-1　向试管中加入粉末状固体试剂

向试管中加入块状固体时，应将试管倾斜，使其沿管壁缓慢滑下。不得垂直悬空投入，以免击破管底（见图 2-2）。

固体颗粒较大时，可在洁净干燥的研钵中研磨后取用，如图 2-3 所示。取用一定质量的试剂时，应选用适当容器或干净的蜡光纸在天平上称量。

2. 液体试剂的取用

液体试剂通常放在细口瓶或带有滴管的滴瓶中。

从细口瓶中取用试剂时采用倾注法（见图 2-4）。先将瓶塞取下倒置在桌面上，再把试剂瓶贴有标签的一面握在手心，然后逐渐倾斜试剂瓶使试剂沿试管内壁流下，或沿玻璃棒注入烧杯中，取出所需试剂后，应将试剂瓶口在试管口或玻璃棒上靠一下，再将试剂瓶竖直，盖紧瓶塞，放回原处，标签向外。

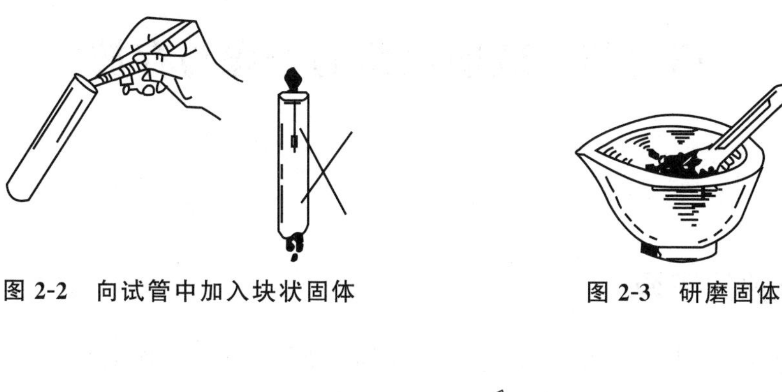

图 2-2　向试管中加入块状固体　　**图 2-3　研磨固体**

(a) 将液体试剂倾入试管中　(b) 将液体试剂倾入烧杯中

(c) 将瓶口在试管口靠一下　(d) 将瓶口在玻璃棒上靠一下　(e) 错误操作

图 2-4　倾注法取用液体试剂

从滴瓶中取用少量液体试剂时，先提起滴管，使管口离开液面，再用手指紧捏胶帽排出管内空气。然后将滴管插入试液中，放松手指吸入试剂。再提起滴管，垂直放在试管口或其他容器上方，将试剂逐滴加入。

向试管中滴加试液时，滴管只能接近试管口，不能远离或伸入试管口内。远离容易将试液滴落到试管外部，伸入试管内则容易沾污滴管，使原试剂受到污染。

滴瓶上的滴管只能配套使用，不能随意调换。使用后应立即放回原瓶中，不可乱放，以免沾污或拿错。

用胶帽吸取溶液后，应始终保持胶帽朝上，不能平持或斜拿，以防试液流入胶帽，腐蚀胶帽并沾污试剂。

胶帽用后，应将剩余的溶液挤回滴瓶中。注意不能捏着胶帽将滴管放回滴瓶，以免其中充满试剂。

第三节　玻璃仪器的干燥与存放

一、玻璃仪器的干燥

每次实验都应使用洁净干燥的玻璃仪器，所以分析工作者应养成实验结束后立即洗净所用玻璃仪器并干燥的良好习惯。仪器洗净后应沥干水滴并按下列方法干燥。

1. 自然晾干

将洗净的玻璃仪器倒置在无尘、干燥处控水晾干。自然晾干是最简便的干燥方法。

2. 用加热器烘干

这是最常用的方法，其优点是快速、节省时间。将洗净的玻璃仪器置于110～120℃的清洁烘箱内烘烤1h左右即可，有的烘箱还可以鼓风以驱除湿气。烘干的玻璃仪器一般都在空气中冷却，但称量瓶等用于精确称量的玻璃仪器，应在干燥器中冷却保存。任何量器均不得用烘干法干燥。

3. 吹干

急于干燥又不便于烘干的玻璃仪器，可以使用电吹风机快速吹干。电吹风机可吹冷风或热风，供选择使用。各种比色管、离心管、试管、锥形瓶、烧杯等均可用此法迅速吹干。一些不宜高温烘烤的玻璃仪器，如吸管、比重瓶、滴定管等也可用电吹风加快干燥。如果玻璃仪器带水较多，可先用丙酮、乙醇、乙醚等有机溶剂冲洗一下，则吹干更快。

二、玻璃仪器的存放

将干净的玻璃仪器倒置于专用柜中，柜子的隔板上衬垫清洁滤纸，也可在玻璃仪器上覆盖清洁纱布，关闭柜门防止落尘。

在储藏室里玻璃仪器要分门别类地存放，以便取用。一般仪器的保管方法如下。

① 移液管洗净后置于有盖防尘盒中，垫以清洁纱布。也可以置于移液管架上并罩以塑料薄膜。

② 滴定管可倒置夹于滴定管架上，或用蒸馏水涮洗后注满蒸馏水，上口加盖玻璃短试管或小烧杯。

③ 清洁的比色皿、比色管、离心管要放在专用盒内，或倒置在专用架上。

④ 具塞的清洁玻璃仪器，如容量瓶、称量瓶、碘量瓶、试剂瓶等要衬纸加塞保存，以免日久粘住。

⑤ 凡有配套塞、盖的玻璃仪器，如密度瓶、称量瓶、容量瓶、分液漏斗、比色管、滴定管等都必须保持原装配套，不得拆散使用和存放。

⑥ 专用的组合式仪器，如凯氏微量定氮仪、K-D 蒸发浓缩器等洗净后要加罩防尘。

⑦ 用于环境样品中痕量物质提取的索氏提取器，在分析样品前，先用己烷和乙醚分别回流 3～4h。

第四节　加热器与物质的干燥

一、实验室常用电炉的使用

电炉是分析化验室常用的一种加热设备。它是靠一根镍铬合金电阻丝通电产生热量的，这条电阻丝通常称为电炉丝。根据电炉的构造和功能可将其分为普通电炉和万用电炉两种。

(1) 普通电炉　普通电炉的结构简单，是将一根电炉丝镶嵌在耐火土炉盘的凹槽中，炉盘被固定在机械强度良好且耐热的圆形铁盘座上，电阻丝的两头套上几节小瓷管后，连接到接线柱上与电源线相连，即成为普通的圆盘式电炉。用薄钢板将电炉丝完全盖严的圆盘式电炉叫做暗式电炉，用于不能用明火加热的试验。电炉按功率大小分为不同的规格，常用的电炉为 200W、500W、1000W、2000W。若电炉上标明“220V，1000W”字样表示该电炉的电源电压为 220V 时，它的功率为 1000W。

(2) 万用电炉　万用电炉亦称调节电炉，是一种能调节发热量的加热设备。分单联、双联、四联、六联等几种。炉壳的前面板上装有选温标牌和调温旋钮，并附有电镀铁杆及夹持器具，供固定仪器用。炉盘下方安装了一个单刀多位开关，多位开关上有几个接触点，每两个接触点之间装有一段附加电阻，用多节小瓷管套起来，避免因相互接触而发生短路，或者与电炉外壳接触而漏电伤人。多位开关是借滑动金属片的转动来改变与电炉丝串联的附加电阻的大小，以调节通过电阻丝的电流强度，达到调节电炉发热量的目的。

操作指南与安全提示

① 电炉应接于规定电压的电源上。若电源电压超过了电炉本身所规定的电压，电炉丝就会很快被烧断；相反，若电源电压小于电炉的规定电压，则电炉丝烧不红，发热量小，达不到加热的要求。

② 加热容器若是金属制的，应在电炉上面放一块石棉网，防止金属容器触及电炉丝而发生短路或触电事故。

③ 及时清除灼热焦煳物，保持耐火砖炉盘凹槽中的清洁，以保证电炉丝导电良好。

④ 接通电源后，电炉丝应逐渐变红，若立即呈现白炽状，说明局部短路，应立即切断电源，排除故障后再使用。

⑤ 使用中途遇到电炉丝烧断，应立即断电检查。若只断开一点而不是烧熔一大截，可将断开的两头扭在一起，只要扭结得牢固还可以用一些时间，若扭结得不紧，将因该处的电阻值大而再度烧断。

二、电热恒温箱的使用

电热恒温干燥箱也称干燥箱、烘箱。是利用电阻丝隔层加热，使物体干燥的设备，常用于室温至 300℃范围的恒温烘焙、干燥、热处理等操作。正常使用时，配有自动恒温控制器，以达到调节控制温度的目的。大型干燥箱还配有鼓风装置，以促使工作室内冷热空气对流，温度均匀。

1. 仪器装置

烘箱的型号很多，但结构基本相似。一般由箱体、电热系统、自动恒温控制系统三部分组成，其结构如图 2-5 所示。

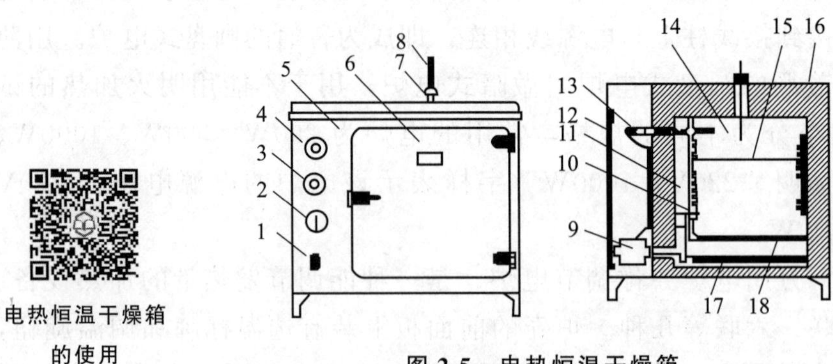

图 2-5　电热恒温干燥箱

1—鼓风开关；2—加热开关；3—指示灯；4—温控器旋钮；5—箱体；6—箱门；7—排气阀；8—温度计；9—鼓风电动机；10—搁板支架；11—风道；12—侧门；13—温度控制器；14—工作室；15—搁板；16—保温层；17—电热器；18—散热板

（1）箱体　干燥箱外层是薄钢板喷平光漆，起防止氧化和绝缘作用；中层为玻璃棉或石棉，用以隔热保温；第三层为铁皮；第四层为薄钢板制成的空气对流壁，使冷热空气能对流，箱内温度均匀。

由内壁所围成的箱腔叫工作室，室内有两层孔状或网状隔板，用以放置被干燥的物品。箱顶有可调整孔径大小的排气孔，便于热空气和蒸气逸出。箱底设有进气孔，干燥空气由此进入，达到换气的目的。排气孔中央备有温度计插孔，用以指示箱内温度。

箱门分两道，里门是耐高温不易破碎的钢化玻璃门，外门是具有绝热层的金属隔热门。打开外门，便可通过玻璃门观察工作室的工作情况。箱正面装有指示灯，红灯亮表示加热，绿灯亮表示停止加热。

(2) 电热系统　干燥箱的热源来自外露式电热丝，装在瓷盘上或绕在瓷管上，固定于箱底夹层中。通常电热丝分为两大组，其中一组为恒温电热丝，是干燥箱的主发热体，与温度控制器相连，受温度控制器的控制。另一组为辅助电热丝，是辅助发热体，直接与电源相连接，不受温度控制器的控制，用于短时间内急速升温和120℃以上恒温时的辅助加热。两个加热系统合并在一个转换开关旋钮上，常见的为四挡旋钮开关，当旋钮指向零位时，干燥箱断电不工作；旋转至1挡和2挡时，恒温加热系统工作；旋至3挡和4挡时，恒温系统和辅助系统均在加热。

(3) 自动恒温控制系统　近年来生产的电热恒温干燥箱，其自动恒温控制系统多采用差动棒式或接点水银温度计式温度控制器。为了提高控温效果，有的干燥箱还用高灵敏继电器配合控制器控温，使控温精度更高。

2. 操作步骤

(1) 通电前的检查　通电前，先检查电气性能，注意有无短路或漏电现象。

(2) 通电后的检查　插上温度计，旋开排气孔，先进行空箱试验。开启电源开关，将温度计调节旋钮旋至“零”位时，绿灯亮，表示电源已接通。将温度调节旋钮按顺时针方向从“零”旋至某一位置时，在绿灯灭的同时红灯亮，表示电热丝已通电加热，箱内开始升温。然后再把温度调节旋钮旋回红灯灭而绿灯再亮，表示电气工作正常。开启鼓风开关，鼓风机能正常鼓风。试验完毕，即可投入使用。

(3) 恒温条件下干燥物品　将被干燥物品放入干燥箱内，关闭玻璃门和外门。当箱内温度升到比所需温度低2～3℃时，将温度调节旋钮按逆时针方向旋回至红、绿灯交替亮处，即能自动恒温。

(4) 恒温后的观察　恒温后，一般不需专人监视，但为了防止温度控制器失灵，仍需有人经常照看，不得长时间远离。需要观察工作室内的样品情况时，可开启外门通过玻璃门观察，箱门应以尽量少开为宜，以免影响恒温，特别是当箱内温度升到200℃以上时，开启箱门有可能使玻璃门因骤冷而破裂。

（5）干燥物品结束后的处理　物品干燥后，将加热开关拨至“零”位，拉断电源开关。

操作指南与安全提示

① 干燥箱应安放在平稳、坚固的水泥台上，防止振动。

② 根据干燥箱的耗电功率，在供电线路中安装有足够容量的电源闸刀开关，供干燥箱专用。电源电压不得超过干燥箱的额定电压，并选用足够负荷的电源导线和良好的地线。

③ 不得在烘箱内烘易燃、易爆、易挥发以及有腐蚀性的物品。如必须烘干滤纸、脱脂棉等纤维类物品，则应该严格控制温度，以免烘坏物品或引起事故。

④ 在箱内放置烘焙物品时，切勿拥挤，以利于空气回旋流动，使工作室内温度均匀，促使潮湿空气从箱顶排出。散热板不得放置物品，以免影响热空气向上流动。

⑤ 切勿撞击箱内左侧上端温度控制器的感温元件，以免影响控制器的灵敏度。带鼓风机的烘箱，在加热和恒温过程中必须开鼓风机，否则影响烘箱内温度的均匀性或损坏加热元件。

⑥ 放入物体的质量不能超过10kg。待烘干的试剂、样品等应放在适当的器皿中，然后一起放入烘箱，最好将相同性质的物品放在同一烘箱中烘烤。须烘干的玻璃仪器，必须洗净并控干水后，才能放入烘箱。加热温度不得超过烘箱的最高使用温度。

⑦ 箱内外层应经常保持清洁。非检修时，不得随意卸下侧门，更不能改变原有的电气线路。

⑧ 欲观察箱内情况时，只打开外层箱门即可，不能打开内层玻璃门。

⑨ 用毕及时关闭电源，关好排气孔，以免潮气与灰尘侵入。

⑩ 温度调节旋钮所指刻度仅作对照指示，并非表示箱内的实际温度，箱内实际温度以箱顶插入的温度计指示值为依据。

三、电热恒温水浴锅（箱）的使用

电热恒温水浴锅（箱）用于蒸发和恒温加热。恒温范围一般为40～100℃。当被加热的物质要求受热均匀，恒温加热温度不能超过100℃时，均可用之。

1. 仪器

常用的电热恒温水浴锅有两孔、四孔、六孔等规格，外形均为矩形，外壳用薄钢板制成，表面烤漆，整洁美观，起防止氧化和绝缘作用。内壁用铝板或不锈钢板制成。外壳与内壁之间的夹层为隔热保温材料。水浴锅底安装着棒形铜制电热管，管内电炉丝接到瓷接线柱上，并与控制器相连。电热管上面装有带小孔的铝制或薄钢板制的隔板。

控制器由加热开关、差动棒式控温器及其线路组成，全部电气部件均装在控制器箱内，控制箱有侧门，可开启，以备检查和维修。控制箱面板上装有电源开关、温度调节旋钮、指示灯等，用以调节控制温度。

水浴锅面板开有圆孔，孔数随其规格而异。每个圆孔都具有一套大小不同的套盖。加热时，可依器皿直径的大小进行选择。选择套盖应以尽可能增大器皿底部的受热面积而不掉进锅内，能盖严，不使水蒸气泄漏而损耗热量为原则。水浴锅左下侧设有放水阀，面板上方设温度计插孔，有的水浴锅外还设有水准管，用来指示锅内水位高度。

2. 操作步骤

（1）关闭放水阀　先加清水或蒸馏水。加水量不宜超过水浴锅容量的2/3，水位不低于电热管。

（2）接通电源　打开电源开关，按顺时针方向旋转温度调节旋钮至红灯亮，表示电炉丝通电加热。

（3）温度设定　当温度计读数上升到比所需的温度低2℃时，逆时针旋转温度调节旋钮至红灯熄灭，待红灯不断地熄、亮时，表示恒温控制器能自动控温，温度稳定后再稍微调节温度调节旋钮，即可达到所需的恒定温度。

（4）温度调节　使用时，随时记录调温旋钮位置与实际温度的关系，这样就可以比较快地调到需要控制的温度。

操作指南与安全提示

① 电源电压必须与水浴锅要求的电压相符，电源插座要采用三孔安全插座，并在插座的出孔接好地线。

② 切记先加水后通电，在使用过程中要保持水位不能低于电热管，否则电热管容易爆损。随时观察水浴锅有无渗漏现象。

③ 不得随意卸下控制箱侧门或改变电器线路，加水时切勿将水溅到电器盒内，以免引起漏电，损坏电器元件。

④ 使用完毕，应立即切断电源，将箱内的水及时放完，并擦拭干净，保持清洁，以延长使用寿命。将套盖全部盖上，以免丢失。

四、电热板和电热砂浴的使用

电热板和电热砂浴是分析化验室常用的一种加热设备，对有机物和易燃物加热尤为适用。

1. 仪器

电热板和电热砂浴外壳都是用薄钢板和铸铁制成的。外壳具有夹层，内装绝热材料，热量不易散失。发热体装在壳体内部，是由镍铬合金电炉丝分为三组绕在瓷件上并联组成，并分别和电源开关的各个接触点相连。外壳前面有电源开关和三个指示灯。由于发热体的底部和四周都充有玻璃纤维等绝热材料，所以热量全部由铸铁平板发热面向上发散。由于电炉丝排列均匀，不会产生偏热现象，能达到均匀加热的目的。

2. 操作步骤

（1）接通电源　若需要低温加热，则开启“预热”开关；中温加热开启“预热”和“中温”开关；高温加热时“预热”“中温”和“高温”3个开关全部开启。

（2）加热　电热砂浴应事先在铸铁板上放好细砂，并将加热物埋入，然后再接通电源，依据需要加热程度控制加热开关，达到均匀加热。如需测量温度，可将温度计同时埋入加热物附近或直接插入被加热的容器中。

操作指南与安全提示

① 电热板和电热砂浴应放在通风、明亮、平整、干燥的水泥平台上，周围应无腐蚀性气体等腐蚀源，以利保养。

② 电热板和电热砂浴内不能直接放入液体或低温熔化的物品。

③ 接通电源时，应确保接地良好，以免机壳带电危及人身安全。

④ 仪器不宜高温长时间连续使用，以免缩短寿命，每次使用最好控制在4h以内。

五、物质的干燥方法

1. 液体的干燥

液体的干燥

需要进行干燥的液体物质大多为有机化合物，液体有机物中的微量水分可通过选用适量的干燥剂予以脱除。

干燥剂的种类很多，效能也不尽相同，见表2-5，选用时应考虑以下因素。

① 不与被干燥液体发生化学反应；

② 不能溶解于被干燥液体中；

③ 吸水量大，干燥效能高；

④ 干燥速度快，节省实验时间；

⑤ 价格低廉，用量较少，利于节约。

表2-5　干燥有机物常用的干燥剂

干燥剂	适用有机物	干燥效能
浓 H_2SO_4	饱和烃、卤代烃	吸湿性较强
P_2O_5	烃、醚、卤代烃	吸湿性很强，吸收后需蒸馏分离
KOH、NaOH	醇、醚、胺、杂环化合物	吸湿性强，快速有效

续表

干燥剂	适用有机物	干燥效能
K_2CO_3	醇、酮、胺、酯、腈	吸湿性一般，速度较慢
$CaCl_2$	烃、醚、卤代烃、酮、硝基化合物	吸水量大，作用快，效率高
$CaSO_4$	烷、醇、醚、醛、酮、芳香烃	吸水量小，作用慢，效率低
3A、4A 分子筛	各类有机物	快速有效吸附水分，并可再生使用

干燥剂的用量可根据被干燥物质的性质、含水量及干燥剂自身的吸水量来决定。分子中有亲水基团的物质（如醇、醚、胺、酸等），其含水量一般较大，需要的干燥剂多些。如果干燥剂吸水量较小，效能较低，需要量也较大。一般每10mL 液体约加 0.5～1g 干燥剂即可。

液体有机物的干燥通常在锥形瓶中进行。将已初步分离水分的液体倒入锥形瓶中，加入适量干燥剂，塞紧瓶口，轻轻振摇后静置观察，如发现液体浑浊或干燥剂粘在瓶壁上，应继续补加干燥剂并振摇，直至液体澄清后，再静置 0.5h 或放置过夜。若干燥剂能与水发生反应生成气体，还应装配气体出口干燥管，如图 2-6 所示。可用无水硫酸铜（白色，遇水变为蓝色）检验干燥效果。

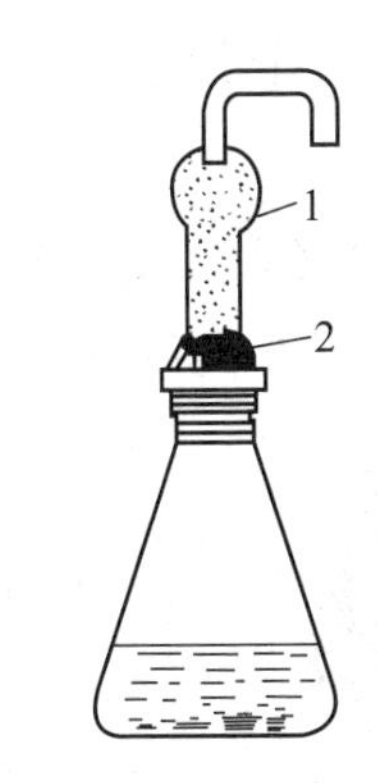

图 2-6 液体的干燥

1—无水氯化钙；2—脱脂棉

加入干燥剂的颗粒大小要适中，太大吸水缓慢、效果差，若过细则吸附待干燥液太多，影响收率。

2. 固体的干燥

固体的干燥

固体物质的干燥是指除去残留在固体中的微量水分或有机溶剂。固体干燥方法有以下几种。

（1）自然干燥　对于在空气中稳定、不分解、不吸潮，但遇热易分解或附有易燃、易挥发溶剂的固体物质，可将其放在洁净干燥的表面皿上，摊成薄层，上面盖一张滤纸，以防污染，在空气中自然晾干，此法既简便又经济。

（2）加热干燥　对于熔点较高且遇热不分解的固体物质，可放在表面皿或蒸发皿中，用烘箱烘干。固体有机物烘干时应注意加热温度必须低于其熔点。定量分析中使用的基准试剂或固体试剂应按实验要求的温度干燥至恒重。

图 2-7 干燥器

（3）干燥器干燥　对于易吸潮、易分解或易升华的固体物质，可放在干燥器内进行干燥，但一般需要时间较长。干燥器如图 2-7 所示。

干燥器是具有磨口盖子的厚壁玻璃容器，磨口处涂有凡士林，以便使其更好地密合。容器中部内径改变处放置一带孔的瓷板，用以承放被干燥物品。瓷板下面装有干燥剂。使用前，先在磨砂处涂抹一层薄薄的凡士林，因为时间长了凡士林会氧化发硬，长久不用时甚至将盖粘死打不开，所以应及时刮去老化的凡士林，再涂上新的。

常用的干燥剂有硅胶、氯化钙（可吸收微量水分）和石蜡片（可吸收微量有机溶剂）等。干燥剂吸水较多后应及时更换。

有一种干燥器的盖上有磨口活塞，叫做真空干燥器。将活塞与真空泵连接抽真空，可使干燥速度加快，干燥效果更好。

开启干燥器时，一手扶住底部，一手向相反方向拉（或推）动盖子。不得用向上提拉盖子的方式开启。取放物品后，应按同样的方式及时盖好，以免空气中的水汽侵入。

移动干燥器时，应以双手托住，并将两个拇指压住盖沿，以免盖子滑落打碎。

（4）红外线干燥和微波干燥　红外线和微波的穿透性强，能使水分子从固体颗粒的内外同时蒸发，因此干燥速度较传统加热法快。

气体的干燥

3. 气体的干燥

气体的干燥可采用吸附法。常用的吸附剂是氧化铝和硅胶。氧化铝的吸水量可达到其自身质量的15%～20%，硅胶可达到20%～30%。也可使气体通过装有干燥剂的干燥管、干燥塔或洗涤瓶进行干燥。

干燥剂的选择需要根据气体的性质而定，具体内容见表2-6。

表2-6　气体干燥用的干燥剂

干燥剂	适用气体
CaO	氨、胺类
$CaCl_2$（熔融过的）	HCl、H_2、O_2、CO_2、CO、N_2、SO_2、烷烃、乙醚、烯烃、氯代烃
P_2O_5	H_2、O_2、CO_2、CO、N_2、SO_2、乙烯、烷烃
H_2SO_4	O_2、CO_2、CO、N_2、Cl_2、烷烃
KOH（熔融过的）	氨、胺类
$CaBr_2$	HBr
CaI_2	HI
碱石灰	氨、胺、O_2、N_2，同时可除去气体中的CO_2和酸性气体

干燥管或干燥塔中盛放的块状固体干燥剂不能装得太实，也不宜使用粉末，以便气流通过。

使用装在洗气瓶中的浓硫酸作干燥剂时，其用量不可超过洗气瓶容量的1/3，通入气体的流速也不宜太快，以免影响干燥效果。

几种常见的气体干燥装置如图2-8所示。

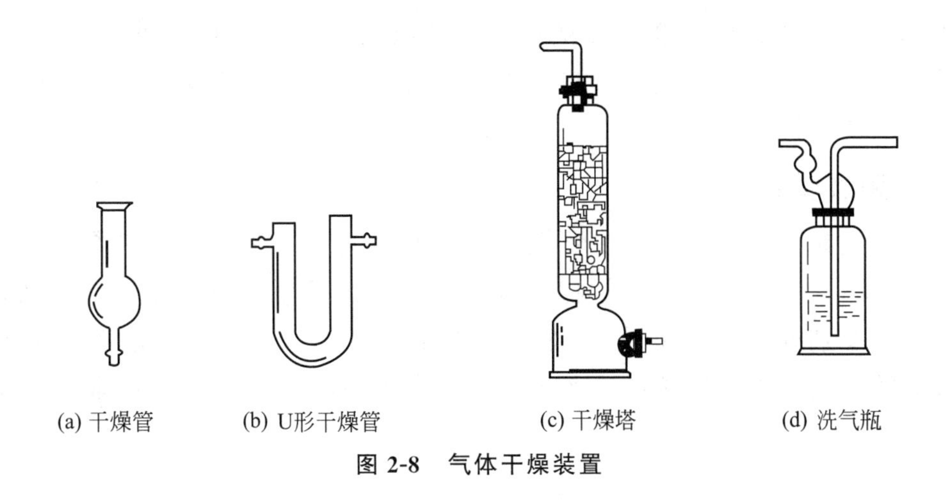

(a) 干燥管　(b) U形干燥管　(c) 干燥塔　(d) 洗气瓶

图 2-8　气体干燥装置

第五节　玻璃加工及玻璃仪器装配

一、识别和选择玻璃材料

1. 玻璃材料的种类

玻璃加工用的玻璃材料很多，常用的大致分为软质玻璃、硬质玻璃和石英玻璃三大类。

（1）软质玻璃　软质玻璃即普通玻璃，主要包括钠玻璃和钾玻璃两种。用得最多的是钠玻璃，它的特点是：热稳定性差、软化点低、耐碱性强、透明性好、易于火焰加工熔接。钾玻璃在耐热性、耐腐蚀性、硬度、透明度等性能上都比钠玻璃好，应用也很广泛。

（2）硬质玻璃　硬质玻璃亦称高硼硅玻璃。硬质玻璃的机械强度高，膨胀系数小、导热性好、具有良好的火焰加工性能。因此常用在温度高、压强高、腐蚀性强、温差变化大的环境。

（3）石英玻璃　石英玻璃是将纯净的石英放在真空电炉中，在高温、高压下熔化后制成的。它的软化点温度很高、膨胀系数很小、能透过紫外线，因此它是制造光学仪器和医学仪器的最好材料。

2. 选择玻璃材料

质地良好的玻璃必须是粗细薄厚均匀、组织清晰透明，表面没有气泡和条纹，化学性质稳定，不易被其他化学药品所侵蚀。

作为玻璃加工用的玻璃材料，其软化点和工作温度不宜过高，以免造成设备或工作上的困难；能经受温度的剧变而不破裂；相互熔接的玻璃管必须是同一类玻璃或性质相近的玻璃；玻璃和其他物质熔接时，两者膨胀系数应基本一致。

3. 鉴别玻璃的方法

将玻璃放在酒精灯火焰上，不久就会软化，且火焰显黄色者就是软质（钠）玻璃；若在酒精灯火焰上不易软化，软化后一经离开就立刻变硬则是硬质玻璃。同质玻璃的鉴别办法是选择干燥、洁净、粗细、薄厚大致一样而且又无气泡和条纹等缺陷的材料试接，熔接后经退火冷却，在平整的木台上轻轻丢掷数次，若无断裂，则说明是同质玻璃材料。

二、玻璃仪器的安装

1. 塞子的选配

塞子主要用于封口和仪器的连接安装。在有机实验特别是有机物的制备试验中，常常需要用不同规格的塞子将各种玻璃仪器正确地连接起来。塞子选择是否合适，对试验影响很大。

实验室中常用的塞子有玻璃磨口塞、橡胶塞和软木塞等，它们各有特点。玻璃磨口塞用在配套的玻璃磨口仪器中，能与带磨口的瓶子很好密合，密封效果好。橡胶塞的气密性也很好，并且耐强碱，但容易被强酸侵蚀或被有机溶剂溶胀。软木塞不易与有机物作用，但容易被酸碱侵蚀，气密性差。

由于橡胶塞和软木塞可根据实验需要进行钻孔，所以装配仪器时常用橡胶塞和软木塞。

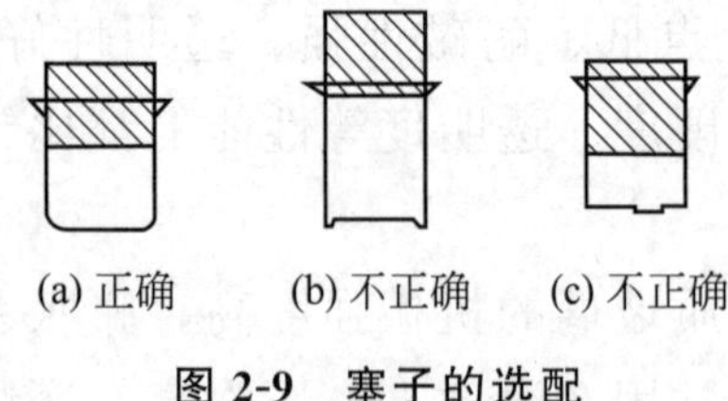

图 2-9　塞子的选配

选择一个大小合适的塞子，是使用塞子的起码要求。塞子的大小应与仪器口径相适应。塞子进入瓶颈或管颈的部分应不小于塞子本身高度的1/2，也不大于2/3，一般以大约1/2为宜，见图2-9。

2. 塞子的钻孔

软木塞在钻孔前，要用压塞机碾压紧密，以增加其气密性并防止钻孔时裂开。在软木塞上钻孔时，要选用比欲插入的玻璃管或温度计外径小些的钻孔器，以保证不漏气。在橡胶塞上钻孔时，则要选用比欲插入的玻璃管或温度计外径稍大些的钻孔器，因为橡胶弹性较大，钻完孔后会收缩，使孔变小。

钻孔时，将塞子小的一端朝上，平放在一块小木板上，防止损坏桌面。为减小摩擦，可在钻孔器的刀口上涂上少许甘油或水做润滑剂，左手扶住塞子，右手持钻孔器，在需要钻孔的位置，边向下施加压力，边按顺时针方向旋转。要垂直均匀地钻入。不能使钻孔器左右摆动，更不能歪斜，见图 2-10。

为防止孔洞钻斜，当钻至约 1/2 时，可将钻孔器按逆时针方向旋出，然后再从塞子的另一端对准原来的钻孔，垂直地把孔钻通。拔出钻孔器后，用金属棒捅出钻孔器中的塞芯。

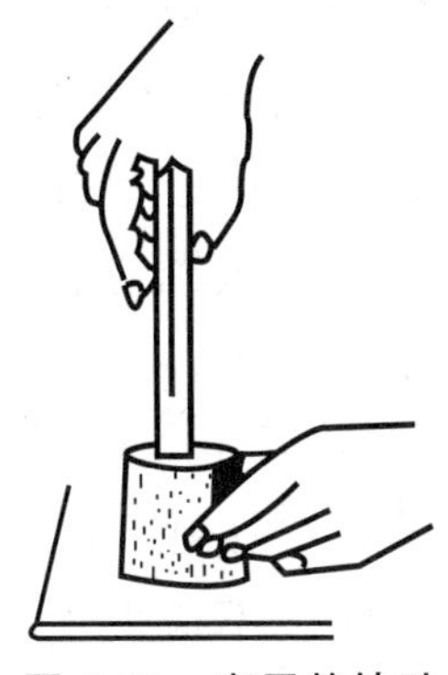
图 2-10　塞子的钻孔

钻孔后，要检查孔道是否合用，若不费劲就能插入玻璃管时，说明孔道过大，塞子和玻璃管之间有缝隙，会漏气。若孔径略小或孔道并不光滑，可用圆锉进行修整。

需要在一个塞子上钻两个孔时，应注意使两个孔道互相平行，否则会使插入的两根玻璃管或温度计歪斜或交叉，影响正常使用。

3. 玻璃仪器的安装

玻璃仪器的安装是指通过塞子、玻璃管及胶管将相关仪器连接起来，组装成可供实验使用的装置。仪器安装是否正确，对实验的成败有很大影响。虽然各类仪器的具体装配方法有所不同，但一般都应遵循下列原则。

① 所选玻璃仪器和配件要保持干净和干燥，否则将影响试验结果。

② 所选玻璃仪器与配件的规格和性能要恰当。如回流加热的实验应选用圆底烧瓶作反应器，所盛物料应为其容积的 1/2～2/3。

③ 仪器和配件上的塞子要在组装前安装好。将玻璃管或温度计插入塞子时，应先用甘油或水润湿欲插入的一端，然后一手持塞子，一手握住玻璃管或温度计距塞子 2～3cm 处，均匀而缓慢地将其旋入塞孔内，不能用顶进的方法强行插入，见图 2-11。

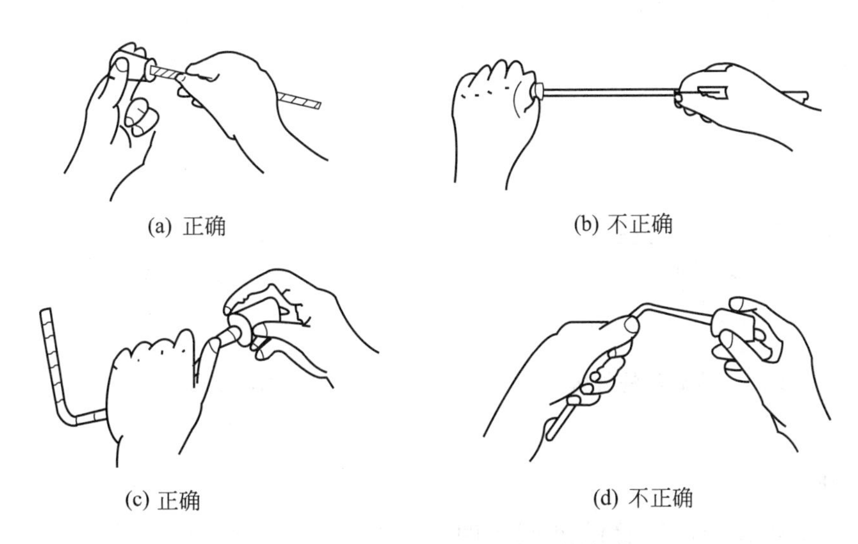

图 2-11　玻璃管与塞子的连接方法

插入或拔出玻璃管或温度计时，握管的手不能距塞子过远，也不能握玻璃管的弯曲处，以防玻璃管断裂并造成割伤。

④ 组装仪器时，应首先确定主要仪器的位置，再按一定顺序先下后上，从左到右依次连接并固定在铁架台上。例如在安装蒸馏装置时，应首先根据热源高度来确定蒸馏烧瓶的位置，再依次装配其他仪器。要尽量使仪器的中心线都在同一个平面内。

⑤ 固定仪器用的铁夹上应套有耐热橡胶管或贴有绒布，不能使铁器与玻璃仪器直接接触。铁夹的螺丝旋钮应尽可能位于铁夹的上边或右侧，以便于操作。夹持时，不应太松或太紧，需要加热的仪器，要夹其受热最少的部位，冷凝管应夹其中央部位。

组装好的仪器装置，应正确、稳妥、严密、整齐、美观，符合要求，方便操作。拆除仪器的装置时，应按与安装时相反的顺序进行。

三、玻璃管（棒）的切割

洗净并干燥的玻璃管（棒），在加工制作各种配件之前，首先要切割成所需要的长度。切割玻璃管的方法有以下三种。

1. 冷割

截割玻璃管（棒）时，将选好的玻璃管平放在桌面上，左手按住玻璃管要切割的部位，右手拿锉迅速用力向前划，左手同时把玻璃管缓慢朝相反方向转动，这样就能在玻璃管上划出一道清晰细直的凹痕，该凹痕与玻璃管垂直，其长度为玻璃管圆周长的1/3～1/5，如图2-12所示。注意锉痕时用力不能过猛，只能向一个方向锉，否则不仅容易损坏锉，而且折断后断面边缘不整齐。

折断时，两手分别握住玻璃管锉痕的两边，使两手的大拇指抵住锉痕的背面，锉痕朝外，稍稍用力向外推，同时其他手指向里轻轻用力一拉，玻璃管即被折断，断面应平整，如图2-13所示。

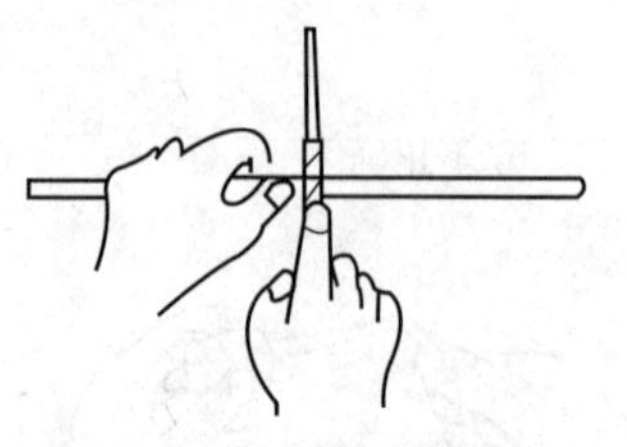

图2-12　玻璃管的锉痕

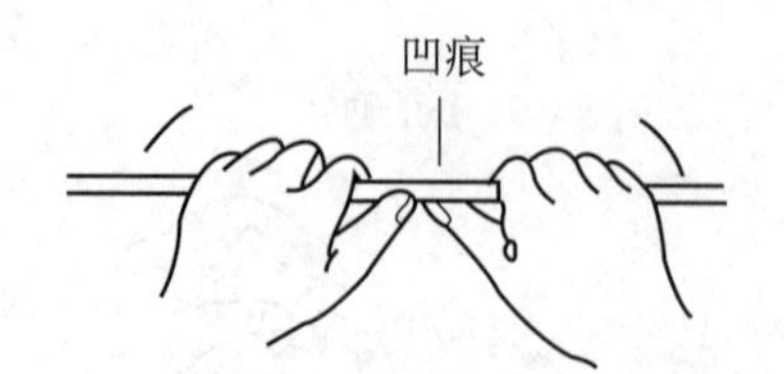

图2-13　玻璃管的折断

2. 点炸法

当需要在玻璃管接近管端处截断时，用折断法不便于两手平衡用力，就用点炸法。依上法锉痕，先在锉痕处滴上水，再用烧得通红的细玻璃棒或烧红的金属钩迅速与锉痕接触，由于锉痕的两侧冷热不均，就会在锉痕处自动断裂，断面也是很平整的。

3. 冷却

依上法锉痕后，将凹痕放在喷灯火焰上均匀受热，稍发红后离开灯焰，迅速用尖嘴玻璃管对准红热的凹痕吹气，由于凹痕局部受冷，所以就在此处断裂。

切割后的断口，非常锋利，容易割破手指或损坏胶皮管，也不易插入塞子的孔道，因此必须进行熔光。熔光时，将玻璃管的断口放在喷灯氧化焰上转动加热，直到断口熔烧光滑为止。但注意熔烧时间不能太久，以防管口口径缩小，特别是直径小的玻璃管口易被封死。

熔光后，绝对不能将灼热的玻璃管直接放在桌上，以免烧焦桌面，也不要用手去摸，以免烫伤。

四、玻璃管（棒）的弯制

实验中，经常用到不同弯度的玻璃管（棒）。对玻璃管进行弯制时，首先应对玻璃管进行加热。

玻璃的导热性能差，如果各部分受热不均匀，就容易破裂，既浪费时间，又浪费材料。

在弯曲玻璃管时，先将玻璃管用小火预热一下，然后两手握持并缓慢而均匀地转动加热玻璃管。为了增大玻璃管的受热面积，在煤气喷灯（或酒精喷灯）上罩以鱼尾形灯头扩展火焰，使火焰变得扁平而宽大，或者将玻璃管的待弯曲部分直接插入煤气喷灯（或酒精喷灯）的氧化焰中加热。

当玻璃加热到发黄变软时，便可从火焰中取出，两手掌心向上平握住玻璃管的两端，轻轻向上一次弯成所需要的角度，弯管手法如图 2-14 所示。

两手同时向上弯曲时，用力要均衡，不能内挤外拉，也不能操之过急，否则弯管将不合要求，弯管好坏的标准见图 2-15。

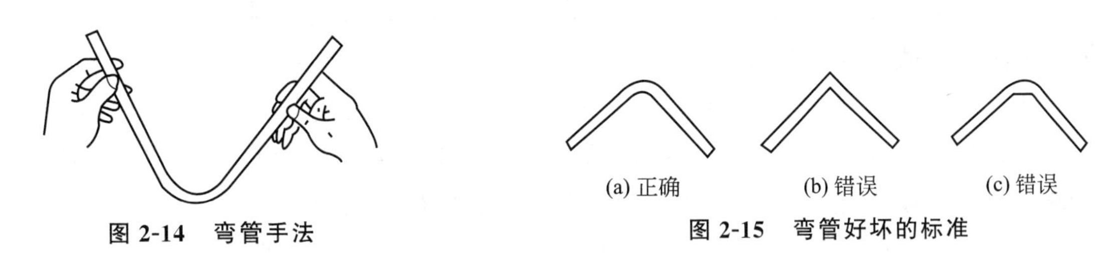

图 2-14　弯管手法

图 2-15　弯管好坏的标准

弯曲较粗的玻璃管，当加热到发黄变软时，立刻用准备好的棉花堵住一端，在另一端用嘴轻轻地吹气，同时两手按上述弯曲玻璃管的操作方法进行，以防出现折瘪、外鼓、偏歪现象。

弯好后的玻璃管应进行退火处理，然后再把它置于石棉网上继续冷却至室温。最后检查弯管角度是否准确，整个弯管是否平整，是否处在同一平面上，弯曲处有无内瘪、外鼓、偏歪现象。

五、玻璃管的拉伸

1. 拉伸滴管

截取直径为 80mm 左右的一段玻璃管。两肘搁在桌面上，两手轻拿玻璃管的两端，加热方法与玻璃弯管相同，不过受热面积要小一些，加热程度要强一些，待玻璃管受热处烧到红黄变软时，将其两端轻轻压缩，减短长度，增加壁厚。然后从火焰中取出，两手平稳地沿着水平方向向两边缓缓地边拉边旋转，拉到所需要的细度时，两手仍不能松开，尚需继续转动，直到玻璃管完全变硬。拉出的细管部分必须和原粗玻璃管在同一轴线上不能歪斜，再按所需长度在细处凿一细痕后折断，并将断口熔光，形成两个尖嘴滴管，见图 2-16，然后再把玻璃管另一端在火焰烧成卷边即可。

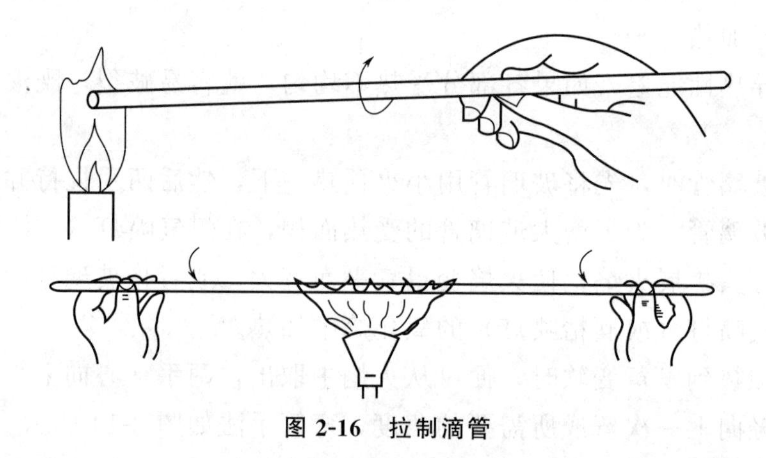

图 2-16 拉制滴管

2. 拉制毛细管

拉制毛细管要求用内径 0.8～1cm 的薄壁玻璃管，事先必须洗净烘干，因拉成毛细管后，就不能再洗涤了。

取一根清洁干燥的、直径 0.8～1cm、壁厚 1mm 的玻璃管，放在火焰上加热，当烧至红黄变软时，离开火焰，两手边平稳地往复旋转边水平拉伸。开始拉慢些，然后再较快地拉长，使之成为内径 1mm 左右的毛细管。

一支玻璃管可以连续拉 2～3 段毛细管。冷却后，将符合要求的部分用砂片截取 15cm 长，并将两端置于酒精灯的弱火焰处，在不断转动下熔封。熔封的管底，越薄越好，应避免有较厚的粒点形成。使用时，用砂片从中间截断，就变成两支测定熔点的毛细管了。

第六节　溶解与搅拌

一、溶剂的种类

溶解就是采用适当的溶剂将试样溶解后制成溶液，溶解时所用的溶剂有水、酸、碱、有机溶剂等。

1. 水作溶剂

用水作溶剂叫水溶法。此法只能溶解一般可溶性的盐类和部分有机物，如硝酸盐、铵盐、醋酸等。因为纯水容易分离提纯以及价廉易得，不易带入杂质，所以凡能溶于水的试样应尽可能用水作溶剂，进行溶解。为防止某些金属阳离子水解产生沉淀，常在水溶液中加少量酸。

2. 盐酸作溶剂

盐酸是溶解试样的重要强酸之一，在金属活动顺序表中，位于氢以前的金属及其合金都能溶解于盐酸中，碳酸盐和多数金属的氧化物矿石也能被盐酸分解。盐酸中的 Cl^- 不仅具有一定的还原性，有利于一些氧化性矿物，如软锰矿的溶解，而且还能和许多金属离子，如 Fe^{3+}、Sb^{3+} 等发生配位反应，生成稳定的配位离子，如 $FeCl_4^-$、$SbCl_4^-$ 等，所以盐酸是这些金属矿石，如赤铁矿等的良好溶剂。

3. 硝酸作溶剂

硝酸具有强氧化性，所以硝酸溶样兼有酸和氧化作用，溶解能力强，除金、铂及某些稀有金属外，浓硝酸能溶解几乎所有的金属试样及合金，大多数金属的氧化物、氢氧化物和几乎所有的硫化物都能被硝酸溶解，但金属铁、铝、铬等被浓硝酸氧化后，在金属表面上形成一层致密的氧化物薄膜，使金属与酸隔离，不能继续作用，这种现象称为金属的钝化。为了溶解氧化物薄膜，必须加非氧化性的酸如盐酸，才能达到溶样的目的。

4. 磷酸作溶剂

磷酸是中强酸，磷酸根具有很强的配位能力，所以磷酸能溶解很多其他酸不溶解的铬矿石、钛矿石、铌矿石及金红石等。在钢铁分析中，含高碳、高铬、高钨的合金钢，常用磷酸来溶解试样。单独用磷酸溶样时，必须注意在加热过程中温度不宜过高，加热时间不宜过长，以免析出难溶性的焦磷酸盐，一般应控制在500～600℃，时间在5min以内。

5. 硫酸作溶剂

热的浓硫酸具有强氧化性，除钡、锶、钙、铅等金属外，其他金属的硫酸盐一般都能溶解于水。硫酸能溶铁、钴、镍、锌等金属及其合金，也能溶解铝、锰、钍、铀等金属的矿石。

6. 混合酸作溶剂

混合酸具有比单一酸更强的溶解能力，如单一酸不能溶解的硫化汞可以溶解于王水中，王水是1体积硝酸和3体积盐酸的混合酸，它不仅能溶解硫化汞，而且还能溶解金、铂等贵金属。常用的混合酸有 $H_2SO_4+H_3PO_4$、H_2SO_4+HF、$H_2SO_4+HClO_4$、$HCl+HNO_3+HClO_4$ 等。

7. 氢氧化钠和氢氧化钾作溶剂

常用来溶解两性金属铝、锌及其合金以及它们的氧化物、氢氧化物等。在测定铝合金中的硅时，用碱溶解可使硅以偏硅酸根的形式转移到溶液中。如果用酸溶解，则硅可能以硅烷的形式挥发损失，影响测定结果。

8. 有机溶剂

有机溶剂对大多数有机物具有良好的溶解性，如苯能与大多数有机溶剂混溶，氯仿能与乙醇、乙醚、二硫化碳等多种有机溶剂混溶。对脂肪、矿物油、蜡、树脂、煤焦油等有机物有很好的溶解作用。有机溶剂种类很多，用途非常广泛，在涂料、橡胶、石油、纤维、洗涤用品等工业及科学研究上有着重要的作用。

二、溶解机理

一种物质溶解在另一种物质中的能力称为溶解性。溶解性的大小与溶质和溶剂的性质有关。相似相溶理论认为，溶质能溶解在与它结构相似的溶剂中。如氯仿是非极性分子，大多数有机溶剂的分子也是非极性分子，两种物质的分子结构相似，因此可以互溶。水是极性分子，大多数无机物也是极性分子，因此无机物一般溶于水。

三、溶解操作步骤

1. 研磨固体

块状或颗粒较大的固体，需在研钵中研成粉末，以便使其迅速、完全溶解。

2. 选择溶剂

溶解前，根据固体的性质选择适当的溶剂。水通常是首选溶剂，凡是能溶于水的物质尽量选择水作溶剂。难溶于水的无机物，可选盐酸、硝酸、硫酸或混合酸等无机酸溶解。大多数有机化合物需要选择极性相似的有机溶剂进行溶解。

3. 溶解

(1) 取样　先将固体粉末放入烧杯中。

(2) 加溶剂　借助玻璃棒向烧杯中加入适量的溶剂，溶剂的用量根据固体在该溶剂中的溶解度决定。

(3) 制备溶液　用玻璃棒轻轻搅拌，直到固体全部溶解并成为均匀的溶液。通常情况下，大多数固体物质的溶解度随温度的升高而增大，即加热可加快固体物质的溶解。必要时可根据物质的热稳定性，选择适当的方法进行加热，促其溶解。固体的溶解操作如图 2-17 所示。

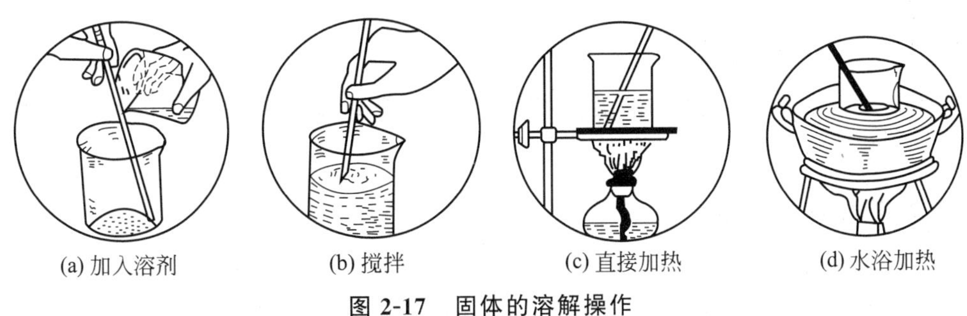

图 2-17　固体的溶解操作

第七节　蒸发和结晶

一、蒸发和结晶的原理

1. 蒸发的原理

蒸发是通过加热的方法将稀溶液中的一部分溶剂汽化并除去，从而使溶液浓度提高的操作。蒸发的溶液由不挥发的溶质和挥发性的溶剂组成，因此蒸发亦是溶质和溶剂的分离过程。

溶剂汽化可分为低于沸点的自然蒸发和沸点时的沸腾蒸发。

(1) 自然蒸发　溶剂的汽化只能在溶液的表面进行，蒸发速率缓慢，效率低，如用海水晒盐。

(2) 沸腾蒸发　溶剂不仅在溶液的表面汽化，而且在溶液内部的各个部分同时汽化，蒸发速率大大提高。

蒸发的目的是获得浓溶液，浓溶液冷却结晶制取固体产品，分离制取溶剂。

2. 结晶的原理

结晶是溶液达到过饱和后，从中析出晶体的过程。形成晶体的方法很多，实验室常用的方法有蒸发结晶和冷却结晶，或二者联合使用。

（1）蒸发结晶　蒸发结晶是使溶液在加压、常压或减压下加热蒸发浓缩，部分溶剂汽化从而获得过饱和溶液，主要用于溶解度随温度的降低而变化不大的物系，如氯化钠等。

（2）冷却结晶　冷却结晶又称降温法，指通过冷却降温使溶液达到过饱和而产生晶体的方法。适用于溶解度随温度降低而显著下降的物质，如硝酸钾、硼砂、结晶硫酸钠等。

蒸发和结晶的操作

二、蒸发和结晶的操作

1. 加溶液

将待蒸发的溶液放入蒸发皿中。若溶液量较多，可改用大烧杯作为蒸发容器。

2. 选择蒸发的方法

对热稳定性较好的物质，蒸发可在石棉网或泥三角上用酒精灯直接加热。对遇热容易分解的物质，则应采用水浴控制加热。

3. 搅拌溶液

随着蒸发的进行，溶液浓度逐渐增大，应注意调低加热温度，并加以搅拌，防止局部过热而迸溅。

4. 析出结晶

当溶液浓缩至表面出现晶体膜时，停止加热。对于溶解度随温度降低而显著减小的物质，蒸发浓缩的溶液冷却后，就会有更多的晶体自然析出。对于溶解度随温度变化不大的物质，则需要在搅拌的条件下，继续加热将溶剂蒸干，直接得到晶体。

5. “晶种”的生成

进行结晶操作时，如果溶液已经达到过饱和状态，却不出现结晶，可用玻璃棒摩擦容器内壁，或者投入少许同种物质作为“晶种”，以诱导的方式促使晶体析出。

第八节　过滤和洗涤

通过置于漏斗中的滤纸将沉淀或晶体分离的操作称为过滤。常用的过滤方法有普通过滤、减压过滤和保温过滤，可根据实验的具体需要选择不同的过滤方法。

一、普通过滤

1. 普通过滤装置

普通过滤是最简便的过滤方法，所用的滤器是贴有滤纸的漏斗，滤纸一般选用粗滤纸或定性滤纸，漏斗应选用内角 60°的普通玻璃漏斗，普通过滤装置如图 2-18 所示。

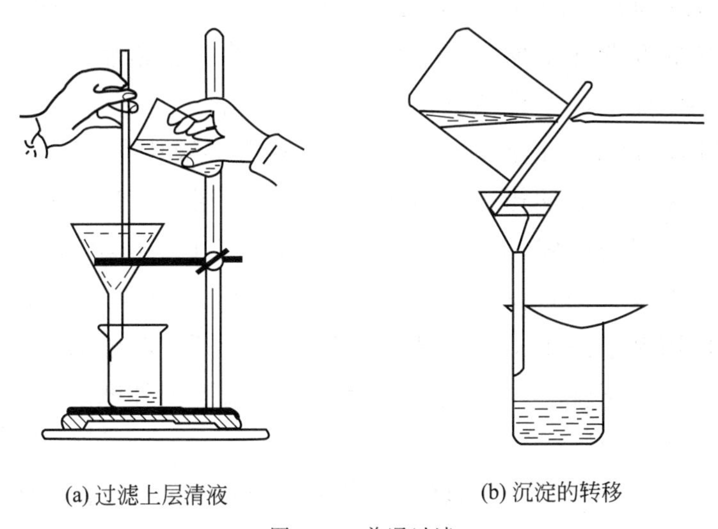

图 2-18 普通过滤

2. 普通过滤操作步骤

(1) 滤纸的折叠和安放 选择与漏斗大小相适宜的圆形滤纸，将滤纸对折两次，拨开一层即成圆锥形，内角即成 60°(若漏斗内角不标准，则应改变滤纸折叠角度，使之能配合所用的漏斗)，锥体的一面是三层，另一面是一层，在三层的一面撕去一个小角，然后把这个圆锥形滤纸放入干燥的漏斗中，三层的一面应放在漏斗颈末端短的一边，使滤纸与漏斗壁靠紧。用左手食指按住滤纸，右手持洗瓶注入少量蒸馏水将滤纸浸湿，再用手指或玻璃棒轻压滤纸四周，使其紧贴在漏斗壁上。此时漏斗与滤纸应当密合，其间不应留有空气泡，滤纸边一般应低于漏斗边 0.5～1cm。如图 2-19 所示。

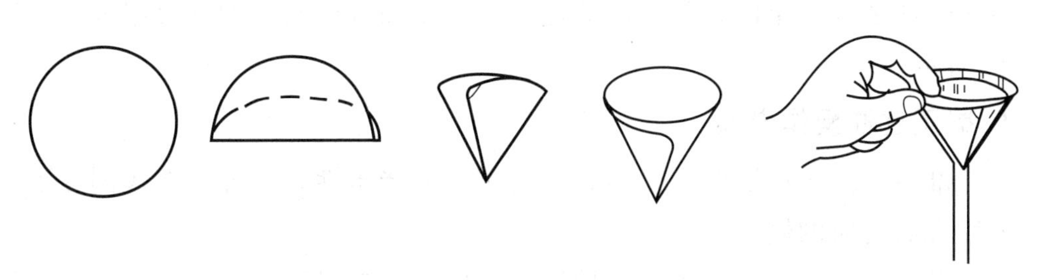

图 2-19 滤纸的折叠和安放

（2）滤器的处理　过滤前，先向漏斗中加水至滤纸边缘，使漏斗颈内全部充满水而形成水柱。若不能形成水柱，可用手指堵住漏斗下口，同时稍稍掀起滤纸的一边，用洗瓶向滤纸和漏斗的空隙加水，使漏斗颈和锥体的大部分被水充满，然后压紧滤纸边，松开堵在下口的手指，一般即能形成水柱。具有水柱的漏斗，过滤速度较快。

（3）过滤和洗涤　过滤和洗涤的方法一般要遵循以下几步。

① 将准备好的漏斗放在漏斗架上（放在固定于铁架台上的铁圈上），把接收滤液的干净烧杯放在漏斗下面，并使漏斗末端长的一边紧靠烧杯内壁，这样，滤液可以顺着烧杯壁流下，不致向外溅出。

② 采用倾泻法过滤，过滤前，尽量使烧杯内溶液中的沉淀下降，不要搅动沉淀。过滤时，左手持玻璃棒，垂直地接近滤纸三层的一边，右手拿烧杯，将烧杯嘴贴着玻璃棒并慢慢倾斜，先将沉淀上面的清液小心地沿玻璃棒流入漏斗中。待漏斗中溶液的液面达到距滤纸边缘约 5mm 处时，应暂时停止倾注，以免少量沉淀因毛细管作用越过滤纸上缘，造成损失。停止倾注溶液时，将烧杯嘴沿玻璃棒向上提，并逐渐扶正烧杯，以免烧杯嘴上的液滴流到外壁，再将玻璃棒放回烧杯中，但不得放在烧杯嘴处。

③ 待上层清液过滤完后，在盛有沉淀的烧杯中加入少量的蒸馏水，搅拌混合，然后将沉淀连同溶液一起倾入漏斗中。用洗瓶吹入少量的蒸馏水，洗涤烧杯和玻璃棒 2～3 次，将洗涤液也倾入漏斗中。

④ 待洗涤液过滤完后，再用洗瓶吹出少量蒸馏水，在漏斗中洗涤滤纸和沉淀 1～2 次，直到洗涤液过滤完为止。

倾泻法过滤能够防止沉淀物堵塞滤纸的滤孔而减慢过滤速度。

二、减压过滤

减压过滤又称抽气过滤，简称抽滤。减压过滤不仅可以加快过滤速度，缩短过滤时间，又能使晶体与母液分离完全，易于干燥处理。

1. 减压过滤装置

减压过滤装置由布氏漏斗、吸滤瓶、缓冲瓶和减压泵等四部分组成，装置如图 2-20 所示。

2. 减压过滤操作步骤

（1）准备　减压过滤前，要检查整套装置的严密性。另外，布氏漏斗下端的斜口要对准吸滤瓶的侧管。

（2）贴好滤纸　滤纸的大小应剪得比布氏漏斗的口径略小，以恰好能盖住布氏漏斗瓷板上所有的小孔为宜（不能剪得比内径大，那样滤纸周边会起皱褶，过滤时，晶体就会从皱褶的缝隙被抽入滤瓶，造成透滤)。放入布氏漏斗中的滤纸，先用洗瓶吹出冷的蒸馏水润湿，再打开减压泵，将滤纸紧紧吸在漏斗的瓷板上，然后才能开始过滤。

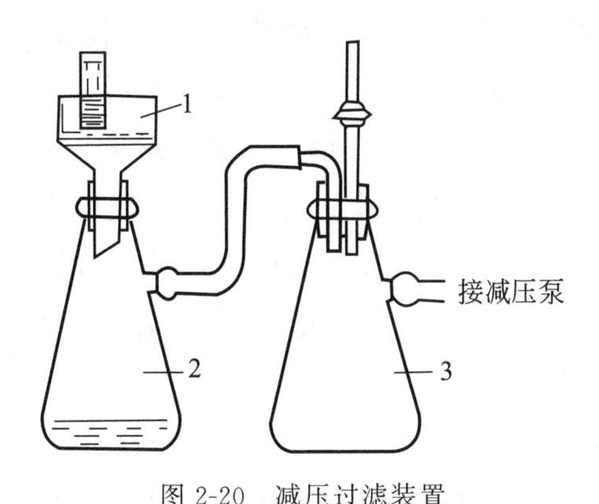

图 2-20　减压过滤装置

1—布氏漏斗；2—吸滤瓶；3—缓冲瓶

(3) 采用倾泻法　先将澄清的溶液沿玻璃棒倒入漏斗中，注意倾入漏斗中的溶液不应超过漏斗容量的三分之二，待溶液滤完后，再将沉淀移入滤纸的中间部分，并将其在漏斗中铺平，继续抽吸，至沉淀比较干燥为止。

(4) 沉淀的洗涤　母液抽干后，暂时停止抽气。用玻璃棒将晶体轻轻搅动松散，加入少量冷的蒸馏水浸润后，再抽干。如此反复操作几次，可将沉淀洗涤干净。

(5) 过滤完毕的处理　应先打开缓冲瓶上的二通活塞，然后再关闭减压泵，这样可避免水倒吸。再取下漏斗，将漏斗的颈口向上，轻轻敲打漏斗边缘，即可使沉淀脱离漏斗，落入事先准备好的滤纸上或容器中。

三、保温过滤

保温过滤又称热过滤，对于过滤过程中随着温度的降低容易在滤纸上析出晶体的热溶液，可采用保温过滤。

1. 保温过滤装置

将一只普通的短颈玻璃漏斗套在一个金属制的热水漏斗里，金属套的两壁之间充满热水。如果溶剂是水，可直接加热热水漏斗的侧管。如果溶剂是可燃性有机物，则不能用明火加热，可预先将漏斗和接收滤液的锥形瓶用水浴或烘箱预热(预热温度应低于溶剂的沸点)，这样就可以保证过滤过程中，热溶液不降温，顺利过滤。保温过滤装置如图 2-21 所示。

2. 保温过滤操作步骤

(1) 玻璃漏斗的选择　为了加快过滤，应选用颈短而粗的玻璃漏斗，以避免

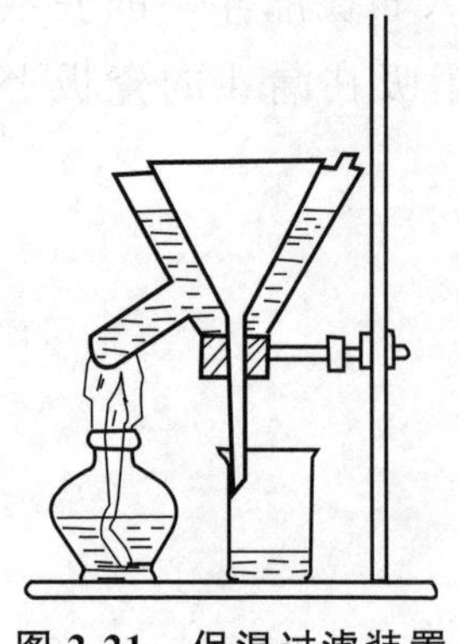

图 2-21　保温过滤装置

在过滤操作中晶体在漏斗颈部析出而造成堵塞。

（2）滤纸的放置　过滤前，应在漏斗内放好折叠滤纸，折叠滤纸向外突出的棱边应紧贴在漏斗内壁上，并先用少量的热溶剂润湿滤纸，以免干滤纸吸收溶液中的溶剂，使晶体析出，堵塞滤纸孔。

（3）过滤过程中应注意的问题

① 过滤时，用表面皿盖住漏斗，减少溶剂挥发。过滤过程总有部分晶体在滤纸和漏斗颈析出。量少，可用热溶液冲洗下去；量多，可用刮刀刮回到原容器中重新溶解过滤。

② 过滤时，可分多次将溶液倒入漏斗中，每次不宜倒入过多，以防溶液在漏斗中停留时间太长，析出晶体；也不宜过少，因溶液量少散热快，析出晶体。未倒入的溶液也应注意随时加热保持温度。

③ 对热饱和溶液进行常压过滤时，由于温度的下降和溶剂的蒸发，晶体极易在滤纸和漏斗中析出。为此除了维持溶液的温度外，还可以适当地增加溶剂的用量，制备稀溶液，趁热过滤后再加以浓缩。

技能检查与测试

一、填空题

1. 常用的过滤方法有________、________、________。

2. 溶解就是采用适当的溶剂将试样溶解后制成溶液，溶解时常用的溶剂有________、________、________、________等。

3. 玻璃加工用的玻璃材料很多，常用的大致分为________、________、________三大类。

4. 玻璃仪器常用的干燥方法有________、________、________三种。

5. 洗涤玻璃器皿的一般步骤先用________、后用________。

6. 根据纯度及杂质含量的多少，可将一般试剂分为________、________、________、________四个等级。

7. 铬酸洗涤液是一种实验室的常规洗液，由________、________配制而成。

8. 影响试剂变质的因素有________、________、________、________、________。

二、判断题

1. 不可将太热的物体放入干燥器中。　（　　）

2. 移动干燥器时，要用双手拿着，用大拇指紧紧按住盖子。（　　）

3. 玻璃器皿上沾有褐色二氧化锰，可用浓盐酸或草酸洗液洗除去。（　　）

4. 倾泻法过滤能够防止沉淀物堵塞滤纸的滤孔而减慢过滤速度。（　　）

5. 减压过滤不仅可以加快过滤速度，缩短过滤时间，又能使晶体与母液分离完全，易于干燥处理。（　　）

6. 相似相溶理论认为，无机物一般溶于水。（　　）

7. 欲观察干燥箱内情况时，只打开外层箱门即可，不能打开内层玻璃门。（　　）

8. 向试管中加入块状固体时，应将试管垂直，使其沿管壁缓慢落下。（　　）

9. 从细口瓶取用液体试剂时采用倾注法。（　　）

10. 实验室使用电器时，要谨防触电，不可用湿的手、物去接触电源。（　　）

三、问答题

1. 在减压过滤中，停止抽气时，若直接关闭减压泵，会造成什么后果？

2. 洗涤沉淀时，为什么要采用“少量多次”的原则？

3. 溶解水溶性固体时，为什么最好选用水作溶剂？

4. 蒸发浓缩氯化钠溶液时，如果在溶液表面刚刚出现晶体膜就停止加热，对析出晶体的量会有什么影响？为什么？

5. 切割玻璃管（棒）时，如果锉痕较粗或不直，会有什么后果？

6. 拉制毛细管时，若两手旋转角度不同会产生什么后果？

7. 干燥液体物质时，对干燥剂的选择有哪些要求？

8. 用剩的化学试剂能倒回原瓶吗？为什么？

9. 常用化学试剂应如何储存？

10. 比色皿应如何洗涤？

第三章 化学定量分析基本操作

学习目标：

1. 掌握双盘电光分析天平、单盘电光分析天平及电子天平的使用方法。
2. 掌握滴定管、吸管和容量瓶的基本操作方法。
3. 掌握气压计、温度计和秒表的使用方法。
4. 了解天平、滴定管、吸管和容量瓶的分类及选择。
5. 了解简单的天平维护知识及天平常见故障的排除方法。
6. 掌握天平的称量方法及灵敏度的测定方法。

第一节 天平的分类、性能及选用

天平是化学检验常用的称量仪器，也是定量分析最重要的仪器之一。在分析工作中经常要准确称量一些物质的质量，称量的准确度直接影响测定的准确度，了解天平的种类、结构，掌握天平的原理和正确的称量方法，是做好定量分析实验的基本保证。

一、天平的分类

1. 按结构原理分

按天平的结构原理分，天平可分为机械式天平和电子天平两大类。

机械式天平是根据杠杆原理设计制造的，又分为等臂双盘天平和不等臂双刀单盘天平。双盘天平又分为普通标牌和微分标牌的天平。微分标牌天平带有光学读数装置，亦称电光天平。按其加码器加码范围，可分为部分机械加码天平和全部机械加码天平，即双盘电光天平中最常用的半自动电光天平和全自动电光天平。

由于双盘天平存在不等臂性误差，已逐渐被不等臂单盘电光天平所代替。不等臂单盘电光天平采用全量机械减码，操作更加简便。

电子天平是利用电磁力平衡原理设计而成的，现在应用广泛。

2. 按天平相对精度分

（1）天平主要技术数据

① 最大称量。最大称量又叫最大载荷，表示天平可称量的最大值，用 max 表示。天平的最大称量必须大于被称量物品可能的质量。在实验室中常用的天平最大称量一般为 100～200g。

② 分度值。天平标尺一个分度相对应的质量叫检定标尺分度值，简称分度值。即天平读数标尺能够读取的有实际意义的最小质量，用 e 表示。最大载荷为 100～200g 的分析天平的分度值一般为 0.1mg，即万分之一天平；最大载荷为 20～30g 的分析天平其分度值一般为 0.01mg，即十万分之一天平。

天平的最大载荷与分度值之比称为检定标尺分度数，用 n 表示，$n=max/e$。n 越大，天平的准确度级别越高。

（2）天平级别　《电子天平检定规程》（JJG 1036—2008）规定：电子天平按其检定标尺分度值 e 和检定标尺分度数 n，划分为四个准确度级别：特种准确度级（符号为Ⅰ）；高准确度级（符号为Ⅱ）；中准确度级（符号为Ⅲ）；普通准确度级（符号为Ⅳ）。准确度级别与 e、n 的关系见表 3-1。

表 3-1　天平准确度级别与 e，n 的关系

准确度级别代号	相对精度（最大称量与检定标尺分度值之比）	准确度级别代号	相对精度（最大称量与检定标尺分度值之比）
$Ⅰ_1$	$1\times10^7\leqslant n$	$Ⅰ_6$	$2\times10^5\leqslant n<5\times10^5$
$Ⅰ_2$	$5\times10^6\leqslant n<1\times10^7$	$Ⅰ_7$	$1\times10^5\leqslant n<2\times10^5$
$Ⅰ_3$	$2\times10^6\leqslant n<5\times10^6$	$Ⅱ_8$	$5\times10^4\leqslant n<1\times10^5$
$Ⅰ_4$	$1\times10^6\leqslant n<2\times10^6$	$Ⅱ_9$	$2\times10^4\leqslant n<5\times10^4$
$Ⅰ_5$	$5\times10^5\leqslant n<1\times10^6$	$Ⅱ_{10}$	$1\times10^4\leqslant n<2\times10^4$

按相对精度分级的特点简单明了，只要知道天平的级别和分度值就可知道它的最大称量；同样知道了级别和最大称量也可算出分度值。

二、天平的性能

任何一种计量仪器都有它特定的计量性能，天平的计量性能主要有灵敏性、稳定性、准确性和示值变动性，由其性能指标可衡量天平的质量。下面我们以杠杆式天平为例说明天平的性能。

1. 灵敏性

天平的灵敏性通常用灵敏度或感量来表示。

（1）灵敏度　天平的灵敏度（用 E 表示）是指天平指针端沿着标牌移动的

分度数与盘中所加的小砝码的质量之比。可用公式表示如下：

$$E=\frac{n}{p} \tag{3-1}$$

式中 E——天平的灵敏度，分度/mg；

p——在某一盘中添加小砝码的质量，mg；

n——指针在标牌上偏移的分度数，分度。

例如，将1mg砝码添加在一台天平的秤盘中，引起指针在标牌上移动1.5格，计算天平的灵敏度。则天平灵敏度为：

$$E=\frac{n}{p}=\frac{1.5}{1}=1.5\text{（分度/mg）}$$

在实际工作中，灵敏度的测定是在天平的零点调好后，休止天平。在天平的物盘上放一校正过的10mg环码，启动天平，指针应移至100±1分度范围内，则灵敏度为：$E=\frac{n}{p}=10$（分度/mg）。此时天平的灵敏度符合要求。

（2）感量 感量又称分度值（e），也常用来表示天平的灵敏度。

感量（用S表示）是指天平平衡位置在标牌上产生一个分度变化所需要的质量值。感量与灵敏度互为倒数关系：

$$S=e=\frac{1}{E} \tag{3-2}$$

灵敏度的单位是分度/mg，感量的单位是mg/分度。1分度在标尺上显示的就是1小格。双盘半自动电光天平的感量为0.1mg/分度，称为万分之一分析天平。

天平的灵敏度在空载和负载两种情况下是不一样的，灵敏度随载荷的增加而降低，因此有空载灵敏度和负载灵敏度之分。

天平的灵敏度与横梁的质量成反比，与臂长成正比，与重心距（即支点与重心间的距离）成反比，重心越高，天平的灵敏度越高，但其稳定性必将减小。

另外，天平的灵敏度在很大程度上取决于三把玛瑙刀口接触点的质量。刀口的棱边越锋利，玛瑙刀承表面越光滑，两者接触时的摩擦力就越小，灵敏度就越高；如果刀口受损伤，则不论怎样调节，都难以显著提高天平的灵敏度。所以使用天平时应特别注意保护好天平的刀口和刀承。

2. 稳定性

天平的稳定性是指天平在空载或负载的情况下，横梁在平衡状态受到扰动后能自动回到初始平衡位置的能力。

天平的稳定性主要与天平梁的重心和支点的位置以及天平上一个支点刀刃和

两个重点刀刃在平面上的距离有关。重心位置越低，离支点越远，天平就越稳定，反之，天平的稳定性就会很差，或是根本不稳定。天平的重心用感量调节螺丝来调节。

要完成准确的称量，就要使天平既具有一定的灵敏度，又要有相当的稳定性。灵敏度和稳定性是相互矛盾的两种性质，必须二者兼顾，使其处于最佳状态。

3. 准确性（正确性）

天平的准确性是指横梁两臂长度相等的程度。对于等臂天平来说，准确性通常用横梁两臂的不等臂性表示，习惯上称为不等臂性。准确性好的天平，横梁两臂长度之差应符合一定要求。由不等臂性引起的称量误差称不等臂误差，属于系统误差。

天平的不等臂性误差与两臂长度之差成正比，也与载荷成正比。此项误差用天平全载时由不等臂性所带来的称量误差表示。

影响天平准确性的因素很多，其中温度为主要影响因素。当温度发生改变或两臂受热不均时，臂长会发生改变，产生不等臂误差。另外仪器装配的过程中也有可能造成不等臂性。因此，在实际工作中，保持环境温度的稳定，并尽量使用同一台天平进行称量，有助于减小不等臂误差，提高准确性。

4. 示值变动性

示值变动性是指在不改变天平状态的情况下多次开关天平，其平衡位置的重现性。也可以说是在同一载荷下，多次开关天平，各次平衡位置相重合不变的性能。它表示天平称量结果的可靠程度。显然，重复性越好，称量结果的可靠程度就越高。一般用多次开关天平时，天平指针平衡后在标牌上位置的最大值与最小值之差来表示。

三、天平的选用

选择天平主要考虑称量的最大质量和要求的精度。首先是不能使天平超载，以免损坏天平；其次要按称量要求选择精度合适的天平，精度低，达不到测定要求的准确度，但滥用高精度天平，也会造成不必要的浪费。

例如称量配制 1000mL 0.1mol/L 的 NaOH 溶液所需的固体 NaOH 时，选择最大载荷 100g，分度值为 0.1g 的托盘天平即可；而称量配制 1000mL $c\left(\frac{1}{6}K_2Cr_2O_7\right)=0.1000mol/L$ 的重铬酸钾标准溶液所需的 $K_2Cr_2O_7$ 基准试剂时，则需选择分度值为 0.1mg 的分析天平。

天平及砝码应定时检定，一般规定检定时间间隔不超过一年。

第二节 电子天平的使用

电子天平如图3-1所示，它是利用电子装置完成电磁力补偿的调节，使物体在重力场中实现力的平衡，或通过电磁力矩的调节，使物体在重力场中实现力矩的平衡。我们以FA系列电子天平为例来介绍其构造和使用方法

图3-1 电子天平外形

一、电子天平的构造

电子天平主要包括外框部分、称量部分、键盘部分和电路部分。

1. 外框部分

电子天平用以保护天平的外框一般为镶有玻璃的合金框架，顶部和左右两侧均有可移动的玻璃门，供称量及从事滴定工作时使用。天平底部有三个底脚，既是电子天平的支承部件，也是天平的水平调节器，和电光天平不同的是，电子天平一般用后两个底脚来调节天平的水平位置。

2. 称量部分

称量部分包括水平仪、盘托、秤盘、传感器等。

水平仪位于天平框罩内，秤盘的左（或右）前方，用来指示天平的水平情况。

盘托位于秤盘的下面，用来支承秤盘；秤盘位于框罩内中部，多为金属材料制成，使用中应注意清洁卫生，不许随便调换秤盘。

传感器由外壳、磁钢、极靴和线圈等组成，装于秤盘的下方。其作用是检测被测物加载瞬间线圈及连杆所产生的位移。称量时要保持称量室清洁卫生，称量时勿使样品洒落，以保护传感器。

3. 键盘部分

FA系列电子天平采用轻触按键，实行多键盘控制，操作灵活方便。

4. 电路部分

电路部分包括位移检测器、PID调节器、前置放大器、模数（A/D）转换器、微机和显示器。

位移检测器的作用是将秤盘上的载荷转变成电信号输出；PID调节器能保证传感器快速而稳定地工作；前置放大器可以将微弱的信号放大，从而保证电子天平的精度和工作要求。模数转换器的作用是将连续变化的模拟信号转换成计算机能接受的数字信号，其转换精度高，易于自动调零和有效地排除干扰。微机主要担负天平称量数据的采集、数据传送和数字显示工作，还兼具开机操作、自动校准、去皮、故障报警及操作错误控制等功能，是电子天平的关键部件。其作用是进行数据处理，具有记忆、计算和查表等功能。显示器的作用是将输出的数字信号显示在屏幕上。

二、电子天平的优点

1. 使用寿命长，性能稳定

电子天平支承点采用弹性簧片，没有机械天平的宝石或玛瑙刀，取消了升降枢装置，采用数字显示方式代替指针刻度式显示，故使用寿命长，性能稳定。

2. 灵敏度高，操作方便

电子天平采用电磁力平衡原理，称量时全量程不用砝码，放上被称物体后即可显示读数，省去了机械天平加减砝码的烦琐，操作简便，易于掌握。

3. 称量速度快，精度高

电子天平放上被称物体后，在几秒内即达到平衡，显示读数，可比机械天平快几十倍。

4. 功能多

电子天平可在全量程范围内实现去皮重、累加、超载显示、故障报警等；电子天平还具有质量电信号输出，这是机械天平无法做到的，它可以连接打印机、计算机，实现称量、记录和计算机的自动化。同时电子天平还具有称量范围和读数精度可变以及内部校正功能，天平内部装有标准砝码，使用校准功能时，标准砝码被启用，天平的微处理器将标准砝码的质量值作为校准标准，以获得正确的称量数据。

三、电子天平的使用方法

（1）检查并调整天平至水平位置。

（2）事先检查电源电压是否匹配(必要时配置稳压器)，按仪器要求通电预热至所需时间。

（3）预热足够时间后打开天平开关，天平则自动进行灵敏度及零点调节。若天平不处于零位，则按去皮键TARE调零（去皮键也叫清零键）。待稳定标志显示后，可进行正式称量。

（4）称量

① 在秤盘上放上器皿，关上侧门，读取数值并记录，此数值为器皿质量。

② 轻按去皮键清零，使天平重新显示为零。

③ 在器皿内加入样品至显示所需质量为止，记录读数，此数值为样品质量。如有打印机可按打印键进行打印。

④ 将器皿连同样品一起拿出。

⑤ 若继续称量，按天平去皮键清零，以备再用。

（5）关机。按关机键，显示器熄灭。

（6）称量结束，切断电源，罩好天平罩，并做好使用情况登记。

操作指南与安全提示

① 天平应放置在牢固平稳水泥台或木台上，室内要求清洁、干燥及较恒定的温度，同时应避免光线直接照射到天平上。

② 称量时应从侧门取放物质，读数时应关闭箱门，以免空气流动引起天平摆动。前门仅在检修或清除残留物质时使用。

③ 电子分析天平若长时间不使用，则应定时通电预热，每周一次，每次预热 2h，以确保仪器始终处于良好使用状态。

④ 天平箱内应放置吸潮剂（如硅胶），当吸潮剂吸水变色，应立即高温烘烤更换，以确保吸湿性能。

⑤ 挥发性、腐蚀性、强酸强碱类物质应盛于带盖称量瓶内称量，防止腐蚀天平。

⑥ 称量工作完成后，必须取下秤盘上的被称物才能关闭电源，否则将损坏天平。

⑦ 电子天平在安装或移动位置后需先进行校准才可以使用。

四、常见故障及排除

电子天平常见故障及排除方法见表 3-2。

表 3-2　电子天平常见故障及排除方法

天平故障	产生原因	排除方法
显示器上无任何显示	无工作电压 未接变压器	检查供电线路及仪器 将变压器接好
在调整校正之后，显示器无显示	放置天平的表面不稳定 未达到内校稳定	确保放置天平的场所稳定 防止振动对天平支撑面的影响 关闭防风罩
显示器显示“H”	超载	为天平卸载

续表

天平故障	产生原因	排除方法
显示器显示“L”或“Err 54”	未装秤盘或底盘	依据电子天平的结构类型，装上秤盘或底盘
称量结果不断改变	振动太大，天平暴露在无防风措施的环境中 防风罩未完全关闭 在秤盘与天平壳体之间有一杂物 吊钩称量开孔封闭盖板被打开 被测物质量不稳定(吸收潮气或蒸发) 被测物带静电荷	改变放置场所；通过“电子天平工作菜单”采取相应措施 完全关闭防风罩 清除杂物 关闭吊钩称量开孔 被测物用带盖的容器盛装
称量结果明显错误	电子天平未经调校 称量之前未清零	对天平进行调校 称量前清零

第三节　试样的称量方法及称量误差

试样的称量方法主要有直接称量法、递减称量法（又称差减法或减量法）和固定质量称量法。

一、称量方法

1. 直接称量法

称取的方法是先称出容器，如表面皿或称样纸的质量，再将试样放入容器内，称出容器和试样的总质量。两次称量质量之差即为试样的质量。

具体的操作方法如下：首先将天平零点调好，然后休止天平，用干净纸条、镊子或戴上手套等适当的方法将小表面皿放在物盘上，在砝码盘上放适当量的砝码，平衡后记下读数，即为小表面皿的质量。然后将称量物放入表面皿，加砝码至平衡，此时天平读数为容器和试样的总质量，两次称量质量之差即为试样的质量。然后将试样全部转移到接收容器中。

此方法适用于称取不吸湿、不挥发和在空气中稳定的固体物质，如邻苯二甲酸氢钾等；也适用于称量洁净、干燥的器皿、棒状或块状的金属及其他块状不易潮解或升华的固体。

2. 固定质量称量法

在分析试验中，当需要用直接法配制准确浓度的标准溶液时，常用固定质量称样法称取指定质量的基准物质。例如，要求直接配制 $c\left(\frac{1}{6}K_2Cr_2O_7\right)=$ 0.1000mol/L 重铬酸钾标准溶液 1000mL 时，则必须准确称量 4.904g $K_2Cr_2O_7$ 基准试剂。在例行分析中，为了便于分析结果的计算，也往往用固定质量称样法称取某一指定质量的被测样品。该法只能用来称取不易吸湿的、且不与空气中各种组分发生作用的、性质稳定的粉末状物质，不适用于块状物质的称量。

称取的方法是：先调节好天平的零点，将称样容器放入物盘（如干燥的小表面皿、扁平的称量瓶或硫酸纸等），然后在砝码盘一端加入等重的砝码和环码使其达到平衡。再向砝码盘增加约等于所需样品质量的砝码（一般准确至 10mg 即可），然后用小药匙或窄纸条向物盘上的容器内慢慢加入试样，半开天平进行试重。直到接近所需试样质量时（如用电光天平称量，此量应小于微分标牌满标度，通常为 10mg），便可开启天平，极其小心地用左手持盛有试样的药匙，伸向容器中心部位上方约 2～3cm 处，用左手拇指、中指及掌心拿稳药匙，用食指轻弹药匙柄，使试样以非常缓慢的速度落入容器中，如图 3-2 所示。这时，眼睛既要注意药匙，同时也要注视微分标尺投影屏，待微分标尺正好移动到所需的刻度时，立即停止加入样品，注意这时右手不要离开升降枢。如不慎加多了试样，必须关闭升降枢，用药匙取出多余试样，重复以上操作，直到符合要求为止。然后，取出容器，将试样全部转入接收器中。注意必须将试样定量地转移到接收器中，若试样为可溶性盐类，沾在容器上的少量试样粉末，可用蒸馏水吹洗入接收器中。

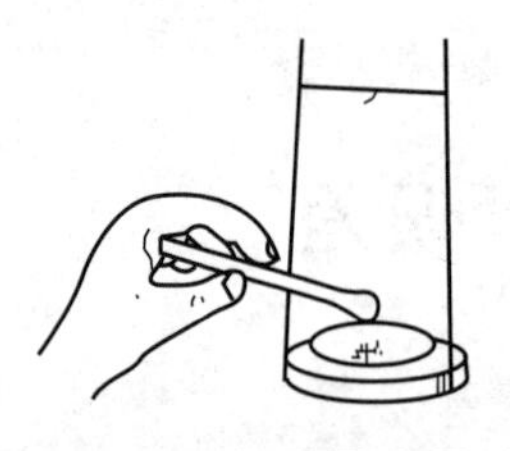

图 3-2　固定质量称量法

操作时应注意：加样或取样时，试样决不能失落在秤盘上。开启天平加样时，切忌抖入过多的样品，防止天平突然失去平衡，损坏刀口。

3. 递减称样法（减量法或差减法）

递减称量法是分析工作中最常用的一种方法，其称取试样的质量由两次称量之差而求得。这种方法称出的试样的质量只需在要求的称量范围内，而不要求是固定的数值。

称取的方法是：将适量的试样装入洁净干燥的称量瓶中（打开称量瓶盖时，要用小纸片夹住称量瓶盖柄），用清洁的纸条叠成约 1cm 宽的纸带套在称量瓶上，左手拿住纸带的尾部，把称量瓶放到天平左盘的正中位置（也可以在操作时带上白色细纱手套来代替纸条和纸片），称出称量瓶加试样的准确质量（准确至 0.1mg）。捏取称量瓶的方法见图 3-3(a)。

用左手按上述方法从天平盘上取出称量瓶，拿到接收器上方，右手用纸片夹住瓶盖柄，打开瓶盖，但瓶盖也不要离开接收器上方。将瓶身慢慢向下倾斜，然后用瓶盖轻轻敲击瓶口上部边沿，使试样慢慢落入接收容器中，如图 3-3(b) 所示。当倾出试样接近需要量时，一边继续敲击瓶口上沿，一边逐渐将瓶身竖直，使沾在瓶口的试样落入接收器或落回称量瓶底部，盖好瓶盖。再将称量瓶放回天平左盘，准确称其质量，两次称量的质量之差即为倒入接收器的试样质量。称量时应检查所倾出的试样质量是否在称量范围内，如不足应重复上面的操作，直至倾出试样的质量达到要求为止。按上述方法连续递减，可称出若干份试样，若称取四份试样，连续称量五次即可。

递减称样法简便、快速，对于易吸湿、易氧化、易与空气中 CO_2 反应的样品，宜用递减称样法称量。

用递减法称量时所选用的称量容器应根据标准物质或试样性质而定，固体物质一般选用带磨口的称量瓶；液体样品一般选用胶帽滴瓶；对易挥发的液体，应选用安瓿，如图 3-4 所示。先称量空安瓿的质量，然后将安瓿放在酒精灯上微微加热，排除其中的空气，吸入试样，加热封口，再称总质量，两次质量之差即为试样质量。

(a) 捏取称量瓶　(b) 倾出样品

图 3-3　捏取称量瓶和倾出样品

图 3-4　安瓿

递减法操作时应注意以下问题。

① 装有试样的称量瓶除放在秤盘上或拿在手中（用纸条或戴手套）外，不得放在其他地方，以免沾污。

② 称量时若用手套，要求手套洁净合适；若用纸带，要求纸带的宽度小于称量瓶的高度，套上或取出纸带时，不要接触称量瓶口，纸带也应放在洁净的地方。

③ 若一次倾出试样不足时，可重复上述操作直至倾出试样的质量达到要求为止（重复次数最好不超过三次）；若倾出试样大大超过所要求的数量，则需弃去重称。

④ 要在接收容器的上方打开或盖上瓶盖，以免可能粘在瓶盖上的试样失落；粘在瓶口上的试样应尽量敲回瓶中，以免粘到瓶盖上或丢失。

二、称量误差

误差是客观存在的，称量过程也是如此，即称量值和真实值之间总是有误差存在的。称量误差也分为系统误差、偶然误差和操作误差。称量误差主要由以下几方面因素造成。

1. 被称物情况变化的影响

（1）试样本身不稳定　试样本身能吸收空气中水分或二氧化碳，或本身具有挥发性，会使称量质量产生误差，因此这类物质应放在带盖的称量瓶中称量；灼烧产物都有吸湿性，应放在带盖的坩埚中称量，且称量速度要快。

（2）被称物温度与天平温度不一致　被称物温度与天平温度不一致会导致天平产生不等臂误差，所以像烘干、灼烧等温度较高的器皿必须在干燥器内冷却至室温后再称量。

2. 天平和砝码的影响

① 双盘天平的不等臂性会给称量带来一定的系统误差。但如果在合格范围内，其所带来的误差很小，可忽略不计。

② 砝码的标示值与真实值之间微小的差别，也会带来一定的称量误差。一般在称量的试样量较少时，应设法不更换克组大砝码，以减少称量误差。

3. 环境因素的影响

由于环境不符合要求，如振动、气流及温度的变化等影响，可能会导致天平的变动性增大。

4. 空气浮力的影响

当物体的密度与砝码的密度不同时，所受的空气浮力也不同，空气浮力对称量的影响可进行校正。在分析工作中，试样和砝码的空气浮力的影响可大致抵消，所以一般可忽略其影响。

5. 操作者造成的误差

操作者的过失也会造成称量误差。如读数读错、开关天平过重、吊耳脱落、天平不水平、零点调节不准等，都会造成称量误差。

第四节　滴定管的使用

在滴定分析中，经常要用到一些滴定分析仪器，如滴定管、容量瓶、吸量管等。滴定分析的测量仪器分为量入式和量出式两种，分别在仪器上标注 E 和 A 的字样，在我国统一用 In 和 Ex 表示。滴定管是一种量出式（Ex）计量玻璃仪器，是滴定时用来滴加标准溶液，并准确计量流出液体体积的仪器。

一、滴定管的种类

1. 按构造分

滴定管按构造可分为普通滴定管和自动滴定管。

2. 按容积分

滴定管按容积可分为常量滴定管、半微量滴定管和微量滴定管。

常量分析用的滴定管容积为 25mL 和 50mL，最小分度值为 0.1mL，读数可估计到 0.01mL。最常用的是容积为 50mL 的滴定管。

半微量滴定管容积为 10mL，最小分度值为 0.05mL。

微量滴定管的容积一般为 5mL、2mL、1mL，分度值为 0.01 mL 或 0.05mL。

3. 按滴定管颜色分

按滴定管颜色分，可将滴定管分为无色滴定管、棕色滴定管及带“蓝带”的滴定管。

棕色滴定管主要用于盛装一些见光容易分解的物质的溶液。

4. 按盛装溶液的性质分

按盛装溶液的性质可将滴定管分为酸式滴定管和碱式滴定管。带有玻璃活塞的称为酸式滴定管，如图 3-5(a) 所示也称具塞滴定管，一般盛装酸性、中性或氧化性溶液，由于碱会腐蚀玻璃，因此不能装碱性溶液。滴头用橡胶管连起来，胶管内有一玻璃珠的滴定管，称为碱式滴定管，如图 3-5(b) 所示，也称无塞滴定管，用来盛装碱性和非氧化性溶液，但不能盛放酸性和氧化性溶液，如 H_2SO_4、$KMnO_4$、I_2、$AgNO_3$ 等，以避免腐蚀橡胶管。

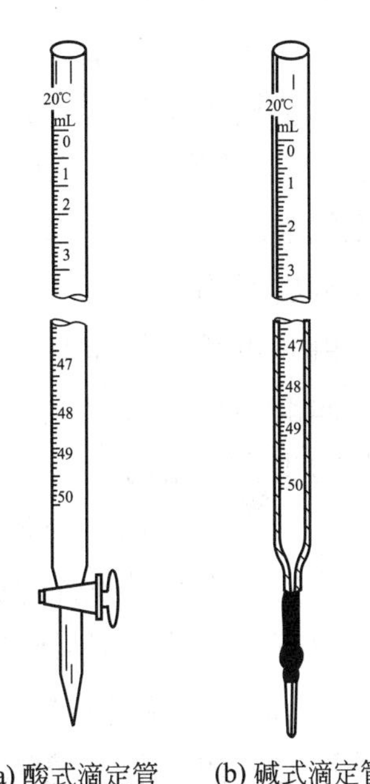

(a) 酸式滴定管　　(b) 碱式滴定管

图 3-5　滴定管

近几年来，又制成了聚四氟乙烯酸碱两用滴定管，其旋塞是用聚四氟乙烯材料做成的，耐腐蚀不用涂油，密封性好。

二、滴定管的使用

1. 普通滴定管的使用

滴定管的洗涤　　滴定操作

（1）酸式滴定管

① 洗涤。无明显油污的滴定管，可直接用自来水

冲洗，或用肥皂水、洗衣粉水泡洗，但不可用去污粉刷洗，以免划伤内壁，影响体积的准确测量。若有油污不易洗净时，可用铬酸洗液洗涤。

用铬酸洗液洗涤时，先关闭酸式滴定管的活塞，倒入10～15mL洗液于滴定管中，两手横持滴定管，并不断转动，直到洗液布满全管为止。立起后打开活塞，将洗液放回原瓶中。若滴定管油垢较严重，可倒入温洗液浸泡一段时间。洗液完全放出后，先用自来水冲洗（最初的刷洗液应倒入废酸缸中，以免腐蚀下水道），再用蒸馏水淋洗3～4次（用自来水和蒸馏水的洗涤方法同洗液的洗涤方法）。洗净的滴定管内壁应完全被水润湿且不挂水珠，并要倒夹在滴定管架上备用。

长期不用的滴定管应将活塞和活塞套擦拭干净并夹上纸片后保存，以防活塞和活塞套粘住而打不开。

② 活塞涂油。酸式滴定管使用前，应检查活塞转动是否灵活而且不漏。若不符合要求，应在活塞上涂一薄层凡士林。涂油的方法是将活塞取下，用滤纸将活塞和塞套内壁擦干，用手指蘸少量凡士林，在活塞的两端涂上薄薄一圈（切勿过多），把活塞放回套内，向同一方向旋转活塞，使凡士林分布均匀，呈透明状，且无气泡无纹路，活塞旋转灵活。然后顶住活塞，套上小胶圈，以防止活塞因松动或滑出而损坏。

由此可见，涂油的关键，一是活塞必须干燥，二是油要薄而均匀。涂油过少，润滑不够，容易漏水；涂油过多，容易把孔堵住。也可采用在活塞的大头和塞套的小头一端分别涂油的方法防止活塞孔被堵住。如果活塞孔被凡士林堵塞，可以取下活塞，用细金属丝捅出，如果管尖被凡士林堵塞，可将水充满全管，将出口管尖浸在一小烧杯热水中，温热片刻后，打开活塞，使管内的水流突然冲下，即可将熔化的油脂带出。

③ 试漏。滴定管使用之前必须严格检查，确保不漏。检查时，将酸式滴定管的活塞关闭，装入蒸馏水至一定刻线，直立滴定管2min，仔细观察液面是否下降，滴定管下端是否有液珠，活塞缝隙处是否有水渗出（用干的滤纸在活塞套两端贴紧活塞擦拭，滤纸潮湿，说明渗水）。若不漏，将活塞旋转180°，静置2min，再观察一次，无漏水现象即可使用，若有漏水现象应重新擦干涂油。

④ 装入溶液和赶气泡。滴定管准备好后即可装入标准溶液。首先将瓶中标准溶液摇匀，使凝结在瓶内壁上的液珠混入溶液，标准溶液应小心地直接倒入滴定管中，不得用其他容器（如烧杯、漏斗等）转移溶液。其次，为了除去滴定管内残留的水分，确保标准溶液浓度不变，应先用此标准溶液洗涤滴定管2～3次。倒入标准溶液时，关闭活塞，用左手大拇指和食指与中指持滴定管上端无刻度处，滴定管要稍微倾斜，右手拿住细口瓶往滴定管中倒入标准溶液，让溶液沿滴定管内壁缓缓流下。每次用约10mL标准溶液，从下口放出少量（约1/3）以洗

涤尖嘴部分，然后关闭活塞，横持滴定管并使滴定管口稍向下倾斜，慢慢转动滴定管，务必使标准溶液洗遍全管，并使溶液与管壁接触1～2min，最后将溶液从管口倒出弃去，但不要打开活塞，以防活塞上的油脂冲入管内。尽量倒空后再洗第二次，每次都要冲洗尖嘴部分。如此洗涤2～3次后，即可装入标准溶液至"0"刻度以上。为使溶液充满出口管（不能留有气泡或未充满部分），在使用酸式滴定管时，右手拿滴定管上部无刻度处，使滴定管倾斜约30°，左手迅速打开活塞使溶液冲出，从而可使溶液充满全部出口管，若出口管中仍留有气泡或未充满部分，可重复操作几次。若仍不能使溶液充满，可能是出口管部分没有洗干净，必须重洗。

⑤ 滴定管的操作。将滴定管垂直地夹于滴定管架上的滴定管夹。使用酸式滴定管时，用左手控制活塞，无名指和小指向手心弯曲，轻轻抵住出口管，大拇指在前，食指和中指在后，手指略微弯曲，轻轻向内扣住活塞，手心空握，如图3-6所示，转动活塞时切勿向外用力，以防活塞被顶出，造成漏液。也不要过分往里推，以免造成活塞转动困难，不能自如操作。

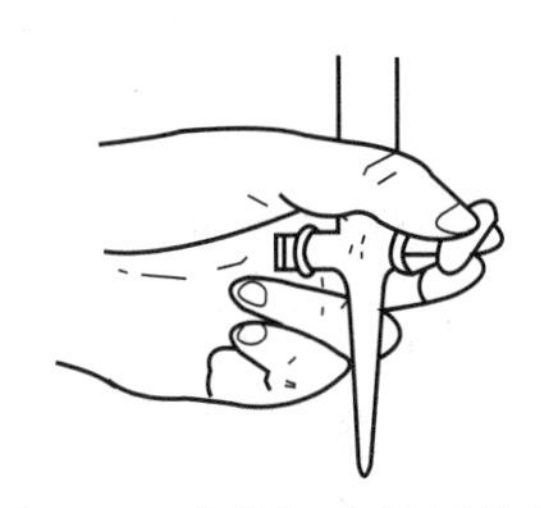

图3-6　酸式滴定管的使用

滴定时，应能控制溶液流出速度，要求能够达到：

a. 使溶液逐滴放出；

b. 只放出一滴溶液；

c. 使溶液悬而未滴。

当在瓶壁上将悬而未滴的溶液靠下时即为半滴操作。

滴定通常在锥形瓶或烧杯中进行，为便于观察，可在锥形瓶下端垫一白瓷板，右手拇指、食指和中指捏住瓶颈，瓶底离瓷板约2～3cm。调节滴定管高度，滴定管尖嘴部分伸入瓶口约1～2cm处。左手按前述方法操作滴定管，右手运用腕力摇动锥形瓶，使其向同一方向做圆周运动，边滴加溶液边摇动锥形瓶（若在烧杯中滴定，需边滴加溶液边用洁净的玻璃棒搅拌），使溶液混合均匀。如图3-7所示。

图3-7　酸式滴定管在锥形瓶中的操作

在滴定过程中，左手始终不可离开活塞任其溶液自流。边滴边摇时不应前后摇动，以免溅出溶液，勿使瓶口碰滴定管口，也不要使瓶底碰白瓷板，开始时，滴定速度可稍快些，一般以10mL/min，即3～4滴/s为宜，切不可成液柱流下。滴定到一定时候，滴落点周围会出现暂时性的颜色变化。在离滴定终点较远时，颜色变化立即消失。临近终点时，变色可以暂时地扩散至全部溶液，不过在摇动1～2次后变色又完全消失，此时，应改为每滴 1 滴，摇几下。等到摇 2～3 次后，颜色变化缓慢消失时，说明离终点已经很近。这时微微转动酸式滴定管的活塞，使溶液悬在出口管尖嘴上形成半滴，悬而未落，用锥形瓶内壁将其靠下。然后将锥形瓶倾斜，把附于壁上的溶液洗入瓶中，或用洗瓶吹出少量蒸馏水将瓶壁上的溶液冲下去，再摇匀溶液。如此重复，直到刚刚出现达到终点时出现的颜色不再消失为止，一般 30s 内不再变色即到达滴点终点。注意若用蒸馏水冲洗，只能用少量的蒸馏水冲洗 1～2 次，否则会使溶液浓度过稀，导致终点颜色变化不敏锐。

若在烧杯中滴定，可用玻璃棒下端轻轻沾下滴定管尖的半滴溶液，再浸入烧杯中搅拌均匀，但要注意玻璃棒只能接触溶液，不能碰到管尖。

每一次滴定最好都从“0”刻度或“0”刻度附近的某一读数开始，这样使用同一滴定管，重复测定，可减小误差，提高分析结果的精密度。

⑥ 滴定管读数。滴定开始前和滴定操作结束都需读取数值。

为了正确读数，应遵循如下规则。

a. 注入溶液或放出溶液后，需等待 0.5～1min，使管壁附着的溶液流下来后，才能读数。

b. 垂直地夹在滴定管夹上读数，也可用右手大拇指和食指捏住滴定管上部无刻度处使管自然下垂读取数值。

c. 无色溶液或浅色溶液，应读弯月面下缘实线的最低点。为此，读数时视线应与弯月面下缘实线的最低点相切，即视线与弯月面下缘实线的最低点在同一水平面上，如图 3-8(a)，以防止视差。对于有色溶液，应使视线与液面两侧的最高点相切，如图 3-8(b)，初读和终读应用同一标准。

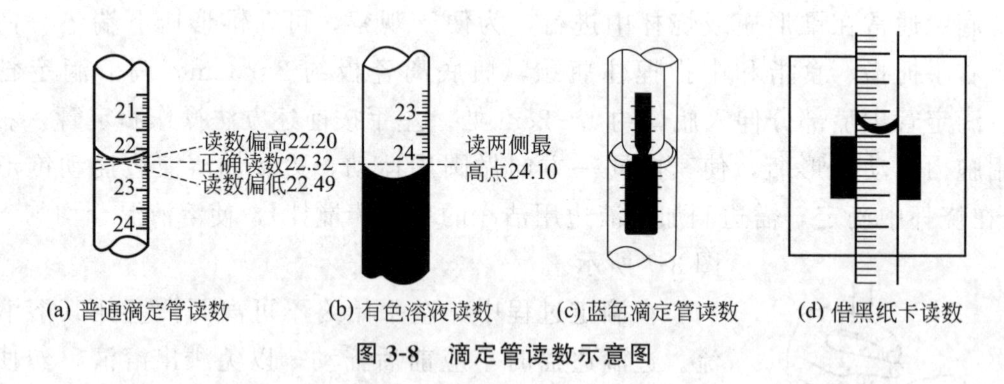

(a) 普通滴定管读数　(b) 有色溶液读数　(c) 蓝色滴定管读数　(d) 借黑纸卡读数

图 3-8　滴定管读数示意图

d. 用带蓝色衬背的滴定管时，液面呈现三角交叉点，应读取交叉点与刻度相交之点的读数，如图 3-8(c) 所示。

e. 为了协助，有时可采用读数卡。这种方法有利于初学者练习读数，读数卡可用黑纸或涂有黑长方形（约 3cm×1.5cm）的白纸制成。读数时，将读数卡放在滴定管背后，使黑色部分在弯液面下约 1mm 处，此时即可看到弯液面的反射层成为黑色，然后读此黑色弯液面下缘的最低点，如图 3-8(d) 所示。

⑦ 滴定结束后滴定管的处理。实验完毕，弃去滴定管内剩余的溶液，不得倒回原瓶。用水洗净，装入蒸馏水至刻度以上，用大试管套在管口上，下口套一段洁净的乳胶管，或倒夹在滴定管架上备用。

（2）碱式滴定管

① 洗涤。碱式滴定管的洗涤与酸式滴定管基本相同，但要注意铬酸洗液不能直接接触胶管，否则胶管会变硬损坏。为此，可将碱式滴定管的尖嘴部分取下，滴定管倒立于装有洗液的烧杯中，将橡胶管接在抽水泵上，打开抽水泵，轻捏玻璃珠，待洗液徐徐上升到接近橡胶管处即停止。让洗液浸泡一段时间后，将洗液放回原瓶中，然后先用自来水冲洗，再用蒸馏水涮洗几次。洗至滴定管的内壁完全被水均匀润湿而不挂水珠为止。对于碱式滴定管，应注意玻璃珠下方的洗涤。

② 试漏。装入自来水至一定刻度线，擦干滴定管外壁及管尖水滴。将滴定管直立夹在滴定管架上静置 2min，观察液面是否下降，管尖是否有水珠。若漏水，则应调换胶管中的玻璃珠，选择一个大小合适且比较圆滑的配上再试，玻璃珠太小或不圆滑都可能漏水，太大则操作不方便。

③ 装入溶液和赶气泡。标准溶液洗完后，将其装满溶液，垂直地夹在滴定管架上，左手拇指和食指放在稍高于玻璃珠所在的部位，使橡胶管向上弯曲，出口管斜向上，往一旁轻轻挤捏橡皮管，使溶液从管口喷出，再一边捏橡胶管，一边将其放直，这样可排除出口管的气泡，并使溶液充满出口管。如图 3-9 所示。注意应在橡胶管放直后，再松开拇指和食指，否则出口管仍会有气泡存在。排尽气泡后，再倒入标准溶液使之在“0”刻度以上，临滴定前再调节液面在 0.00mL 刻度处，备用。

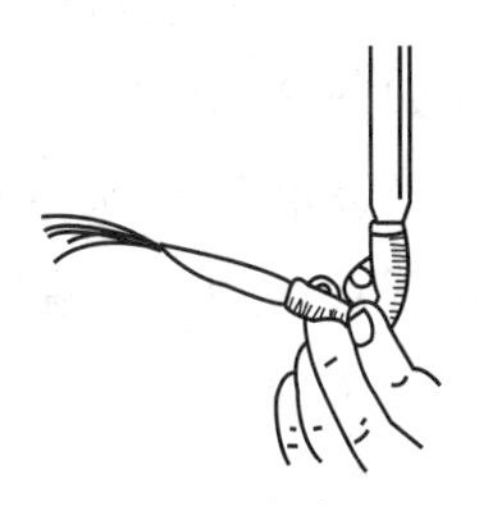

图 3-9　赶气泡

④ 滴定管的操作。使用碱式滴定管时，左手拇指在前，食指在后，捏住橡胶管中玻璃珠所在部位稍上的地方，向右方挤橡胶管，使其与玻璃珠之间形成一条缝隙，从而放出溶液，如图 3-10 所示，注意不要捏玻璃珠下方的橡胶管，以免当松开手时空气进入而形成气泡，也不要用力捏压玻璃珠，或使玻璃珠上下移动，这样是不能使溶液顺利流出的。图 3-11 为碱式滴定管在烧杯中的操作。

碱式滴定管的半滴操作与酸式滴定管操作相似，但要注意，一定先松开拇指和食指，再将半滴靠下来，否则尖嘴玻璃管内会进气泡。

碱式滴定管的读数方法及滴定后的处理方式与酸式滴定管基本相同。

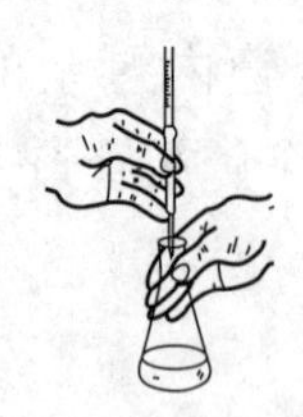

图 3-10　碱式滴定管的操作

图 3-11　碱式滴定管在烧杯中的操作

2. 微量滴定管的使用

微量滴定管的结构如图 3-12 所示，是测量少量体积液体时用的滴定管。

使用时，先打开活塞 1，微微倾斜滴定管，从加液漏斗注入溶液，当溶液接近量管的上端时，关闭活塞 1，继续向漏斗加入溶液直至占满漏斗容积的 2/3 左右。滴定前先检查管内，特别是两活塞间是否有气泡，如有气泡，应设法排除。打开活塞 2，调节液面至零刻度线，然后滴定至终点，读数。读数后，打开活塞 1 让溶液流向量管，经调节后又可进行第二份滴定。

3. 自动滴定管的使用

（1）自动滴定管的结构　所谓自动滴定管是指其灌装溶液的半自动化，其结构如图 3-13 所示。储液瓶 1 用于储存标准溶液，常用的储液瓶的容积为 1～2L。量管以磨口接头（或胶塞）与储液瓶相连接。4 是防御管，里面一般填装适量的碱石灰，以防标准溶液吸收空气中的二氧化碳和水分。

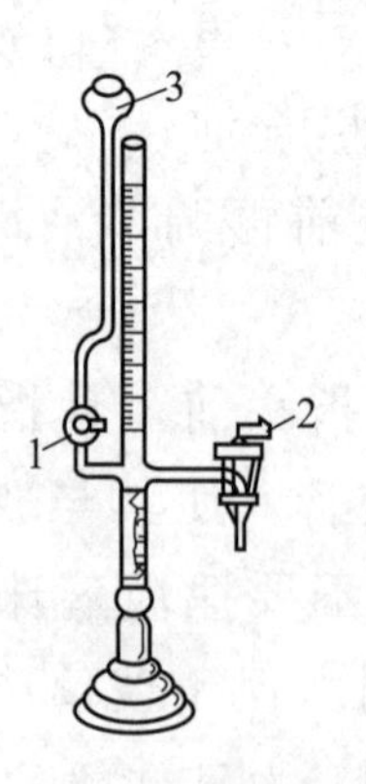

图 3-12　微量滴定管

1,2—活塞；3—加液漏斗

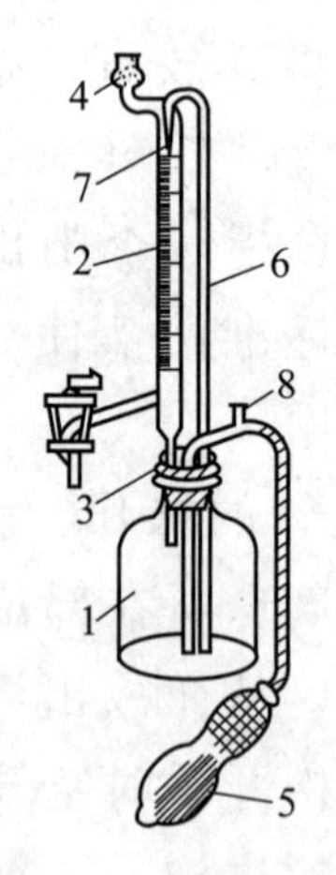

图 3-13　自动滴定管

1—储液瓶；2—量管；3—磨口接头（或胶塞）；4—防御管；5—打气球；6—玻璃管；7—毛细管；8—通气口

（2）自动滴定管的使用　用打气球 5 打气，使储液瓶中的压力增大，将标准溶液通过玻璃管 6 压入量管 2 中，直至将其充满。

玻璃管末端是一毛细管7，它准确位于量管零的标线上，当溶液压入量管略高于零的标线时，打开通气口8，使压力降低，此时溶液即自动虹吸到储液瓶中，使量管中液面恰好位于零线上。

滴定操作及读数方法与其他滴定管相同。

三、滴定管的校正

滴定分析用的玻璃量器上所标出的刻度和容量值称为量器在标准温度20℃时的标称容量。由于制造工艺的限制、试剂的侵蚀等原因，容量仪器的实际容积与它的标称容量之间或多或少地都存在着一定的差值，实际容量与标称容量之间允许存在的最大差值叫容量允差。根据容量允差的不同，将玻璃量器分为A级和B级。A级为较高级，常用于准确度要求较高的分析；B级为较低级，一般用于生产控制分析。

滴定管必须符合GB 12805—2011的要求。根据《常用玻璃量器检定规程》(JJG 196—2006）中规定，滴定管的容量允差，见表3-3。

表3-3　滴定管的容量允差

标称容量/mL		1	2	5	10	25	50	100
容量允差/mL(±)	A级	0.010	0.010	0.010	0.025	0.04	0.05	0.10
	B级	0.020	0.020	0.020	0.050	0.08	0.10	0.20

量器的准确度对于一般分析已经满足要求，但在要求较高的分析工作中则须进行校正。在实际工作中通常采用绝对校正和相对校正两种方法。滴定管的校正通常采用绝对校正法。

绝对校正法也称衡量法（称量法），即称量出某量器中所容纳或放出的水的质量，根据水的密度计算出该量器在20℃时的容积。

由质量换算成容积时，需对以下三个因素进行校正：

① 水的密度随温度而改变；

② 空气浮力对称量水质量的影响；

③ 玻璃容器的容积随温度而改变。

为便于计算，将此三次校正值合并而得一总校正值，列表见表3-4。

表3-4　不同温度下用水充满20℃时容积为1L的玻璃容器在空气中以黄铜砝码称取的水的质量（r值）

温度/℃	质量/g	温度/℃	质量/g	温度/℃	质量/g
0	998.24	14	998.04	28	995.44
1	998.32	15	997.93	29	995.18
2	998.39	16	997.80	30	994.91

续表

温度/℃	质量/g	温度/℃	质量/g	温度/℃	质量/g
3	998.44	17	997.65	31	994.64
4	998.48	18	997.51	32	994.34
5	998.50	19	997.34	33	994.06
6	998.51	20	997.18	34	993.75
7	998.50	21	997.00	35	993.45
8	998.48	22	996.80	36	993.12
9	998.44	23	996.60	37	992.80
10	998.39	24	996.38	38	992.46
11	998.32	25	996.17	39	992.12
12	998.23	26	995.93	40	991.77
13	998.14	27	995.69		

表中的数字表示在不同温度下，用水充满20℃时容积为1L的玻璃容器，在空气中用黄铜砝码称取的水的质量。校正后的容积是指20℃时该容器的真实容积。

利用该表即可将某一温度下，称得的一定质量的纯水换算成20℃时的体积。其换算公式为：$V_{20}=m_t/r_t$。

式中，r_t 为1L的水在 t℃时，于空气中用黄铜砝码称得的水的质量；m_t 为 t℃时，在空气中称量的量器放出或装入纯水的质量，g；V_{20} 为量器在校准温度20℃时的实际容量。

例如，在25℃时校准滴定管，由滴定管放出标称容量为10.10mL的纯水，称其质量为10.08g，由表3-3可知，25℃时，1L水的质量为996.17g（r_t），即水的密度为0.99617g/mL，故这些水在20℃时所占的体积，也就是在20℃时，该滴定管在这一段的容积为：$V=10.08/0.99617=10.12$mL，而不是标称10.10mL。

滴定管通常就是采用绝对校正法进行校正的。其方法是：将要校正的滴定管洗净至内壁不挂水珠，加入纯水（水温应与室温相同），驱除活塞下的气泡，记录水的温度。取一洁净的磨口具塞锥形瓶，擦干瓶外壁、瓶口及瓶塞，在分析天平上称重。将滴定管的水面调节到正好在0.00刻度处，按滴定时常用的速度（每秒3滴），将10mL的水（不必正好等于10mL，但相差也不能大于0.1mL）放入已称重的具塞锥形瓶中，滴定管尖的液滴应碰进锥形瓶中，注意勿将水沾在瓶口上。将锥形瓶盖好盖子，在分析天平上称量其质量并记录，两次称量的质量之差即放出的水的质量。同时在放出水1min后，要在滴定管上读出放出的水的体积（精确至0.01mL），并记录数据。

由滴定管中再放出10mL水（即放至约20mL处）于原锥形瓶中，用上述同样方法称量，读数并记录数据。同样每次再放出 10mL 水，即从 20mL 到 30mL、30mL 到 40mL，直至 50mL 为止，依次称量各次放出水的质量，利用 $V_{20}=m_t/r_t$ 计算出滴定管的各部分在 20℃时的实际容积。

每相同的容积应重复校正一次。两次校正所得同一刻度的体积相差不应大于 0.02mL。

现将水温 25℃时校正 50mL 滴定管的实验数据列于表 3-5，供参考。

表 3-5　校正 50mL 滴定管的实验数据

水的温度：25℃　r_{25}=0.99617g（g/mL）

滴定管读数/mL	标称容量/mL	瓶与水质量/g	水的质量/g	实际容积/mL	标准值/mL	总校准值/mL
0.03		29.20				
10.13	10.10	39.28	10.08	10.12	+0.02	+0.02
20.10	9.97	49.19	9.91	9.95	−0.02	0.00
30.17	10.07	59.27	10.08	10.12	+0.05	+0.05
40.20	10.03	69.24	9.97	10.01	−0.02	+0.03
49.99	9.79	79.07	9.83	9.87	+0.08	+0.11

滴定读数和总校准值可绘成校准曲线，在一定时间内使用，如图 3-14 所示。

实际工作中，需将通过滴定管读出的溶液的体积经过校正得出溶液实际体积。但是如果实验时溶液的温度不是 20℃，还需通过表 3-6 的校正值将溶液体积校准为 20℃的体积。

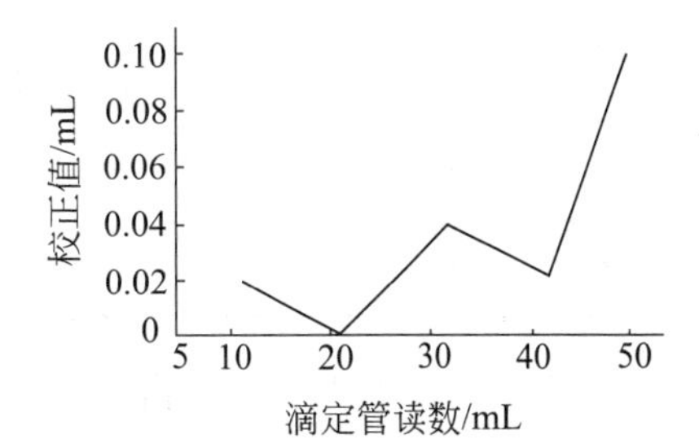

图 3-14　滴定管校准曲线

其校正公式为：

$$V_{20}=V_t+\frac{V_t\times\beta}{1000} \tag{3-3}$$

式中　V_{20}——20℃时溶液的体积，mL；

V_t——t℃时溶液的体积，mL；

β——1000mL 溶液由 t℃换算为 20℃时的校正值，mL。

表 3-6　在 t℃时不同浓度溶液的体积校正值

（1000mL 溶液由 t℃换算为 20℃时的校正值，mL）

温度/℃ \ 校正值	浓度/(mol/L)						
	水，0.01 的各种溶液，0.1 的 HCl	0.1 各种溶液	0.5 HCl	1.0 HCl	0.5 H_2SO_4	0.5 NaOH	1.0 NaOH
5	+1.5	+1.7	+1.9	+2.3	+3.24	+2.35	+3.6
6	+1.5	+1.65	+1.85	+2.2	+3.09	+2.25	+3.4
7	+1.4	+1.6	+1.8	+2.15	+2.98	+2.20	+3.2
8	+1.4	+1.55	+1.75	+2.1	+2.76	+2.15	+3.0

续表

温度/℃ \ 校正值	浓度/(mol/L)						
	水，0.01的各种溶液，0.1的HCl	0.1 各种溶液	0.5 HCl	1.0 HCl	0.5 H_2SO_4	0.5 NaOH	1.0 NaOH
9	+1.4	+1.5	+1.7	+2.0	+2.58	+2.05	+2.7
10	+1.3	+1.45	+1.6	+1.9	+2.39	+1.95	+2.5
11	+1.2	+1.35	+1.5	+1.8	+2.19	+1.80	+2.3
12	+1.1	+1.3	+1.4	+1.6	+1.98	+1.70	+2.0
13	+1.0	+1.1	+1.2	+1.4	+1.76	+1.50	+1.8
14	+0.9	+1.0	+1.1	+1.2	+1.53	+1.30	+1.6
15	+0.8	+0.9	+0.9	+1.0	+1.30	+1.10	+1.3
16	+0.6	+0.7	+0.8	+0.8	+1.06	+0.90	+1.1
17	+0.5	+0.6	+0.6	+0.6	+0.81	+0.70	+0.8
18	+0.3	+0.4	+0.4	+0.4	+0.55	+0.50	+0.6
19	+0.2	+0.2	+0.2	+0.2	+0.28	+0.20	+0.3
20	0.0	0.0	0.0	0.0	0.0	0.0	0.0
21	−0.2	−0.2	−0.2	−0.2	−0.28	−0.20	−0.3
22	−0.4	−0.4	−0.4	−0.5	−0.56	−0.50	−0.6
23	−0.6	−0.7	−0.7	−0.7	−0.85	−0.80	−0.9
24	−0.8	−0.9	−0.9	−1.0	−1.15	−1.00	−1.2
25	−1.0	−1.1	−1.1	−1.2	−1.46	−1.30	−1.5
26	−1.3	−1.4	−1.4	−1.4	−1.78	−1.50	−1.8
27	−1.5	−1.7	−1.7	−1.7	−2.11	−1.80	−2.1
28	−1.8	−2.0	−2.0	−2.0	−2.45	−2.10	−2.4
29	−2.1	−2.3	−2.3	−2.3	−2.79	−2.40	−2.8
30	−2.3	−2.5	−2.5	−2.6	−3.13	−2.80	−3.2

例如，在26℃时，滴定用去浓度为0.1mol/L的HCl溶液32.56mL，查表3-5知0.1mol/L的HCl溶液由26℃换算为20℃时的校正值β为−1.3，所以换算成20℃时的体积为$32.56+\frac{32.56\times(-1.3)}{1000}=32.52(\text{mL})$。

第五节　吸管和容量瓶的使用

一、吸管

吸管是用来准确移取一定体积液体的玻璃量器，也属于量出式（Ex）计量玻璃仪器，包括无分度吸管和有分度吸管两类。

1. 吸管的种类

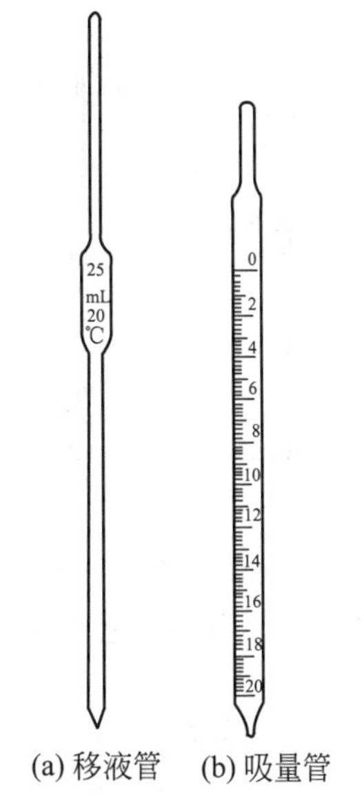

(a) 移液管　(b) 吸量管

图 3-15　移液管及吸量管

（1）移液管　无分度吸管统称移液管［见图 3-15（a）］，也叫单标线吸管，用来准确移取一定体积的溶液。它中间有一膨大部分（称为球部），上部管颈上刻有一标线，此标线是按一定温度下（一般为 20℃）放出液体的体积来刻度的。常用的移液管有 5mL、10mL、25mL、50mL 等规格。

（2）吸量管　有分度吸管又称吸量管［见图 3-15（b）］，用于准确移取所需不同体积的液体，常用的吸量管有 1mL、2mL、5mL、10mL 等规格。

移液管标线部分管径较小，准确度较高；吸量管读数的刻度部分管径较大，准确度稍差，因此当量取整数体积的溶液时，常用相应大小的移液管而不用吸量管；用吸量管时，同一实验尽量用同一吸量管的同一部位。吸量管在仪器分析中配制系列溶液时应用较多。

2. 吸管的使用

移液管的洗涤

（1）洗涤　洗涤前要检查管的上口和尖嘴是否完整无损。移液管和吸量管一般先用自来水冲洗，若挂水珠，可用铬酸洗液洗涤，用洗液洗涤前，要尽量除去吸管中残留的水。

其洗涤方法是：右手拿吸管，管的下口插入洗液中，左手拿洗耳球，先把球内空气压出，然后把球的尖端接在吸管的上口，慢慢松开左手手指，将洗液慢慢吸入管内直至上升到刻度以上部分，等片刻后，将洗液放回原瓶中。如需较长时间浸泡在洗液中时（如吸量管），将吸量管直立于大量筒中，筒内装满洗液，筒上用玻璃片盖上，浸泡一段时间后，取出吸量管，沥尽洗液。然后再依次用自来水和蒸馏水淋洗干净。

用自来水和蒸馏水洗涤的方法是：将吸管插入水中，左手拿洗耳球将洗涤液慢慢吸至吸管容积的 1/3 处，用右手的食指按住管口，把管拿出后横过来，管尖稍向下倾斜，用两手转动吸管，使水遍布全管内壁，边转动边从下口将水放出，反复各洗 2～3 次。洗净的标志是内壁不挂水珠。洗净后将其放在干净的吸管架上。

液体的移取

（2）吸取溶液　吸取溶液前，先吹尽管尖残留的水分，再用滤纸将管尖内外的水擦去，然后将待吸取溶液倒入一洁净、干燥的小烧杯中一小部分，用与蒸馏水洗涤相同的方法，用欲移取的溶液涮洗 2～3 次，以确保要移取的操作溶液浓度不变。

吸取待吸溶液时，用右手的拇指和中指捏住吸管的上端，将管尖插入液面下

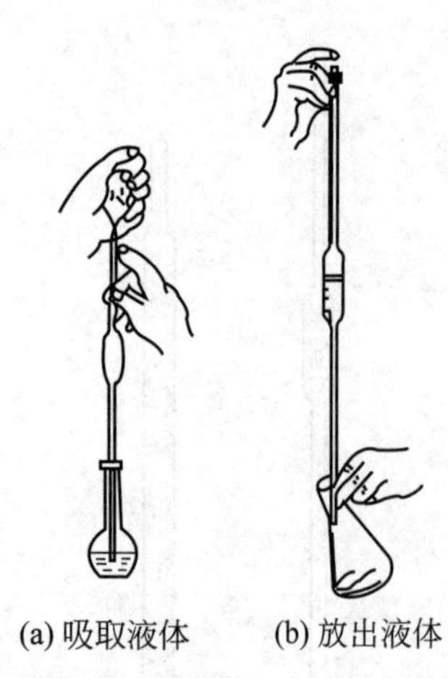

(a) 吸取液体　(b) 放出液体

图 3-16　吸取、放出液体

1～2cm，如图 3-16(a)。管尖伸入液面不要太深或太浅，太深会在管外粘附过多溶液，太浅又会产生吸空。当管内液面借洗耳球的吸力而慢慢上升时，管尖应随容器中液面的下降而下降，当管内液面升高到刻度以上时，移去洗耳球，迅速用右手食指堵住管口（右手的食指应稍带潮湿，便于调节液面），将管上提，离开液面，用滤纸拭干管下端外部。

（3）调液面　取一干燥洁净的小烧杯，将管尖靠在小烧杯的内壁上，保持管身垂直，烧杯略倾斜，稍松右手食指，用右手拇指及中指轻轻捻转管身，使液面缓慢而平稳下降，直到溶液弯液面的最低点与刻度线上边缘相切，视线与刻度线上边缘在同一水平面上，立即停止捻动并用食指按紧管口，保持容器内壁与吸管尖嘴接触，以除去吸附于管口端的液滴。

（4）放出溶液　取出吸管，立即伸入承接溶液的器皿中，仍使管尖接触器皿内壁，使容器倾斜而管直立，松开食指，让管内溶液自由地顺管壁流下，在整个排放和等待过程中，流液口尖端和容器内壁接触保持不动，如图 3-16(b) 所示，待液面下降到管尖后，需等待 15s 再取出吸管。但残留在管末端的少量溶液，不可用外力强使其流出，因校准吸量管时已考虑了末端保留溶液的体积。但有一种吹出式吸量管，管口上刻有“吹”字，使用时必须使管内的溶液全部流出，末端的溶液也需吹出，不允许保留。

若使用吸量管移取溶液，且所需溶液的体积不足吸量管的满刻度，放溶液时只要用食指控制管口，使液面慢慢下降至与所需刻度相切时，按住管口，随即将吸量管从接收容器中移开即可。

吸管用后应立即用自来水冲洗，再用蒸馏水冲洗干净，放于吸管架上。注意：吸管是精密的玻璃计量仪器，不可放在烘箱中烘干。

3. 吸管的校正

移液管必须符合 GB 12808—2015 的要求，吸量管必须符合 GB 12807—2021 的要求。根据国标《常用玻璃量器检定规程》(JJG 196—2006) 中规定，移液管和吸量管的容量允差分别见表 3-7 及表 3-8。

表 3-7　移液管的容量允差

标称容量/mL		1	2	3	5	10	15	20	25	50	100
容量允差(±)/mL	A 级	0.007	0.010	0.15	0.015	0.020	0.025	0.030	0.030	0.050	0.08
	B 级	0.015	0.020	0.30	0.030	0.040	0.050	0.060	0.060	0.100	0.160

表 3-8　吸量管的容量允差

标称容量/mL		1	2	5	10	25	50
容量允差(±)/mL	A 级	0.008	0.012	0.025	0.05	0.10	0.10
	B 级	0.015	0.025	0.050	0.10	0.20	0.20

下面以 25mL 移液管的绝对校正为例说明吸管的校正方法。

在分析天平上称量一个干净并干燥的 50mL 带磨口塞的锥形瓶的质量（称准至 0.0001g）。用一支干净的 25mL 移液管移取蒸馏水至锥形瓶中，立即盖上塞子称重（称准至 0.0001g），计算水的质量，并求出移液管在 20℃时的容积。

例如，在 18℃时称量由 25mL 移液管放出的纯水质量为 24.90g，由表 3-4 可知，18℃时 1L 水质量为 997.51g，即水的密度为 0.99751g/mL，故该移液管在 20℃时的容积为：$V=24.90/0.99751=24.96$mL。

二、容量瓶

容量瓶是一种细颈梨形平底的玻璃瓶，带有玻璃磨口塞或塑料塞。颈上有一标线，表示在所指定的温度（一般为 20℃）下，当液体充满至标准线时瓶内液体体积。容量瓶是一种量入式（In）计量玻璃仪器，主要用于配制标准溶液或试样溶液，也可用于将一定量的浓溶液稀释成准确体积的稀溶液。通常有 25mL、50mL、100mL、250mL、500mL、1000mL 等数种规格。

1. 使用方法

容量瓶的试漏

（1）试漏　容量瓶在使用前应先检查瓶塞是否密合，其方法是加自来水至标线附近，盖好瓶塞，一手用食指按住塞子，其余手指拿住瓶颈标线以上部分，另一手用指尖托住瓶底边缘，倒立容量瓶 2min，用干滤纸片沿瓶口缝隙处检查有无水渗出，如果不漏，把瓶直立，旋转瓶塞 180°塞紧，再倒立 2min，如仍不漏水，则可使用。使用中不能将玻璃磨口塞随便取下放在桌面上，以免沾污或张冠李戴。

必须保持瓶塞与瓶子的配套，为了使瓶塞不丢失、不混乱、不跌碎，常用塑料线绳或橡皮筋等把它系在瓶颈上。

容量瓶的洗涤

（2）洗涤　检查合格的容量瓶应洗涤干净，洗涤方法、原则与洗涤滴定管相同。洗净的容量瓶内壁应均匀润湿，不挂水珠，否则必须重洗。

（3）转移　若将固体物质配制成一定体积的溶液，通常是将固体物质放在小烧杯中，用水溶解后，再定量地转移到容量瓶中。转移时，将一根玻璃棒伸入容量瓶中，使其下端靠住瓶颈内壁，上端不要碰瓶口，烧杯嘴紧靠玻璃棒，使溶液沿玻璃棒和内壁流入，如图 3-17(a) 所示。溶液全部转移后，将玻璃棒稍向上提起，同时使烧杯直立，将玻璃棒放回烧杯，以防止玻璃棒下端的溶液落至瓶外，用洗瓶蒸馏水吹洗玻璃棒和烧杯内壁，将洗涤液按上述方法也转移合并到容量瓶中，如此重复多次（至少 3～5 次），完成定量转移。

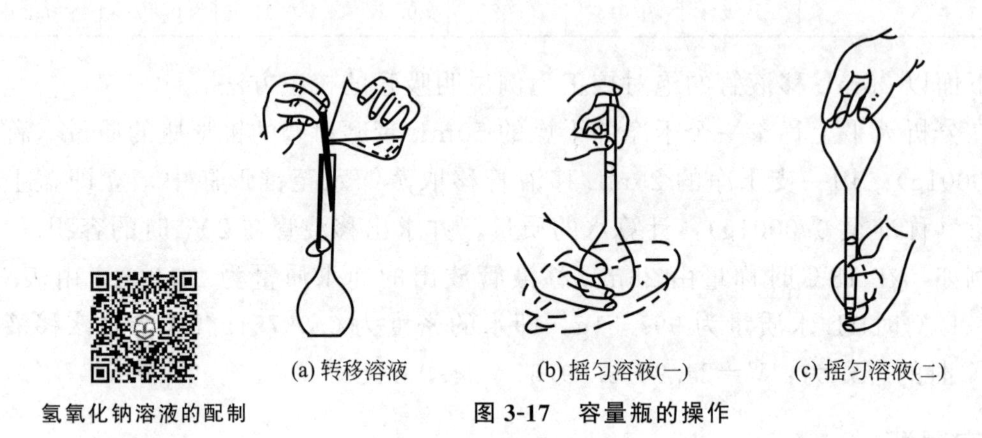

氢氧化钠溶液的配制

(a) 转移溶液　(b) 摇匀溶液(一)　(c) 摇匀溶液(二)

图 3-17　容量瓶的操作

如果是浓溶液稀释，则用吸管吸取一定体积的浓溶液，放入容量瓶中，再按下述方法稀释定容。

（4）定容　溶液转移入容量瓶后，加蒸馏水至容量瓶容积的 3/4 左右，将容量瓶平摇几次（切勿倒转摇动），如图 3-17(b)，使溶液初步混匀。然后把容量瓶平放在桌上，慢慢加蒸馏水到接近标线下 1cm 左右，等 1～2min，使黏附在瓶颈内壁的溶液流下，用细长滴管伸入瓶颈接近液面处，眼睛平视标线，加水至弯液面下缘最低点与标线相切，立即盖紧瓶塞。

（5）摇匀　用左手食指按住容量瓶塞子，右手指尖顶住瓶底边缘，按图 3-17(c) 握持容量瓶的姿势，将容量瓶倒转，使气泡上升到顶。将瓶正立后，再次倒立振荡，如此反复 10～15 次，使溶液充分混合均匀，最后放正容量瓶，打开瓶塞，使其周围的溶液流下，重新塞好瓶塞，再倒立振荡 1～2 次，使溶液全部混匀。

值得注意的是在上述操作过程中不能用手掌握住瓶身，以免体温造成液体膨胀，影响容积的准确性，热溶液应冷却至室温后，再转入容量瓶中，否则将造成体积误差。容量瓶不要长期存放配制好的溶液，尤其是碱性溶液，如需保存配好的溶液，应转移到干净的磨口试剂瓶中。使用后的容量瓶应立即用水冲洗干净，如长期不用，需将磨口处洗净擦干，垫上纸片，防止黏结。容量瓶不能进行加热溶液的操作，更不能放在烘箱中烘烤。

2. 容量瓶的校正

容量瓶必须符合 GB 12806—2011 的要求，根据国标《常用玻璃量器检定规程》（JJG 196—2006）中规定，容量瓶的容量允差见表 3-9。

表 3-9　容量瓶的容量允差

标称容量/mL		1	2	5	10	25	50	100	200	250	500	1000	2000
容量允差(±)/(mL)	A级	0.010	0.015	0.020	0.020	0.03	0.05	0.10	0.15	0.15	0.25	0.40	0.60
	B级	0.020	0.030	0.040	0.040	0.06	0.10	0.20	0.30	0.30	0.50	0.80	1.20

容量瓶的校正既可采用绝对法，也可采用相对法。

（1）绝对校正法　在分析天平上称量一个洁净、干燥、带塞的容量瓶的质量（称量准确度应与容量瓶大小相对应，如校正 250mL 容量瓶应称准至 0.0001g），然后注入蒸馏水至标线，记录水温，用滤纸条吸干瓶颈内壁水滴，盖上塞子称重（称准至 0.0001g），两次称量之差即容量瓶容纳水的质量。依据表 3-3，求出容量瓶在 20℃时的真实容积。

（2）相对校正法　相对校正法是相对比较两容器所盛液体体积的比例关系。例如，250mL 容量瓶的容积是否为 25mL 移液管所放出液体体积的 10 倍，可用相对校正的方法来检验。

容量瓶和移液管的相对校正：洗净并晾干 250mL 容量瓶一个。再用一支洁净的 25.00mL 移液管移取蒸馏水 10 次于 250mL 容量瓶中，观察液面是否与容量瓶的刻度线相切。如不相切，可用纸条或透明胶带另作一标记。经相对校正后，此移液管和容量瓶应配套使用。因为此时移液管取一次溶液的体积是容量瓶容积的 1/10。同样方法可以校正其他容积的容量瓶。

绝对校正法是基本的方法，但是比较麻烦；相对校正法比较简单，但只限于两种仪器的相对关系，使用时受到一定的限制。

第六节　实验室常用测量仪表的使用

化验室中用到的测量仪表有许多，这里主要介绍温度、大气压力和时间的测量仪表——温度计、气压计和秒表的使用。

一、温度的测量

温度是表示物体冷热的物理量，是确定物质状态的一个基本参量。物质的许多特征参数与温度有着密切关系，在化学实验中，准确测量和控制温度是一项十分重要的技能。温度通常用温度计来测量。

温度计的种类、型号多种多样，依据测温原理不同，有玻璃液体温度计、热电偶温度计、热电阻温度计等，实验时可根据不同的需要选用不同的温度计，这里主要介绍玻璃液体温度计。

1. 玻璃液体温度计的种类及测温原理

玻璃液体温度计也称液体膨胀式温度计，是一种可以直接显示物体温度的测量仪表。根据工作液体的不同，可将玻璃温度计分为水银温度计和酒精温度计；按温度计的构造形式，又可将温度计分为棒式、内标式和电接点式温度计等。其测温原理都是利用感温液体受热后体积膨胀的特性，通过刻度标尺把物体的冷热程度指示出来。工作液体的膨胀系数越大，液体体积随温度升高而增大的数值越大。因此，选用膨胀系数大的工作液体，可以提高温度计的测量精度。

2. 玻璃液体温度计的构造

普通的水银温度计和酒精温度计的构造基本相似，而电接点式温度计虽然也是一种玻璃水银温度计，但其构造与普通的水银温度计是不相同的，其功能也较普通水银温度计更全面。下面主要介绍这三种化验室中比较常用的温度计。

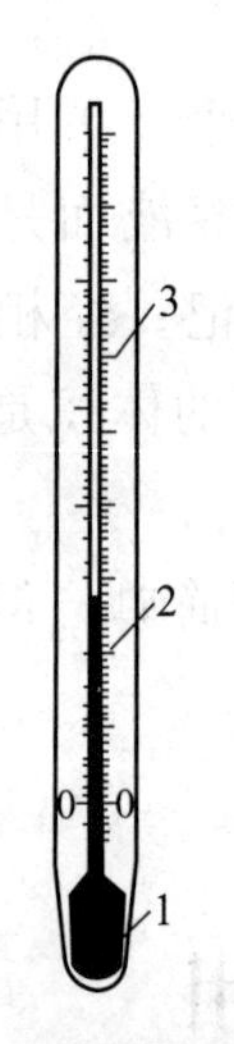

图 3-18　玻璃液体温度计

1—玻璃感温泡；2—毛细管；3—刻度标尺

(1) 普通玻璃液体温度计的构造　普通玻璃液体温度计由玻璃感温泡、毛细管和刻度标尺三部分组成。如图 3-18 所示。通常将液体装入一根下端带有玻璃泡的均匀毛细管中，液体上方抽成真空或充以某种气体。为了防止温度过高时液体胀裂玻璃管，在毛细管顶部一般都留有一膨胀室。由于液体的膨胀系数远大于玻璃的膨胀系数，毛细管又是均匀的，故温度的变化可反映在液柱长度的变化上。根据玻璃管外部的分度标尺，可直接读出被测液体的温度。

① 水银温度计。水银温度计以金属汞为工作液体。由于常压下水银的沸点为 356.66℃，所以，一般水银温度计的测量范围在－30～300℃之间。如果在水银柱上的空间充以一定的保护气体（常用氮气、氩气、氢气，防止水银氧化和蒸发），可使测量上限达 600℃。若在水银中加入 8.5％的铊，可测到－60℃的低温。

但温度计的测温范围不仅取决于工作液体的沸点和凝固点，也取决于玻璃材料的性质。用石英玻璃制成的水银温度计可测到 600℃以上，目前我国已制成能测到 1200℃的高温水银温度计。

水银膨胀系数小于其他感温液体的膨胀系数，但它有许多优点：易提纯、热导率高、膨胀均匀、不易氧化、不沾玻璃、不透明、便于读数等。

② 酒精温度计。酒精温度计以酒精为工作液体，测温范围为－65～165℃，一般用于低温测量。酒精温度计的特点是灵敏性好，工作液体无毒，但由于酒精

具有易粘玻璃的性质，所以会造成酒精温度计测温精度降低、热容大、热惯性大、线性不好等缺点。

（2）电接点式温度计　电接点式温度计也以水银为工作液体，又称电接点式水银温度计，俗称导电表，其构造如图 3-19 所示。在毛细管水银上面悬有一根可上下移动的铂丝（触针），并利用磁铁的旋转来调节触针的位置。另外接点温度计上下两段均有刻度，上段由标铁指示温度，它焊接上一根铂丝，铂丝下段所指的位置与上段标铁所指的温度相同。它依靠顶端上部调节帽中的一块磁铁来调节铂丝的上下位置。当旋转调节帽时，磁铁就带动内部螺旋杆转动，使标铁上下移动。当调节帽顺时针旋转时，标铁向上移动；逆时针旋转时，标铁向下移动。下面水银槽和上面螺旋杆引出两根线作为导电与断电用。当所测温度未达到标铁上端面所指示的温度时，水银柱与铂丝触针不接触，当温度上升并达到标铁上端面所指示的温度时，水银柱与铂丝触针接触，从而使两根导线导通。

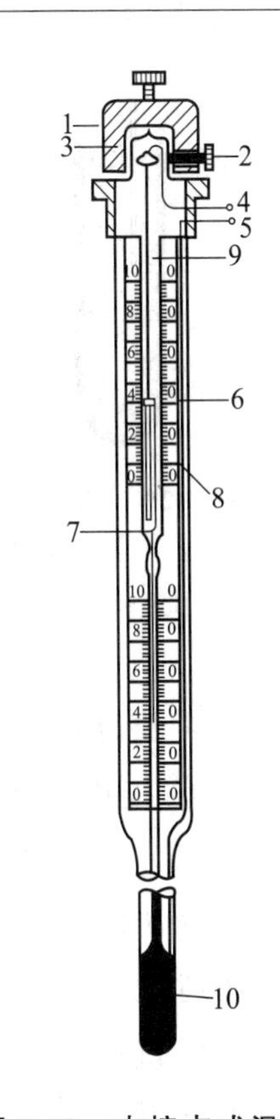

图 3-19　电接点式温度计

1—调节帽；2—调节帽固定螺丝；3—磁铁；4—螺丝杆引出线；5—水银槽引出线；6—指示铁；7—触针；8—刻度板；9—调节螺丝杆；10—水银槽

接点式温度计是实验中使用最广泛的一种感温元件，它常和继电器、加热器组成一个完整的控温系统。

3. 玻璃液体温度计的使用、校正及注意事项

（1）普通玻璃液体温度计

① 使用。将温度计冲洗干净，尽可能垂直浸在被测体系内，玻璃泡要全部浸没在被测体系中，但要以液体不浸没刻度为宜，且玻璃泡不要碰到容器底或容器壁。玻璃泡浸入被测液体后稍等一会，待温度计的示数稳定后读数。读数时玻璃泡要继续留在被测液体中，视线要与温度计中液柱的上表面相平，温度计所示刻度即体系的温度。

普通温度计在使用时根据使用条件和要求的不同，还需进行校正。

② 水银温度计的校正。水银温度计分全浸式和局浸式两种。全浸式是将温度计全部浸入恒定温度的介质中与标准温度计比较来进行分度的，局浸式在分度时只浸到水银球上某一位置，其余部分暴露在规定温度的环境中进行分度。如果全浸式作局浸式温度计使用，或局浸式使用时与制作时的露茎温度不同，都会使温度示值产生误差。另外，温度计毛细管内径不均匀、毛细管现象、视差、温度计与介质间是否达到热平衡等许多因素都会引起温度计读数误差。

a. 零点校正（冰点校正）。玻璃是一种过冷液体，属于热力学不稳定体系，体系随时间有所改变；另一方面，玻璃受到暂时加热后，玻璃球不能立即回到原

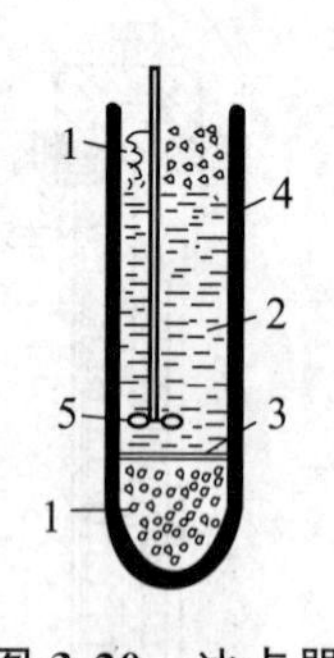

图 3-20　冰点器

1—冰与水；2—水；3—带孔金属片；4—玻璃杜瓦瓶；5—搅拌器

来的体积。这两种因素都会引起零点的改变。检定零点的恒温槽称为冰点器，如图 3-20 所示。容器为真空杜瓦瓶，起绝热保温作用，在容器中盛以冰（纯净的冰）水（纯水）混合物。

最简单的冰点仪是颈部接一橡胶管的漏斗，如图 3-21 所示。漏斗内盛有纯水制成的冰与少量纯水，冰要经粉碎、压紧被纯水淹没，并从橡胶管中放出多余的水。检定时，将事先预冷到$-3\sim-2$℃的待测温度计垂直插入冰中，使零线高出冰表面 5mm，10min 后开始读数，每隔 1～2min 读一次，直到温度计水银柱的可见移动停止为止。由三次读数的相同数据得出零点校正值$\pm\Delta t$。

b. 示值校正。水银温度计的刻度是按定点（水的冰点和正常沸点）将毛细管等分刻度的。由于毛细管内径、截面不可能绝对均匀以及水银和玻璃的膨胀系数的非线性关系，可能造成水银温度计的刻度与国际实用温标存在差异。所以必须进行示值校正。

校正的方法是用一支同样量程的标准温度计与待校正温度计同时置于恒温槽中进行比较，得出相应的校正值，作出校正曲线。其余没有检定到的温度值可由相邻两个检定点的校正值线性内插而得。也可以以纯物质的熔点或沸点作为标准。

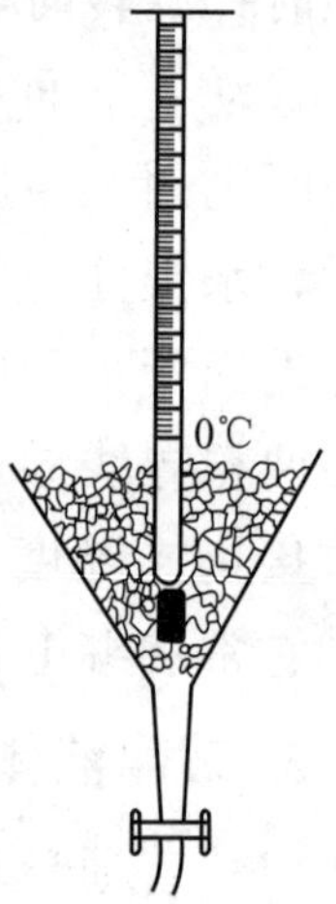

图 3-21　简便冰点仪

c. 露茎校正。利用全浸式水银温度计进行测温时，如其不能全部浸没在被测体系（介质）中，则因露出部分与被测体系温度不同，必然存在读数误差。因为温度不同导致了水银和玻璃的膨胀情况也不同，对露出部分引起的误差进行的校正称为露茎校正。

操作指南与安全提示

① 根据实验需要对温度计进行零点校正、示值校正及露茎校正。

② 根据测量要求选择合适的温度计，被测介质的温度应包括在温度计的量程之内。

③ 水银温度计应安装在振动不大，不易碰的地方，但应便于观察、维修、检验和拆装。禁止倒装或倾斜安装，也不能水平安装。

④ 为防止水银在毛细管上附着，读数前应用手指轻轻弹动温度计。

⑤ 防止骤冷骤热，以免引起温度计破裂和变形；防止强光、辐射和直接照射水银球。

⑥ 水银温度计是易碎玻璃仪器，且毛细管中的水银有毒，所以绝不允许作

搅拌、支柱等它用，要避免与硬物相碰。如温度计需插在塞孔中，孔的大小要合适，以防脱落和折断。

⑦ 温度计用完后，要冲洗干净，不留污渍。

⑧ 温度计应存放在有柔软衬垫的盒子里或专用抽屉里保存好，不应放在硬的物体上或加热设备附近。

⑨ 温度计发生水银中断现象时，可将其放在冷冻剂中，迫使毛细管中的水银全部回缩到感温泡中，然后撤去冷冻剂使其升温膨胀，反复几次即可消除。

（2）接点温度计　我们以恒温槽为例，来说明接点式温度计的使用。将接点温度计垂直插入恒温槽中，并将两根导线接在继电器接线柱上。旋松接点温度计调节帽上的固定螺丝，旋转调节帽，将标铁调到稍低于欲恒定的温度。

接通电源，恒温槽指示灯亮（表示开始加热），打开搅拌器中速搅拌。当加热到水银与铂丝接触时，指示灯灭（表示停止加热），此时读取 1/10℃温度计上的读数。如低于欲恒定温度，则慢慢调节使标铁上升，直至达到欲恒定温度为止。然后固定调节螺帽。

操作指南与安全提示

① 接点温度计只能作为温度的感触器，不能作为温度的指示器（接点温度计的温度刻度粗糙）。

② 接点温度计不用时应将温度调节至常温以上保管。

③ 防止骤冷骤热，以防破裂。

二、时间的测量

秒表是实验室中比较常用的一种用以测量时间间隔的精密计时仪器。按其机芯构造不同可分为机械秒表和电子秒表。目前常用的是电子秒表。

1. 电子秒表及其结构

电子秒表是利用石英振荡器的振荡频率作为时间基准，它采用八位数的液晶显示器，具有高精度、显示清楚、使用方便、功能较多等优点，有的还装有太阳能电池，可延长表内氧化银电池的使用寿命。

PC65 型秒表的外形如图 3-22 所示。秒表可做总段计时或分段计时，范围由 1/100s 至 23h59min59.99s。定时器可做递减递加计时或循环递减计时，最大预调时间为 23h59min59s。除此之外，还具有节拍器、时钟和报时功能。

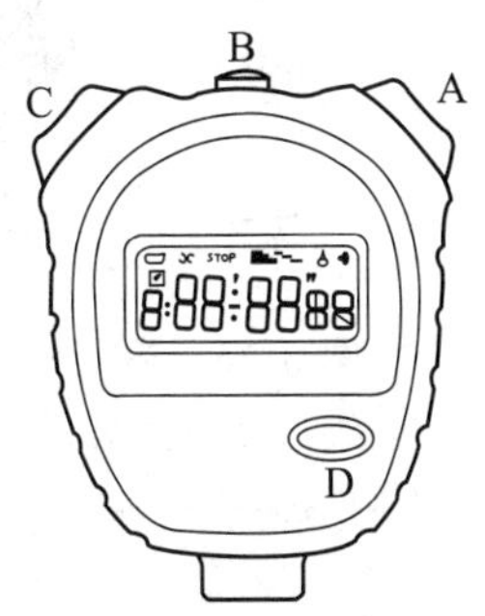

图 3-22　PC65 型秒表

2. 电子秒表的使用

下面以 PC65 型秒表为例说明电子秒表的使用。

按下 D 选择计时器；按 B 选择总段计时或分段计时，按 A 开始或停止计时；计时中，按 C，光标会闪动，表示计时仍在进行。

如分段时间计时，会显示出分段时间，再按 C 则从 0 重新开始另一段分段计时。如总段计时，会显示最后停止时间，再按 C 则继续计时。当计时器停止计时时，按 C 则还原至 0:00′00″00。

操作指南与安全提示

① 避免受潮或在湿度过高及过低的环境下使用。

② 不宜长时间在太阳下暴晒和置于强光下照射。

③ 秒表应保存在有柔软衬垫的盒子里，存放在温度正常、干燥的地方，避免受激烈的振动和高温，防磁化、防腐蚀。

④ 电子秒表应及时更换电池。

三、大气压力的测量

气压计是工矿企业、学校、科研单位及有关部门用于测定大气压的仪器，其工作原理是基于液柱静压平衡。实验室常用的有两种类型，一种是动槽式气压计，另一种是定槽式气压计。

1. 动槽式气压计

比较常用的动槽式气压计是福廷式气压计。

（1）构造　福廷式气压计的构造如图 3-23 所示。由感压系统、基准面调节机构（即调零机构）、读数部分、附属温度表、保护部分和安装支承六部分构成。

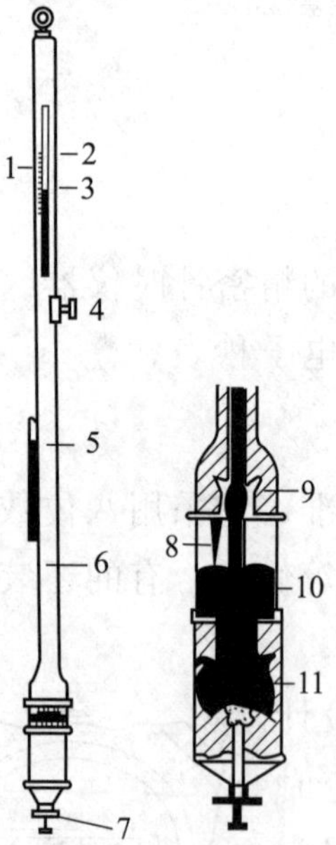

气压计的外部是一黄铜管，管的顶端是悬环。内部是装有水银的玻璃管，密封的一头向上，玻璃管上部是真空，玻璃管下插在汞槽 10 内。在 9 部分用一块羚羊皮紧紧包住（皮的外缘连在棕榈木的套管上），经过棕榈木的套管固定在槽盖上，空气可以从皮孔出入而汞不会溢出。黄铜管外的上部刻有标尺并开有长方形小窗，用来观看汞柱的高低，窗前有一游标尺 2，转动螺旋 4 可使游标尺 2 上下移动。汞槽底部是一羚羊皮囊，下端由螺旋 7 支持，转动 7 可调节槽内汞面。

图 3-23　福廷式气压计

1—主标尺；2—游标尺；3—汞面；4—调节游标螺旋；5—温度计；6—黄铜管；7—螺旋；8—象牙针；9—羚羊皮包裹部分；10—汞槽；11—羊皮袋

（2）气压计的使用

① 读取温度。首先从气压计所附温度计上读取温度。

② 气压计调零。慢慢旋转底部螺旋7，调节水银槽内水银面的高度，使槽内水银面升高，直至水银面与象牙针刚刚接触，如图3-24所示。调节时可利用汞槽后面白瓷板的反光来观察水银面与象牙针的空隙，调节动作要轻而慢。然后用手轻轻扣一下铜管上面，使玻璃管上部水银面凸面正常。汞面调好后，稍待30s，再次观察汞面与象牙针尖接触的情况，没有变化后继续下一步操作。

③ 调节游标尺。转动调节游标螺旋，使游标尺的下沿高于汞柱面，然后缓慢下降直至游标尺下沿和汞柱的凸面相切，此时观察者的眼睛与游标尺的下沿、汞柱的凸面在同一水平面上。如图3-25所示。

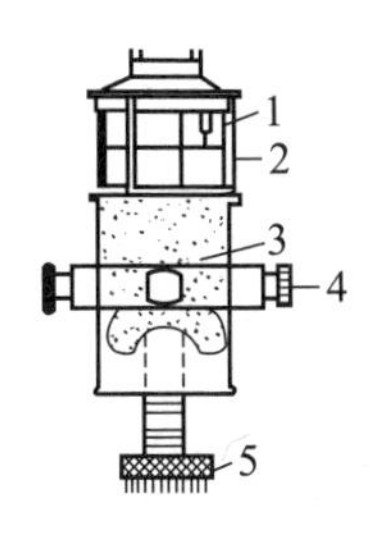

图3-24　气压计调零示意图

1—零点象牙针；2—汞槽；3—羚羊皮袋；
4—铅直调节固定旋钮；5—汞槽调节固定旋钮

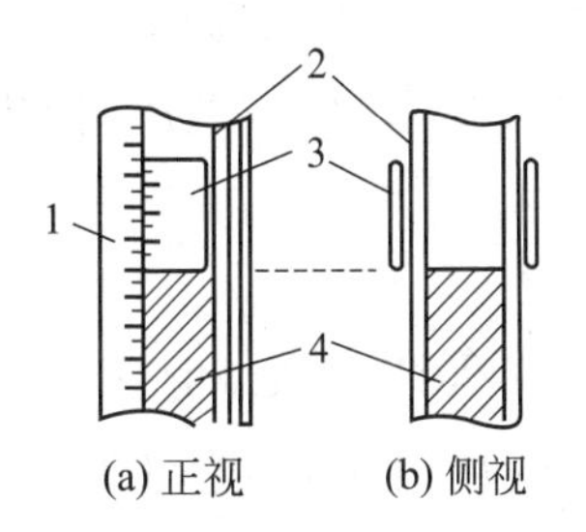

图3-25　游标尺位置调节示意图

1—黄铜标尺；2—玻璃管；
3—游标尺；4—汞柱

④ 读数。当游标尺的零线与黄铜标尺中某一刻度线恰好重合时，则黄铜标尺上该刻度的数值便是大气压值，不需使用游标尺。当游标尺的零线不与黄铜标尺上任何一刻度重合时，先从主标尺上读出靠近游标尺零线下端的刻度，即为大气压的整数部分，再从游标尺上找出一根与主标尺上某一刻度线相吻合的刻线，其刻度值即为大气压的小数部分。如图3-26所示。

⑤ 整理工作。读数完毕，转动底部螺旋7，使水银基准面离开象牙针尖2～3mm，如图3-27所示。

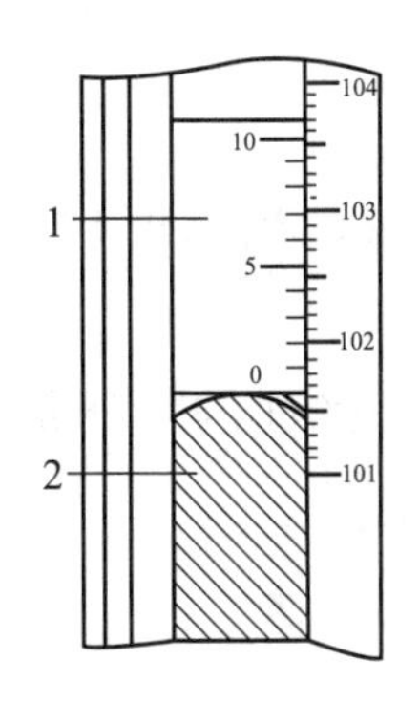

图3-26　气压计读数示意图

1—游标；2—水银柱；
气压计读数：$p=101.6+0.08=101.68\text{kPa}$

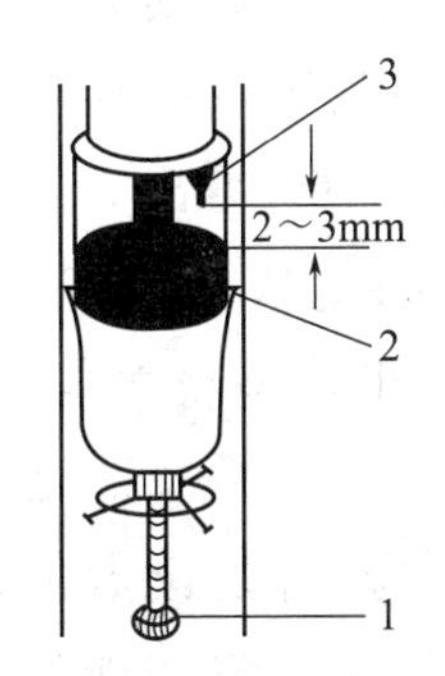

图3-27　调节水银基准面

1—调节螺丝；2—水银基准面；
3—象牙针

（3）气压计读数的校正　由于气压计的刻度是以 0℃、纬度 45℃的海平面高度为标准的，同时仪器本身还有误差，因此气压计的读数必须经过温度、纬度、海拔高度和仪器误差的校正后才能使用。

① 仪器误差的校正。由于仪器本身制造的不精确而造成读数上的误差称“仪器误差”。仪器出厂时都附有仪器误差的校正卡片，应首先加上此项校正。

② 温度影响的校正。由于温度的改变，水银密度也随之改变，因而会影响水银柱的高度。同时由于铜管本身的热胀冷缩，也会影响刻度的准确性。当温度升高时，前者引起偏高，后者引起偏低。由于水银的膨胀系数较铜管的大，因此当温度高于 0℃时，经仪器校正后的气压值应减去温度校正值；当温度低于 0℃时，要加上温度校正值。气压计的温度校正公式如下：

$$p_0=\frac{1+\beta t}{1+\alpha t}p=p-p\ \frac{\alpha-\beta}{1+\alpha t}t \tag{3-4}$$

式中　p——气压计读数，Pa；

t——气压计的温度，℃；

α——水银柱在 0～35℃之间的平均体胀系数（$\alpha=0.0001818$）；

β——黄铜的线胀系数（$\beta=0.0000184$）；

p_0——读数校正到 0℃时的气压值，Pa。

显然，温度校正值即

$$\Delta p_t=p-p_0=p\ \frac{\alpha-\beta}{1+\alpha t}=\frac{(0.0001818-0.0000184)\ t}{1+1.818\times10^{-4}t}p=\frac{1.634\times10^{-4}t}{1+1.818\times10^{-4}t}p$$

所以

$$\Delta p_t=\frac{1.634\times10^{-4}t}{1+1.818\times10^{-4}t}p \tag{3-5}$$

③ 重力的校正。包括纬度（λ）校正和高度（H）校正。

a. 纬度校正：是将气压计读数值校正到相当于纬度 45°时的气压值。即

$$\Delta p_\lambda=-0.00265p\cos2\lambda \tag{3-6}$$

式中　p——气压计的读数值，Pa；

λ——观测地点的纬度。

从式(3-6) 中可看出，校正值的正负决定于 $\cos2\lambda$，当纬度从 0°～45°时校正值为负值，当纬度从 45°～90°时校正值为正值。

b. 高度校正：是将气压计读数值校正到相当于海平面的气压值。即

$$\Delta p_H=-1.96\times10^{-7}pH \tag{3-7}$$

式中　p——气压计的读数值，Pa；

H——气压计安装地的海拔高度，m。

c. 重力校正：纬度校正和高度校正之和即重力校正的气压值。

$$\Delta p_g=\Delta p_\lambda+\Delta p_H=-0.00265p\cos2\lambda-1.96\times10^{-7}pH \tag{3-8}$$

例如，温度 t 为20℃，纬度为60°、海拔 H 为140m时，气压计的仪器误差校正值（Δp_{ω}）为10Pa，而气压计示值为101520Pa。根据计算得

$$\Delta p_{总}=\Delta p_{\lambda}+\Delta p_{H}+\Delta p_{t}+\Delta p_{\omega}$$
$$=135-3-331+10=-189(\text{Pa})$$

校正后气压值$=101520-189\approx101331(\text{Pa})$

2. 定槽式（固定杯式）气压计

定槽式气压计与动槽式气压计大同小异，不同之处在于前者的汞槽中汞面无需调节，它的汞是装在体积固定的槽内。当大气压力发生变化时，玻璃管内汞柱的液面和汞槽内汞液面的高度差也相应变化。在计算气压计的标尺时已经补偿了汞槽内液面的变化量。其使用方法除槽中汞面无需调节，其他均与动槽式气压计相同，气压计的校正方法二者也完全相同。

操作指南与安全提示

① 如果发现有空气进入气压计玻璃管中，应该停止使用，经排气泡和校正后再使用。

② 当气压计调换悬挂位置时，应垂直移动，不得平放在地板或平台上，更不能猛烈晃动或振动，避免碰撞，以防空气进入水银柱管内或造成内玻璃管折断。

③ 在正常使用后，不要随意拆卸和拧动零部件，以免水银流出和影响精确度。

④ 存放时，应按要求包装好，存放在干燥、通风、无腐蚀性气体和化学物品的室内，以防腐蚀。

技能检查与测试

一、填空题

1. 按天平的结构原理分，天平可分为________天平和________天平两大类。

2. 天平的计量性能包括________、________、________、________。

3. 调整天平重心砣的高度可改变天平的________，但天平的重心太高（即灵敏度太高），________必将减小。

4. 用电光天平称量某物，零点为+0.3mg，当砝码加到10.1100g时，屏幕上映出停点为-3.2mg，此物的质量应记录为________g。

5. 使用分析天平时，不准用手直接拿取________和________。

6. 使用分析天平前应检查天平的零点和水平，如天平的零点相差太大，应调整____________。发现天平的水平不对，应调整天平的________。

7. 天平的分度值越大，灵敏度________。

8. 电子天平需________足够时间后打开天平开关，天平则自动进行灵敏度及零点调节。若天平不处于零位，则按________键调零。

9. 电子天平显示器上显示“H”，表明天平处于________状态，________后即可恢复正常。

10. 吸液管是________移取________溶液的量器。

11. 称量瓶主要用于________，测定________和烘干基准物时用。

12. 吸液管为________量器，外壁标有________字样；容量瓶为________量器，外壁标有________字样。

13. 酸式滴定管常用来装______________溶液，不宜装______________溶液。

14. 规范的滴定姿势应是操作者面对滴定管，站立或坐姿，________手转动活塞（或捏玻璃珠），________手持锥形瓶。

15. 正式滴定前，应将滴定液调至“0”刻度以上约________处，停留________分钟，以使____________。每次滴定最好从__________开始，不要从中间开始。

16. 滴定管读数时，对于无色或浅色溶液，视线则应与弯液面成水平，初读数与终读数应采取________标准。

17. 用容量瓶稀释溶液时，当稀释到总体积的________处时，应平摇几次，做初步混匀，这是为了________________，以保证最终体积的准确性。

18. 进行滴定时，滴定速度以________为宜或________，不可________放下。

19. 容量瓶是用于测量________体积的精密仪器。容量瓶干燥的方法是________。

20. 试样的称量法分________、________和________三种。

21. 直接称样法适宜于称量________________________，指定质量称样法适宜于称量________________________。

22. 使用吸管时，应________手持洗耳球；________手持管颈________部位，________指控制管口。单标线吸管和分度吸管都是________一定体积溶液的量器，一般前者称为____________________，后者称为____________________。

23. 秒表按其机芯构造不同，可分为__________和__________两类。

24. 水银温度计是以__________为工作液体的玻璃液体温度计，它测量温度的范围一般为__________℃。

25. 选择温度计时，被测介质的温度应包括在温度计的____________之内。

26. 安装温度计时，其感温泡应完全浸没在__________中，且以不浸没__________为宜。

27. 当有空气进入气压计玻璃管后，气压计需__________后再用。

二、选择题

（一）单选题

1. 在天平盘上加 10mg 的砝码，天平偏转 8.0 格，此天平的分度值是（　　）。

A. 0.00125g　　B. 0.8mg　　C. 0.08g　　D. 0.01g

2. 常量分析所用的分析天平的分度值是（　　）。

A. 0.01g　　B. 0.001g　　C. 0.0001g　　D. 0.00001g

3. 天平及砝码应定期检定，一般规定检定时间间隔不超过（　　）。

A. 半年　　B. 一年　　C. 二年　　D. 三年

4. 使用分析天平进行称量的过程中，加减砝码和取放物品时应把天平托起，这是为了（　　）。

A. 称量迅速　　B. 减少玛瑙刀口的磨损

C. 防止天平的摆动　　D. 防止天平梁弯曲

5. 下列仪器中可以加热使用的是（　　）。

A. 容量瓶　　B. 滴定管　　C. 移液管　　D. 锥形瓶

6. 使用碱式滴定管正确的操作是（　　）。

A. 左手捏稍高于玻璃珠的地方　　B. 右手捏稍高于玻璃珠的地方

C. 左手捏稍低于玻璃珠的地方　　D. 右手捏稍低于玻璃珠的地方

7. 当电子天平显示（　　）时，可进行称量。

A. 0.0000　　B. CAL　　C. TARE　　D. OL

8. 电子天平的显示器上无任何显示，可能产生的原因是（　　）。

A. 无工作电压　　B. 被承载物带静电

C. 天平未经调校　　D. 室温及天平温度变化太大

9. 采用称量瓶为称量容器时，递减称量法最适于称量（　　）。

A. 在空气中稳定的试样　　B. 在空气中不稳定的试样

C. 干燥试样　　D. 易挥发物

10. 洗涤滴定管时，正确的操作包括（　　）。

A. 无明显油污时，可直接用自来水冲洗，或用肥皂水，洗衣粉涮洗

B. 用肥皂水洗不干净时，可使用去污粉刷洗

C. 用洗涤剂洗毕，应用自来水冲净，再用蒸馏水润洗三次

D. 铬酸洗液可直接倒入碱式滴定管中浸泡一定时间

11. 容量瓶的用途为（　　）。

A. 储存标准溶液

B. 量取一定体积的溶液

C. 将准确称量的物质准确地配成一定体积的溶液

D. 转移溶液

12. 使用移液管吸取溶液时，应将其下口伸入液面以下（　　）。

A. 0.5～1cm　　B. 5～6cm　　C. 1～2cm　　D. 7～8cm

13. 欲量取 9mLHCl 配制标准溶液，宜选用的量器是（　　）。

A. 容量瓶　　B. 滴定管　　C. 移液管　　D. 量筒

14. 酒精温度计一般适宜测量的温度是（　　）。

A. 低温　　B. 中温　　C. 高温　　D. 以上都可以

15. 下列有关温度计读数的描述正确的是（　　）。

A. 视线与刻度线在同一水平线上

B. 刻度线与工作液基准线在同一水平线上

C. 视线、刻度线和工作液基准线在同一水平线上

16. 用气压计测量完毕后，应调节水银基准面（　　）。

A. 离开象牙针尖 2～3mm　　B. 与象牙针尖刚刚接触

C. 没过象牙针尖 2～3mm　　D. 已经测量完毕，无须再调节水银基准面

（二）多选题

1. 天平光源灯不亮可能是由于（　　）因素造成的。

A. 灯泡损坏　　B. 插销或灯泡接触不良

C. 升降枢触点接触不良　　D. 未通电

2. 天平游标不灵活的原因可能是（　　）。

A. 阻尼盒碰撞　　B. 标牌指针与立柱碰触

C. 盘托与秤盘接触　　D. 环码掉落

3. 电子天平的显示不稳定，可能的原因是（　　）。

A. 振动和风的影响　　B. 秤盘与天平外壳之间有杂物

C. 被称物吸湿或有挥发性　　D. 天平未经调校

4. 使用分析天平称量应该（　　）。

A. 烘干或灼烧过的容器放在干燥器内冷却至室温后称量

B. 灼烧产物都有吸湿性，应盖上坩埚盖称量

C. 恒重时热的物品在干燥器中应保持相同的冷却时间

D. 分析天平在更换干燥剂后即可使用

5. 洗涤下列仪器时，不能用去污粉洗刷的是（　　）。

A. 烧杯　　B. 滴定管　　C. 比色皿　　D. 容量瓶

6. 下列哪些仪器需要用操作溶液淋洗三遍（　　）。

A. 容量瓶　　B. 滴定管　　C. 移液管　　D. 锥形瓶

7. 在实验中要准确量取 20.00mL 溶液，可以使用的仪器有（　　）。

A. 量筒　　B. 滴定管　　C. 移液管　　D. 量杯

8. 下列溶液中，不能装在碱式滴定管中的有（　　）。

A. I_2　　B. NaOH　　C. HCl　　D. $AgNO_3$

三、判断题

1. 天平的水准泡位置与称量结果无关。（　　）

2. 用分析天平称量时，若投影屏上微分标尺光标向负值偏移，应加砝码。（　　）

3. 天平不水平或侧门未关都可能造成天平的零点和平衡点变动性大。（　　）

4. 天平的稳定性越好，灵敏度越高。（　　）

5. 电子天平一般用后两个底脚来调节天平的水平位置。（　）
6. 振动太大、防风罩未完全关闭都会使电子天平读数因不稳定而不断变化。（　）
7. 量筒和容量瓶都可用烘箱烘干。（　）
8. 使用滴定管时应双手持管，保证与地面垂直。（　）
9. 滴定管、移液管和容量瓶的标称容量一般指 15℃时的容积。（　）
10. 容量瓶、滴定管、移液管不可以加热烘干，但可盛装热的溶液。（　）
11. 物镜焦距不对可能导致电光天平标尺刻度模糊。（　）
12. 电子秒表中若装有太阳能电池，可延长表内氧化银电池的使用寿命。（　）
13. 长时间在太阳下暴晒会使电子秒表受损。（　）
14. 使用温度计应避免骤冷骤热。（　）
15. 使用电接点式温度计时，标尺以下的部分应全部浸入被测介质中。（　）
16. 温度计发生水银中断现象是不可消除的。（　）
17. 玻璃液体温度计的测温原理是利用其工作液体受热后体积膨胀的特性，通过刻度标尺把物体的冷热程度指示出来。（　）
18. 水银气压计的标尺是以象牙针尖作零点。（　）
19. 水银气压计是通过插入水银槽内的玻璃管中的水银柱高度来测量大气压力的。（　）
20. 从气压计标尺和游尺上读取的数值即为当时的气压值。（　）

四、问答题

1. 简述何为分析天平检定标尺的分度值和分度数。
2. 如何选择天平？
3. 什么叫天平的零点和平衡点？为什么每次称量前和结束后都要测定天平的零点？
4. 什么叫灵敏度？如何表示？怎样测定？何为感量？它与灵敏度有什么关系？
5. 用分析天平称量前，先用托盘天平进行粗称有什么意义？
6. 天平框罩的作用是什么？什么情况下才能开启前门？
7. 造成天平灵敏度过高或过低的两个主要原因是什么？如何排除？
8. 用分析天平称量时，为什么取放物品和砝码时都要休止天平？
9. 用分析天平称量时，为什么要遵循“砝码个数最少”的原则？两个面值相同的砝码为什么要区分使用？
10. 简述电子天平的操作方法及注意事项。
11. 酸式滴定管与碱式滴定管排气泡的方法有什么区别？
12. 滴定管读数时应注意哪些问题？
13. 往滴定管中装操作溶液时，为什么必须从试剂瓶中直接加入？
14. 校正滴定管时，具塞锥形瓶的外壁和内壁是否必须干燥？为什么？
15. 简述气压计使用的操作顺序。
16. 当气压计正常使用后，随意拆卸和拧动零部件会造成什么后果？

17. 玻璃液体温度计由哪三部分组成？

五、计算题

1. 用部分机械加码分析天平称一称量瓶质量，当加砝码至 21.3200g 时，微分标尺读数为 4.8mg，若该天平的零点为－0.2mg，问此称量瓶的质量是多少？

2. 称量一装有 NaCl 试样的称量瓶：天平盘上砝码为 20g、2g、1g，指数盘读数为 120mg，微分标尺读数为 9.6mg；倾出 NaCl 试样后再次称量；天平盘上砝码为 20g、2g，指数盘读数为 870mg，微分标尺读数为 4.4mg，问所称 NaCl 试样的质量是多少克？

3. 校正滴定管时，在 23℃时由滴定管放出标称容量为 15.04mL 纯水，称得其质量为 15.0723g，计算该段滴定管在 20℃时的实际容积是多少？

4. 在 15℃时进行滴定分析，用去 30.00mL 0.1mol/L 的标准溶液，在 20℃时溶液的体积应是多少毫升？

5. 在 24℃时（水的密度为 0.99638g/mL）称得 25mL 移液管中至刻度线时放出纯水的质量为 24.902g，则其在 20℃时的真实体积为多少毫升？

第四章　混合物的提纯与分离

学习目标：

1. 了解重结晶、升华、蒸馏、分馏、萃取等方法，分离混合物的基本原理和实用意义。

2. 初步掌握上述分离、提纯的操作过程和方法。

3. 了解纸色谱和薄层色谱分离混合物的基本原理和实用意义。

4. 熟悉纸色谱和薄层色谱操作过程和方法。

我们周围的物质都是以混合物的形式存在的，区别只是混合物的各组分含量大小不同。人们在生活和生产中，对所使用物质的组成、纯度都有一定的要求。因此，物质分离和提纯技术，在许多行业中得到了广泛的应用。对物质进行分离和提纯时，根据物态和对纯度的要求的不同，常用的分离方法有重结晶、升华、蒸馏、分馏、萃取、色谱、膜分离等。

第一节　常量物理提纯与分离

一、重结晶与升华

重结晶与升华是常量固体物质常用的分离、纯化方法。特别是重结晶在工业上有着很广泛的用途。

1. 重结晶

（1）基本原理　利用固体物质的溶解度随温度变化而变化的特性，将固体物质在较高的温度下溶解，制备成饱和溶液，再降低温度，使溶质过饱和而重新析出杂质含量很少的纯物质结晶，最后进行过滤分离，取得晶体，使物质得到提纯。当被提纯物质中的杂质过多，溶解时杂质浓度过大，则在溶液冷却时，容易被结晶吸附或本身析出结晶。所以，重结晶法只适用于杂质含量小于5%的固体物质的分离与提纯。

（2）溶剂的选择　溶剂是进行重结晶的主要条件，选择好溶剂是做好重结晶的关键步骤。进行溶剂选择，在理论上，可以从溶剂和溶质之间的结构、极性、分子间的作用力是否相似进行考虑。选择合适的溶剂应从如下几个方面来考虑。

① 溶剂不能与被分离物质发生化学反应。

② 溶剂对杂质的溶解度非常大或非常小。

③ 溶剂对被提纯物质的溶解度随温度变化差异显著，高低温时溶解度至少相差三倍以上。

④ 被提纯物析出的结晶晶形好。

⑤ 溶剂的沸点较低、容易挥发。

⑥ 溶剂价格低、毒性小、回收容易、不易燃烧、操作安全。

一般物质重结晶提纯所需的溶剂，可以从资料、文献上查阅，也可以通过实验进行确定。

实验方法如下：

取几只小试管，分别加入 0.1g 的试样，再加入 1mL 所选择的不同溶剂，在小火上加热至微沸，观察溶解情况。

a. 以加热完全溶解，冷却后析出晶体最多的溶剂最为适用。

b. 如果加热后不能完全溶解，溶剂补加至 3mL 仍不能使样品完全溶解，则该溶剂不能使用。

c. 加热完全溶解，但冷却后无结晶或析出结晶很少，则该溶剂不能使用。

d. 使用单一溶剂得不到理想效果时，可以采用混合溶剂。常用的混合溶剂有乙醇-水、乙酸-水、乙醚-丙酮、乙醚-苯、石油醚-苯、石油醚-丙酮等。

通过实验确定合适的溶剂。实验室中常用的重结晶溶剂见表 4-1。

表 4-1　常用的重结晶溶剂

溶　剂	沸点/℃	凝固点/℃	密度/(g/cm^3)	与水互溶性	易燃性
水	100	0	1.0		−
甲醇	64.7	−97.8	0.79	∞	+
95%乙醇	78.1	−	0.81	∞	+
乙酸	118	16.1	1.05	∞	+
丙酮	56.5	−94.6	0.79	∞	+++
乙醚	34.5	−116.2	0.71	−	++++
石油醚	35～65	−	0.63	−	++++
苯	80.1	5	0.88	−	++++
二氯甲烷	41	−97	1.34	−	−
四氯化碳	76.8	−22.8	1.59	−	−
氯仿	61.2	−63.5	1.49	−	−

（3）重结晶的操作

① 所需仪器的种类及规格，见表 4-2。

表 4-2　重结晶提纯法所需仪器

仪器名称	仪器规格	仪器名称	仪器规格
烧杯	250mL	滤纸	圆形(过滤用)
锥形瓶	250mL	活性炭	
保温漏斗		样品	乙酰苯胺粗品
减压过滤装置一套			

② 操作步骤。重结晶方法提纯固体物质一般操作步骤如下：

热溶解⟶脱色⟶热过滤⟶静置结晶⟶抽滤⟶干燥

重结晶操作

a. 热溶解。选择合适的容器，将被提纯的样品溶于适当量的溶剂中，在沸点或接近沸点状态时，振摇或剧烈搅拌，使之成为近饱和溶液。

如果溶剂的加入量不好掌握，可以先将试样与少量的溶剂一起加热沸腾，不能完全溶解时，再添加少量溶剂搅拌加温沸腾，若仍不能溶解，继续添加少量溶剂搅拌沸腾，重复进行，直至样品在沸腾状态下全部溶解为止。

b. 脱色。对于含有色杂质的物质，可在溶液稍冷后加入适量的活性炭，在搅拌条件下煮沸 5～10min，利用活性炭吸附性能将有色杂质吸附。活性炭的加入量一般为被分离物质量的 1%～5%，加入过多会吸附样品。如果热溶解得到的是无色澄清透明的溶液，可省略脱色这一步。

c. 热过滤。漏斗加热，放上折叠好的滤纸，将加入活性炭的溶液趁热过滤，滤去不溶杂质颗粒和活性炭。

d. 静置结晶。将热过滤液静置冷却到室温，转入冰水中再充分冷却，使溶液过饱和析出结晶。如果没有析出结晶，可以加入晶种或用玻璃棒摩擦器壁促使结晶的生成。

e. 抽滤。布氏漏斗上放入直径略小的圆形滤纸，湿润，在减压过滤装置上进行抽滤，使结晶和母液分离。滤出的结晶用纯冷溶剂淋洗两次，最后将结晶压紧并抽干，得块状滤饼。减压过滤装置见图 2-20。

f. 干燥。将滤饼转移到洁净的表面皿上，在室温下自然晾干或 100℃下进行烘干。再取样测定熔点确定纯度，称量保存。

操作指南与安全提示

① 溶解样品加热溶剂时，要加几颗沸石。对于低沸点、易燃溶剂，要选择适当的热浴进行加热，并要配有回流装置，见图 4-1，严禁明火加热。对有毒溶剂，加热必须在通风橱中进行。

图 4-1　回流装置

② 脱色加活性炭时，溶液要稍冷，切不可在火上加热时加活性炭，否则容易造成暴沸危险。

③ 热过滤时，若滤液冷却有结晶析出，可用有加热夹套的过滤漏斗过滤，或先将溶液适当稀释后再过滤。加入稀释的溶剂可以比饱和溶液过量 20%，以防止过滤时滤液冷却，在漏斗和滤纸上析出结晶，影响下一步操作。热过滤装置见图 2-21。

热过滤时，漏斗一次容纳不了全部溶液时，可以分几次加入漏斗中，每次加入量不要太满，也不要等漏斗中的液体全部滤干时再加。为了防止溶液冷却结晶，可以将剩下的溶液继续加热保持温度。

④ 静置结晶时，要控制溶液的冷却速度，以室温自然冷却为好。冷却速度过快和振摇溶液，容易得到细小晶体，其容易吸附较多的杂质，不易提纯。自然静置冷却中，有时生成的晶体颗粒过大（2mm 以上），也会夹带包裹溶液或杂质，故当发现有生成大结晶倾向时，可将溶液稍微振摇一下，使生成的晶体颗粒均匀、大小适度，以保证产品的纯度。

⑤ 抽滤洗涤时，要停止抽气，用溶剂淋洗至所有晶体都湿润后，稍停片刻再抽气。

⑥ 停止抽滤前，应先打开缓冲瓶上的排空旋塞，连通大气，再停水泵。如果先停水泵，则会将水倒吸入吸滤瓶，污染试剂。

⑦ 使用有机溶剂进行重结晶后，应注意溶剂的回收，以利节约和环境保护。

2. 升华

（1）基本原理　冬天的积雪不经熔化会渐渐地减少，樟脑丸放在箱子里会不翼而飞，这些都是由于固体物质产生蒸气而蒸发了。将固体物质不经液态而直接气化蒸发的过程称为升华，将气态物质直接凝聚成固体的过程称为凝华。

升华是利用固体物质的升华、凝华性质对物质进行分离纯化的方法。利用升华法可以除去固体中不挥发性杂质，分离不同挥发度的固体混合物，固体经过升华可以得到纯度较高的分离产品。

（2）应用范围　并不是所有的固体物质都可以进行升华分离提纯，只有具有以下性质的固体物质才可以利用升华法进行提纯精制。

① 被提纯的固体物质，要在较低的温度下，具有较高的饱和蒸气压。在未熔化之前的饱和蒸气压高于 2.7kPa 的固体，才能较好地应用升华法进行分离提纯。饱和蒸气压指物质固-气平衡或液-气平衡时，上方蒸气产生的压力。

② 被提纯物质与杂质之间饱和蒸气压相差较大。可见，用升华法提纯物质有很大的局限性。同时由于升华操作时间长，损失较大，故升华提纯法在实际应用中较少。可用升华法提纯的物质见表 4-3。

表 4-3 可用升华法分离提纯的物质

有机物	常压	苯、蒽、苯甲酸、水杨酸、樟脑、β-萘酚、六氯乙烷、糖精、乙酰苯胺、DL-丙氨酸、脲、咖啡因、碘仿、六亚甲基四胺、奎宁、香豆素、二乙基丙二酰脲、胆甾醇、乙酰水杨酸、阿托品、邻苯二酸酐、月桂酸、肉桂酸、软脂酸、硬脂酸等
	减压	1-羟基蒽醌(130℃、1.2Pa 下与 2-羟基蒽醌分离) 苯甲酸(50℃、133Pa) 糖精(150℃、133Pa)
无机物	常压	碘、硫黄、砷、三氧化二砷、氯化汞、氯化钙、氯化镉、氯化锌、氯化银、二氯化锰、氯化锂、氯化铝、铵盐等
	真空	$TaCl_5$(150℃)、$NbOCl_2$(230℃)、$NbBr_5$(220℃) $TaBr_5$(300℃)、TaI_5(540℃) 铵盐(加 HCOOH,200℃与 Al^{3+}、Fe^{3+} 分离)

(3) 装置及操作 根据升华提纯的压力条件不同，升华法可分为常压法和减压法。

① 常压升华法装置及操作。最简单的常压升华装置如图 4-2 所示。由漏斗、蒸发皿和滤纸组成。操作仪器准备单见表 4-4。

图 4-2 常压升华装置

表 4-4 常压升华法提纯操作所需仪器

仪器名称	仪器数量规格
常压升华装置	一套
砂浴锅	一个
酒精灯	一个
小烧杯	一个,50mL
铁架	一个
干燥器	一个

操作步骤如下。

a. 将待升华物质研细，置于蒸发皿上。

b. 取一张直径接近于蒸发皿的滤纸，用针刺满小孔，将其孔刺朝上覆盖在蒸发皿上。

c. 取一直径比蒸发皿略小的玻璃漏斗，漏斗颈部塞上一团疏松的药棉，再将其倒扣在蒸发皿上。

d. 蒸发皿装置于砂浴上，将温度控制在固体熔点以下，缓慢进行加热。观察升华的蒸气穿过滤纸小孔，在滤纸和漏斗壁上凝结成固体。

e. 当观察到蒸气量明显减少，凝聚晶体的速度显著减慢时结束升华。升华结束后，取下装置，用刮刀将结晶固体从滤纸和漏斗内壁上刮下，收集于洁净的器皿中，即可得纯净产品，于干燥器中保存。

② 减压升华法装置及操作。一般的减压升华装置基本结构如图 4-3 所示，可由大、小两只吸滤管套接组成，中间用橡胶塞密封。其中大吸滤管盛放待加热的升华物质，小吸滤管为指形冷凝管。操作仪器准备单见表 4-5。

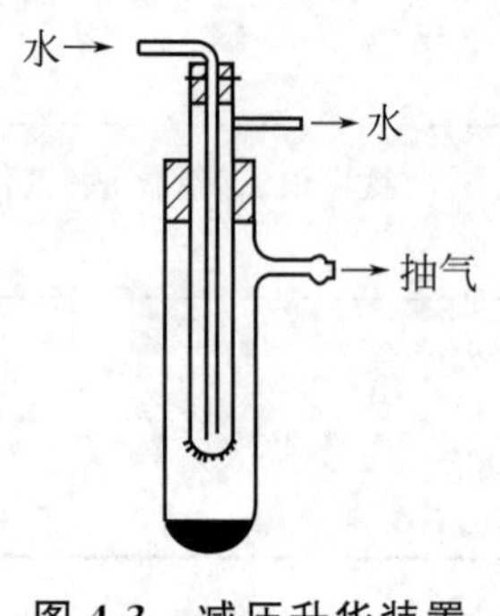

图 4-3　减压升华装置

表 4-5　减压升华法提纯操作所需仪器

仪器名称	仪器数量规格
减压升华装置	一套
砂浴锅	一个
酒精灯	一个
小烧杯	一个，50mL
铁架	一个
干燥器	一个

操作步骤如下：

a. 将待升华物质放入大吸滤管内，侧管与真空泵相连。

b. 指形冷凝管插入大吸滤管内，侧管接循环冷却水。

c. 打开真空泵、循环水，缓慢加热。观察升华蒸气在指形冷凝管上遇冷凝结成固体，吸附在管壁表面上。

d. 观察到蒸气明显减少，晶体的凝聚速度显著变慢时，先使大吸滤管连通大气后，再关闭真空泵，停止加热，结束升华，小心取出指形冷凝管，即可刮取收集升华晶体于干燥器中保存，取样测定熔点，判定纯度。

操作指南与安全提示

① 漏斗颈部塞上棉花球，目的是减少蒸气外逸。塞入的棉花球不要太紧，防止不通气，造成升华时蒸气下行、外逸。

② 蒸发皿周围最好围一石棉线圈，用以支持滤纸悬空。升华气体易逸出，实验要在通风橱中进行。

③ 小心调节加热火焰，控制样品温度低于熔点，切忌加温过快过高，甚至引起样品熔化。必要时可以在漏斗外壁用湿布覆盖冷却，加快晶体的生成。

④ 升华样品所需的时间较长，少则几小时，甚至需要数十小时。

⑤ 升华法提纯碘的装置见图 4-4。

二、蒸馏与分馏

将在一定的压力下，液体加热开始沸腾时的温度称为沸点。将液体沸腾时的温度范围称为沸程。纯物质的沸程一般不超过 1～2℃。

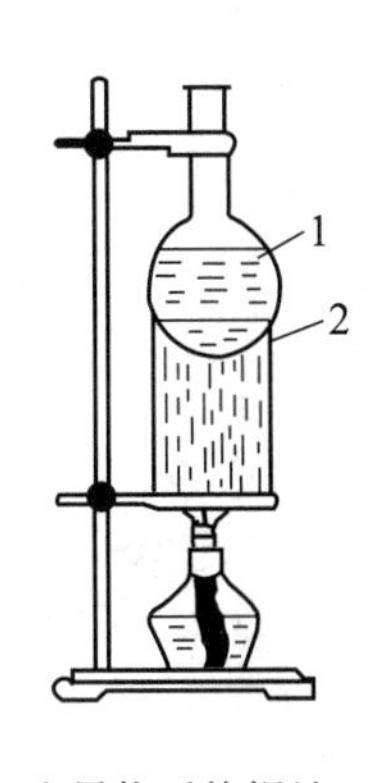

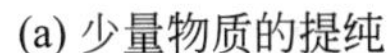

(a) 少量物质的提纯

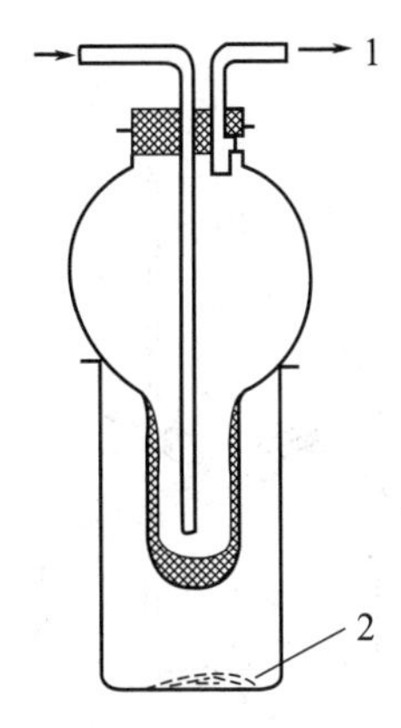

(b) 较大量物质的提纯

图 4-4　升华法提纯碘的装置

1—冷却水；2—碘

将液体物料在蒸馏瓶中加热至沸腾，产生的蒸气经冷凝管冷凝成液体，收集于另一容器的过程称为蒸馏。

蒸馏是液体物质常用的分离、提纯的方法，根据操作条件不同，又可分为常压蒸馏、减压蒸馏、水蒸气蒸馏和分馏等。

1. 常压蒸馏

（1）常压蒸馏的原理与应用　常压蒸馏是指在大气压力条件下，将混合物液体加热、气化、冷凝，由于混合物各组分的沸点不同，按沸点由低到高的顺序，以不同比例先后馏出的过程。

蒸馏时，开始馏出的液体主要是低沸点组分，随着低沸点组分的不断馏出，蒸馏瓶的液体中的高沸点组分不断增多，蒸馏的温度也不断升高，馏出物中的高沸点组分也不断增加，最后蒸馏瓶中留下难挥发物质残渣。

通过常压蒸馏，可以将难挥发和易挥发物质分离开来，也可以适用沸点差较大的液体混合物的分离。对于纯净物质，其沸点的温度范围很小，所以还可以用蒸馏法来测定液体物质的沸点和检验物质的纯度。

（2）常用的常压蒸馏装置　见图 4-5 及图 4-6。

① 蒸馏烧瓶。蒸馏烧瓶是加热液体产生蒸气的玻璃器皿。使用时加入的液体体积应在烧瓶容积的 1/3～2/3 之间，蒸馏时要加入沸石，防止暴沸。

② 冷凝管。将蒸气冷凝成液体的玻璃器皿。冷凝管上的夹层通冷凝水，水流由下进、从上出，见图 4-5，当蒸馏的液体沸点高于 140℃时可采用不带夹层的空气冷凝管，如图 4-6 所示。

③ 蒸馏头。连接蒸馏烧瓶和冷凝管、安装温度计的部件。安装温度计时，水银球的上限要与侧管下沿平行，处于蒸气流中，以保证测得准确温度。如

图 4-7 所示。

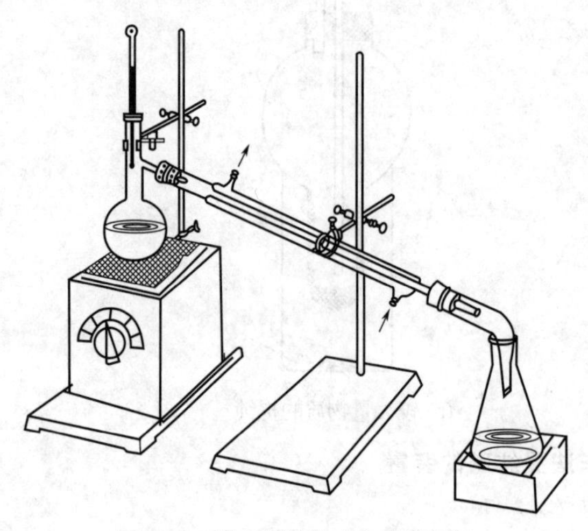

图 4-5　常压蒸馏（水冷凝管）

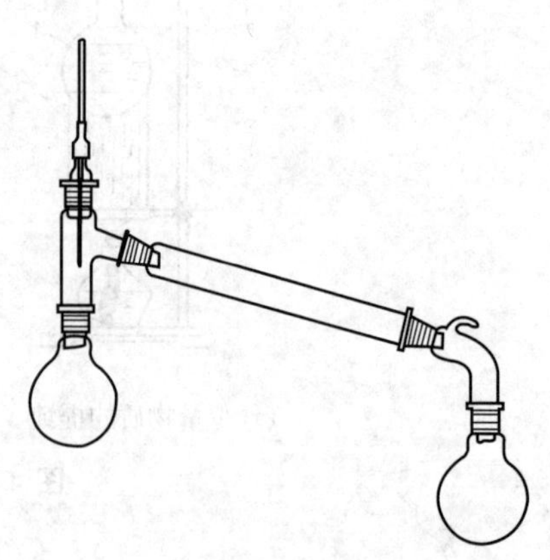

图 4-6　常压蒸馏（空气冷凝管）

④ 接收瓶。接收由冷凝管冷凝下的液体的部件。蒸馏低沸点、易燃、有毒气体时可将其浸入冷水中。如图 4-8 所示。

⑤ 接液管。连接冷凝管和接收瓶的部件，上面的小尾用于连通大气，当蒸馏有毒物质时可用橡胶管将尾气导出室外。接收瓶切不可密封，防止系统内部压力过大引起爆炸。如图 4-8 所示。

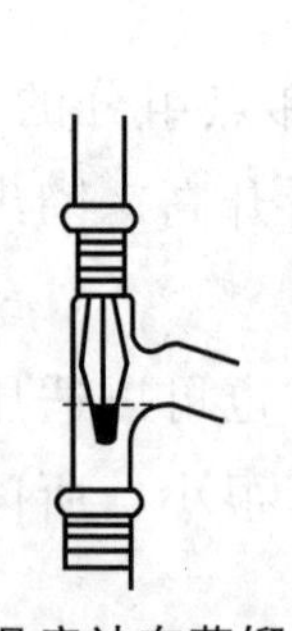

图 4-7　温度计在蒸馏时的位置

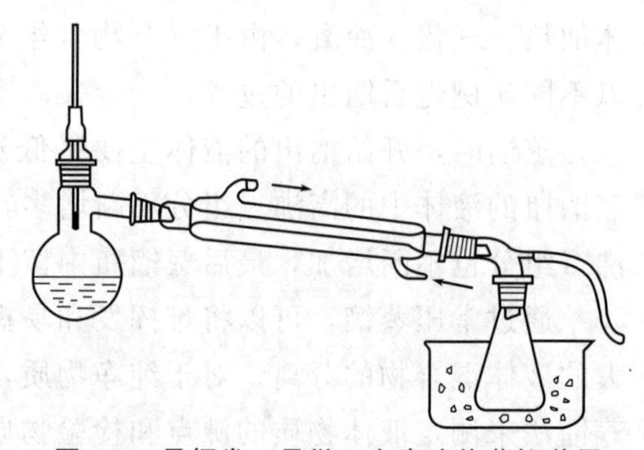

图 4-8　易挥发、易燃、有毒液体蒸馏装置

⑥ 仪器安装时要根据热源的高度选择合适的支架，从蒸馏烧瓶开始由下而上、由左到右依次连接、固定。支架、铁夹、皮管等不能妨碍操作，要尽可能安装在仪器背面。整个装置要准确、端正，各部件的轴线要在同一平面上。

⑦ 仪器安装好后，检查各接头是否配合紧密，不可松动、漏气。

（3）常压蒸馏操作方法

① 仪器。常压蒸馏仪器准备单见表 4-6。

表 4-6　常压蒸馏仪器准备单

仪器名称	规格数量及要求	仪器名称	规格数量及要求
单冷凝管	一支	接液管	一个
圆底烧瓶	200mL,一个	电炉	一台
蒸馏头	一支	水浴锅	一个
温度计	200℃,一支	铁支架台	二台
锥形瓶	100mL,二个		

② 常压蒸馏操作步骤。常压蒸馏操作分以下几个步骤来完成。

a. 加料。从蒸馏头的温度计孔插入玻璃漏斗，加入蒸馏烧瓶约 1/2 容积的待蒸馏液体，再加入 2～3 颗沸石。装好温度计，检查各部件连接部位是否密封、接收瓶排空是否畅通，打开水龙头，缓缓由下向上通入冷却水。

b. 加热。先小火，再逐渐增大加温强度，使液体沸腾。调节热源温度，控制蒸馏速度，以每秒 1～2 滴速度馏出为宜，此时可以看到温度计水银球上始终挂有液滴，气液两相处于平衡状态。

c. 收集与记录。用事先称重的接收瓶收集温度趋于稳定时的馏分；记录第一滴液体馏出的温度为初始温度；维持热源温度继续蒸馏，当观测到温度计温度升至最高点开始下降时，记录此时瞬间最高温度为最终温度。初始温度和最终温度的范围称“沸程”，纯物质液体的沸程一般不超过 1～2℃。烧瓶中的残液不能强火蒸干。如果蒸馏时有低沸点的前馏分（又称“馏头”），则应在前馏分蒸完、温度稳定后更换接收瓶，以温度稳定时接收的液体为分离产物。

d. 结束测试。移去热源，稍冷后停止冷却水，拆卸仪器，拆卸顺序与安装时相反。保存馏出液体产品。

操作指南与安全提示

① 蒸馏加热时加入沸石是为了防止暴沸。由于很多液体在加热时，往往超过了沸点仍然不能沸腾，形成过热液体。过热液体继续加热时，外部一点小刺激就会瞬间大量气化，形成暴沸，液体会随着蒸气一道冲出瓶外，甚至引起火灾和爆炸。由于沸石多微孔，在液体中会不断地冒出微小气泡，成为液体的气化中心，使沸腾平稳。加沸石必须在加温之前加入，如果中途补加则应先停止加热，待液体稍冷后再加入。如果中途停止沸腾，则在重新加热前补加沸石，以保证蒸馏安全。

② 装置尾气应连通大气，不能形成密封系统，防止加热时压力过大引起爆炸事故。

③ 某些液体蒸干时会爆炸，所以蒸馏到温度下降后，剩下的液体不能强火蒸干，一般蒸馏结束时，都要在烧瓶中留有少量液体。

④ 要控制蒸馏速度。蒸馏热源温度太高，蒸馏速度过快，会使蒸气过热，造成温度计显示的沸点偏高，甚至有液体飞沫进入冷凝管中；热源温度过低，蒸

馏速度过慢，则蒸气量较少，不能充分地传热于温度计水银球，造成温度计沸点读数偏低。控制水银球上始终保持液滴，不消失也不下滴。达到液滴和蒸气温度平衡一致，保证温度计读数的准确性。

2. 减压蒸馏

（1）减压蒸馏的原理与作用　液体受热会变成蒸气蒸发，产生的蒸气会有一定的压力。在一定的温度下，气液两相平衡时的蒸气压力称为饱和蒸气压，也可以理解成液体在一定的温度下蒸发出气体的最大压力。饱和蒸气压随温度变化而变化，温度越高饱和蒸气压也越高，反之温度愈低饱和蒸气压也愈低。

沸点是液体沸腾时的温度，液体沸腾时，它的饱和蒸气压等于外界压力。外压愈低，液体沸腾时对应的蒸气压也就愈低，沸腾的温度也就愈低。因此液体的沸点是随外界压力的变化而变化的，如果借助于真空泵降低系统内压力，就可以降低液体的沸点，这便是减压蒸馏操作的基本原理。利用这一原理，可以在比较低的压力下，使在常压下沸点较高的物质，在较低温度下沸腾，进而进行蒸馏。一般的液体在外界压力降到 2.7kPa 时，沸点可降低 100～120℃。

减压蒸馏是分离、提纯有机化合物的常用方法之一。它特别适用于那些在常压蒸馏时未达沸点就已经受热分解、氧化或聚合的物质的分离提纯。

（2）常用的减压蒸馏装置　见图 4-9 及图 4-10。

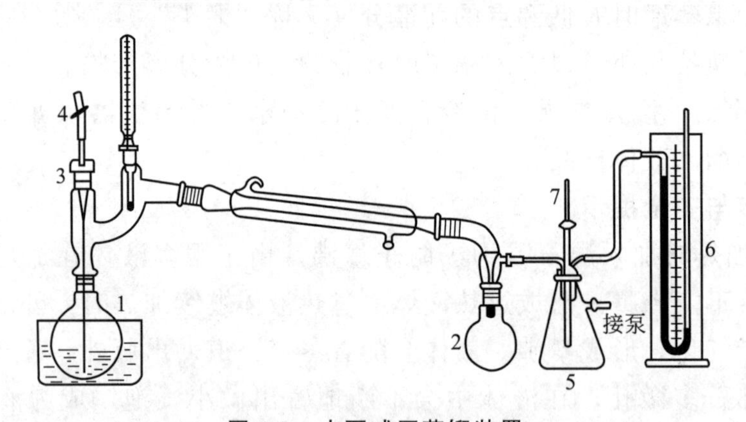

图 4-9　水泵减压蒸馏装置

1—圆底烧瓶；2—接收器；3—克氏蒸馏头；4—毛细管；5—安全瓶；6—压力计；7—排空旋塞

减压蒸馏装置主要由蒸馏、减压、安全保护和测压四部分组成。

① 蒸馏部分。由减压蒸馏瓶（克氏烧瓶）、克氏蒸馏头、毛细管、温度计、冷凝管、接收器等组成。克氏蒸馏头可减少由于液体暴沸而溅入冷凝管的可能性；直管口插入一根末端拉成毛细管的厚壁玻璃管。毛细管的作用同沸石，在蒸馏瓶内为负压时，会吸进小气泡作为气化中心，使蒸馏平稳，避免液体过热而产生暴沸冲出的危险。毛细管口距瓶底约 1～2mm，为了控制毛细管的进气量，可在毛细玻璃管上口套一段软橡胶管，橡胶管中插入一段细铁丝，并用螺旋夹夹

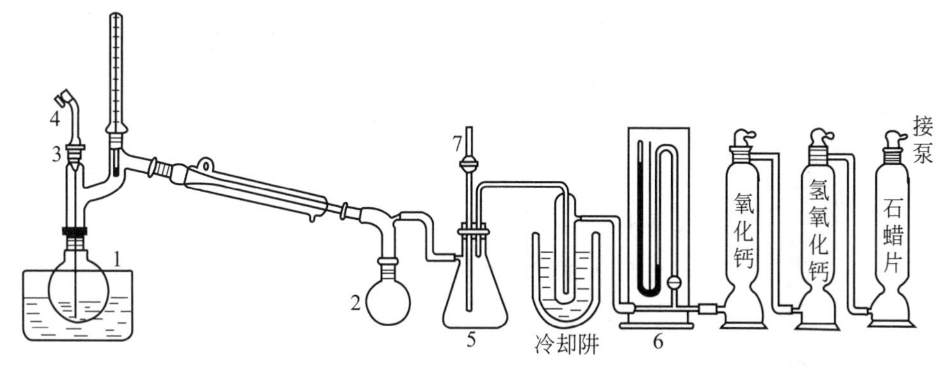

图 4-10　油泵减压蒸馏装置

1—圆底烧瓶；2—接收器；3—克氏蒸馏头；4—毛细管；5—安全瓶；6—压力计；7—排空旋塞

住。克氏蒸馏头侧管口用于安装温度计。蒸出液接收部分通常用多尾接液管连接两个或三个梨形或圆形烧瓶，其在接收不同馏分时，无需停止蒸馏抽气，只需转动接液，即可调换接收瓶，保证蒸馏的平稳进行，如图 4-11 所示。在减压蒸馏系统中切勿使用有裂缝或薄壁的玻璃仪器。尤其不能用不耐压的平底瓶，以防止内向爆炸。

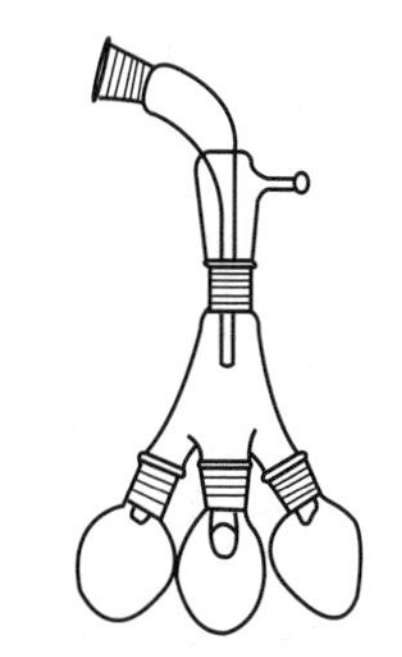

图 4-11　多尾接液管

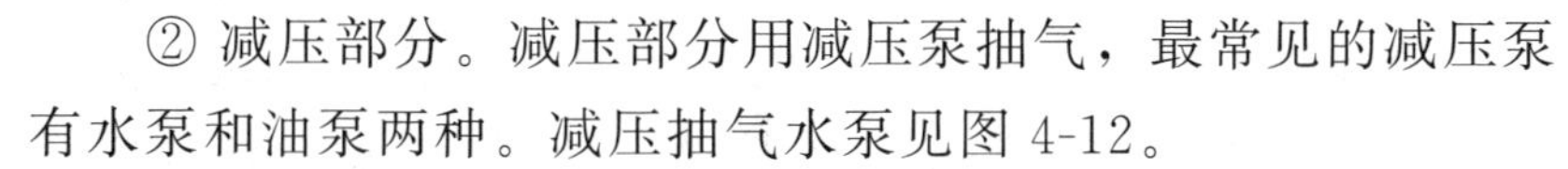

② 减压部分。减压部分用减压泵抽气，最常见的减压泵有水泵和油泵两种。减压抽气水泵见图 4-12。

③ 安全保护部分。一般有安全瓶，使用水泵减压时，只

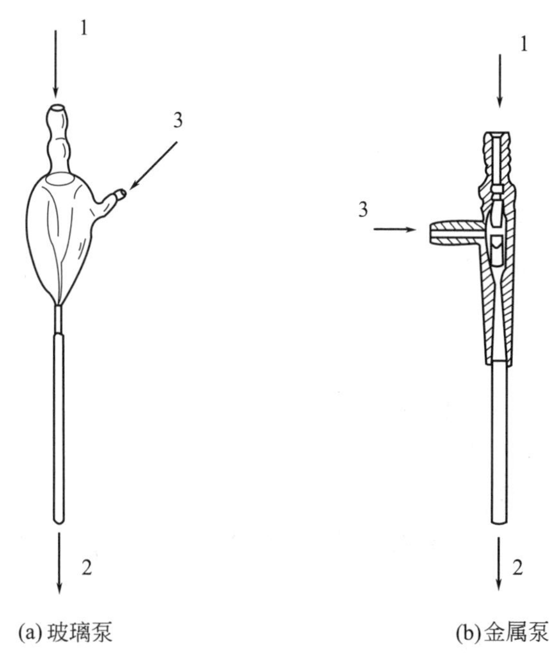

图 4-12　减压抽气水泵（水喷射泵）

1—进水；2—出水；3—减压气体

需要在接收器与压力计之间连接一个有三通排空旋塞的安全瓶即可。

④ 测压部分。测压部分采用测压计，常用的测压计是水银压力计。以压力计中的玻璃U形管两侧水银液面差值为系统负压力。水银压力计见图 4-13。

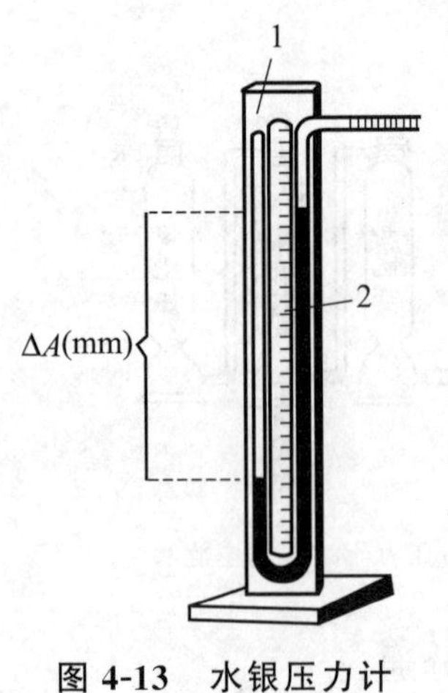

图 4-13　水银压力计

1—大气压；2—标尺

（3）减压蒸馏操作步骤　分以下几个方面。

① 仪器。减压蒸馏操作仪器准备单见表 4-7。

表 4-7　减压蒸馏仪器准备单

仪器名称	规格及要求	仪器名称	规格及要求
克氏圆底烧瓶	100mL，一个	空气冷凝管	300mm，一支
克氏蒸馏头	一个	接收瓶	50mL　二个
温度计	200℃，一支	减压水泵	一台
双尾接液管	一个		

② 减压蒸馏操作步骤可分四步。

a. 安装、检查装置。按图 4-9 安装减压蒸馏装置。检查气密性：夹紧毛细管螺旋夹，关闭安全瓶排空管旋塞，开动抽气泵，观察装置内真空度。如达不到真空度，则需检查各连接点的密封性，必要时对各连接处进行蜡封。如果真空度过高，则需微开安全瓶旋塞，缓慢放入少量空气进行调节。确认装置压力符合要求后，慢慢打开旋塞，放入空气至内外压力平衡时关停减压泵，检查结束。

b. 加料。从蒸馏头温度计口，用漏斗加入约蒸馏瓶容积 1/2 体积的待蒸馏液体，插上温度计，关闭安全瓶上的旋塞，开动减压泵，调节毛细管进气量，使毛细管口能冒出一连串的气泡为宜。

c. 蒸馏。调节系统内压力符合要求后，开通冷却水，加热至沸腾，再调节热源温度，控制蒸馏速度为每秒 1～2 滴，同时记录第一滴液体馏出时、蒸馏过程中、蒸馏结束时的温度和压力。

d. 蒸馏结束后处理。蒸完所需压力、温度下的馏分后，关闭热源，松开毛细管螺旋夹，慢慢打开安全瓶上的排空旋塞，待装置内外压力平衡后，关闭减压泵，停止冷却水，结束蒸馏。

操作指南与安全提示

① 启动油泵时，应先检查皮带轮是否能正常转动，不能盲目接通电源，以免发生意外危险。

② 系统负压，所用的玻璃仪器必须耐压、无损，以免发生内向爆炸。

③ 毛细管必须保持畅通，防止暴沸现象发生。途中因故停止蒸馏，重新开始蒸馏时，要检查毛细管是否畅通，如有堵塞现象，必须更换，防止暴沸现象发生。

④ 水银压力计在压力波动幅度过大时，水银容易冲出玻璃管溢出，故压力计只在需要时才打开连接系统的旋塞，读取压力数据，读完后应立即关闭旋塞，隔离系统。

⑤ 开始蒸馏时，有低沸点物质快速蒸发，使烧瓶内产生泡沫，可以微开安全瓶旋塞使其减少，重复操作几次可以消除该现象。

⑥ 明火加热会有暴沸现象，严禁明火加热。

⑦ 实验蒸馏温度在140℃以上，需要用空气冷凝管冷凝。空气冷凝管外温度很高，操作时要防止烫伤。

⑧ 蒸馏结束时应先开启螺旋夹、安全瓶，待内外压力平衡后，再关闭油泵。防止油泵介质被倒吸进入蒸馏系统。

⑨ 开启安全瓶时速度要慢，防止压力计水银波动幅度过大，冲出压力计。

3. 水蒸气蒸馏

（1）水蒸气蒸馏的原理　对于两种不相溶的液体A和B混合时，它们饱和蒸气压等于两种纯液体的饱和蒸气压之和，即 $p_{总}=p_A+p_B$。

故不相溶液体混合物的饱和蒸气压，比同温度下单纯一种液体的饱和蒸气压要高，其在环境压力不变时，沸腾温度必然会下降至任意一种纯液体的沸点以下。

对于沸点较高、与水不相溶的有机液体物质和水的混合物，在蒸馏时它的沸点必然在水的沸点以下，即低于100℃。

将水或水蒸气，和不溶于水的液体共同加热沸腾的蒸馏，称为水蒸气蒸馏。

水蒸气蒸馏常用于蒸馏那些不溶于水、沸点很高，且在接近或达到沸点温度时易分解、氧化、变色的液体物质，以除去其中不挥发性的杂质。但是对于那些与水共沸腾时会发生化学反应，或在100℃左右时蒸气压小于1.3kPa的物质，不适用于水蒸气蒸馏分离提纯。

（2）常用的水蒸气蒸馏装置及各部分的作用　在实验室中，水蒸气蒸馏仪根据被蒸馏样品取样量的大小，经常使用的有两种：一种情况是当被蒸馏物料质量大于100mg时，用常量水蒸气蒸馏仪，见图4-14；另一种情况是当被蒸馏物料质量在10～100mg之间时，用半微量水蒸气蒸馏仪，见图4-15。

常量水蒸气蒸馏装置主要包括水蒸气发生器、蒸馏瓶、冷凝管、接收瓶四部分。

① 水蒸气发生器一般为金属容器，也可以使用1000mL的圆底烧瓶。使用时，水的加入量为发生器容积的2/3为好。

从发生器上口插进一根约1m长、直径5mm的玻璃安全管，管底插至发生器底部约5～8mm处，用来指示发生器内部蒸气压力，当容器内压力增高时水沿着安全管上升，指示和调节内压，起到安全作用。见图4-16。

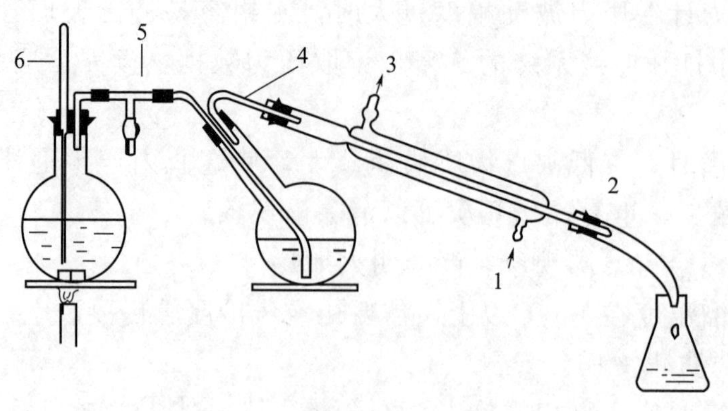

图 4-14　常量水蒸气蒸馏装置

1—进水；2—接液管；3—出水；4—水蒸气蒸馏馏出液导出管；5—水蒸气导入管；6—安全管

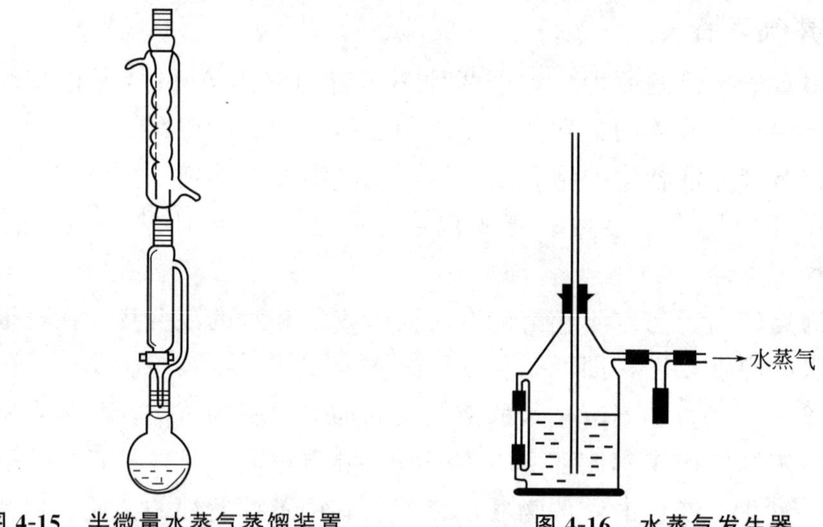

图 4-15　半微量水蒸气蒸馏装置　　**图 4-16　水蒸气发生器**

水蒸气导出管与蒸馏部分导管之间由一 T 形管相连接。T 形管下端套有一小节橡胶管，橡胶管上夹一螺旋夹，可通过调节螺旋夹控制 T 形管的开关。T 形管可用来除去水蒸气冷凝下来的水，在蒸馏开始前、结束蒸馏前、操作发生不正常的情况下打开上面的螺旋夹，使水蒸气发生器与大气相通。

② 蒸馏瓶一般采用三颈烧瓶，也可采用两颈烧瓶、带双孔塞的长颈烧瓶。瓶内可装有 1/3 容积的待蒸馏的物料和水的混合物，蒸气由导管从中间瓶口进入瓶内直接通入混合液中，再由侧孔经导管进入冷凝管。蒸馏时会有蒸气在瓶中冷凝，致使液体体积增加，影响蒸馏，这时可在蒸馏瓶底，隔石棉网用酒精灯适当加热，控制蒸馏为每秒 2～3 滴液体馏出速度。另一侧孔用来加蒸馏物料，蒸馏时用塞子塞上。蒸馏瓶颈向水蒸气发生器方向倾斜 45°，是为了防止蒸馏时蒸馏瓶中液体因跳溅而冲入冷凝管内。

③ 冷凝管与常压蒸馏相同。

④ 接收瓶结构与常压蒸馏相同，但对接收液需静置分层，弃去水层，留取油层为产品。也可将接收液转移至分液漏斗中，静置分离获取油层产品。

（3）水蒸气蒸馏操作

① 水蒸气蒸馏仪器准备单见表4-8。

表4-8　水蒸气蒸馏仪器准备单

仪器名称	规格及要求	仪器名称	规格及要求
水蒸气发生器	套	T形管	一个
三颈烧瓶	250mL,一个	蒸馏弯头	一个
直形冷凝管	一支	玻璃管	直径5mm、长100cm,一根
尾接管	一个	螺旋夹	一个
锥形瓶	250mL,一个		

② 水蒸气蒸馏操作步骤如下。

a. 安装仪器。按从下到上、从左到右原则连接水蒸气发生器、T形管、蒸馏瓶、冷凝管、尾接管、接收瓶。

b. 水蒸气发生器中加入容积2/3体积的水、几粒沸石，插上安全管，置于加温热源上。

c. 加料。蒸馏瓶中加入容积1/3体积的待蒸馏物料和适量的水。

d. 连接好所有管道，加热水蒸气发生器，检查装置的气密性，打开冷凝管冷却水，打开T形管螺旋夹，直至水蒸气发生器内水沸腾。

e. 蒸馏。当有大量蒸气从T形管支管冲出时，立即旋紧螺旋夹，使水蒸气进入蒸馏部分，蒸馏开始。如由于水蒸气的冷凝而使三颈烧瓶内液体量增加，以致超过烧瓶容积的2/3时，或者蒸馏速度不快时，可在三颈烧瓶下隔石棉网用小火加热。蒸馏速度控制在每秒2～3滴。但要注意，有时蒸馏烧瓶加温时会发生崩跳现象，如果崩跳剧烈，应停止加温，以防意外。

f. 停止蒸馏。当馏出液体清亮、无油珠时，打开螺旋夹，停止加热，稍冷后，关闭冷凝水。

g. 记录馏出液体积，将馏出液体转入分液漏斗中静置分层，分离弃去水层，确定油层体积，倒入适当容器中保存，计算产率。

h. 拆卸装置，清洗干净，整理好实验台面。

操作指南与安全提示

① 蒸馏烧瓶内由于蒸气不断通入，不会暴沸，不必加沸石。

② 蒸馏时，热源温度突然下降，水蒸气发生器停止沸腾时，会造成蒸馏瓶内液体倒吸进入发生器，一旦发生这种情况，应立即打开T形管螺旋夹，使水蒸气发生器直接连通大气。停止倒吸。

③ 观察到安全管水位很高，甚至沸水冲出管道，说明系统有堵塞现象，应

立即停止加热、打开T形管螺旋夹，找出原因排除故障后才能继续蒸馏。

④ 加热蒸馏烧瓶时，要注意不能发生崩跳现象，如果崩跳剧烈，应暂时停止加热，以防意外。

⑤ 如果被蒸馏的物质熔点较高，冷凝温度过低会有固体结晶出现。一旦发现固体结晶，应立即减小冷却水流量。如果固体结晶出现过多堵塞管道时，应停止通水，待固体熔化后再小心缓慢地接通冷却水，否则有激裂冷凝管的可能。

⑥ 停止蒸馏时要先开启T形管螺旋夹，连通大气后再停止加温，防止三颈蒸馏瓶中的液体倒吸进水蒸气发生器。

4. 分馏

（1）分馏原理　普通蒸馏只能分离沸点相差较大的液体混合物（沸点差大于30℃）。那是因为液体加热时，混合物各组分物质，无论沸点高低，都会有所蒸发，只不过是沸点高的蒸发少些，沸点低的蒸发多些。蒸发出来的气体经冷凝管被冷凝成的液体，其组成必然是沸点低的成分多些，沸点高的成分少些。当混合物两组分液体的沸点差足够大时（大于30℃），馏出液体中的高沸点物质就很少了，所以，可以近似地认为是混合物被分离了。

普通蒸馏不适应对沸点差较小的液体混合物分离，那是因为馏出液中也有相当多的高沸点物质成分，不能忽略。能否用蒸馏法分离沸点差较小的液体混合物呢？

若对普通一次蒸馏出来的液体，再次进行部分蒸馏，则蒸出来的液体中低沸点物质的成分会再次增加，高沸点物质大部分又留到再次蒸馏的烧瓶残液中了。如果对馏出液重复三次、四次，或多次重复进行部分蒸馏，则馏出液中低沸点物质成分会愈来愈多，最后基本就是纯低沸点物质了。理论上来说，混合液体中的各组分，只要沸点有差别，重复蒸馏的次数足够多，就可以通过多次部分蒸馏得到分离。

分馏就是利用分馏柱对液体混合物进行多次部分蒸馏的过程。依据分馏设备的结构和高度不同，分馏又分为简单分馏和精馏。目前，最精密的精馏设备可以将沸点差仅为1～2℃液体混合物有效地分离开来。

（2）简单分馏装置　简单分馏装置和常压蒸馏基本相同，只是在蒸馏烧瓶与蒸馏头之间多安装了一根分馏柱。如图4-17所示，分馏柱结构有球形分馏柱、刺形分馏柱（又称韦氏分馏柱）、填充形分馏柱，如图4-18所示。实验室常用的是刺形分馏柱。

刺形分馏柱蒸馏时，混合物蒸气从柱底上升，部分气体在分馏柱的毛刺上冷凝成液体朝下滴，在下滴的过程中又遇到下面上来的蒸气加热，重新部分气化，部分气化的蒸气接着上升，又在上一毛刺上部分冷凝成液体朝下滴，下滴过程中，又被下面上来的蒸气部分气化上升，在更上面的毛刺上冷凝成液滴。在反复不断的冷凝、汽化、再冷凝、再汽化的不断上升的过程中，完成了多次部分蒸馏。每次部分蒸馏，蒸气中的低沸点组分有所增多，高沸点组分不断减少，最终到达柱顶的蒸气基本是纯低沸点物质组分。柱顶蒸气进入冷凝管冷凝成的较纯的低沸点组分液体，完成了沸点相近液体混合物的分离。其他类型的分馏柱分馏原理基本相同。

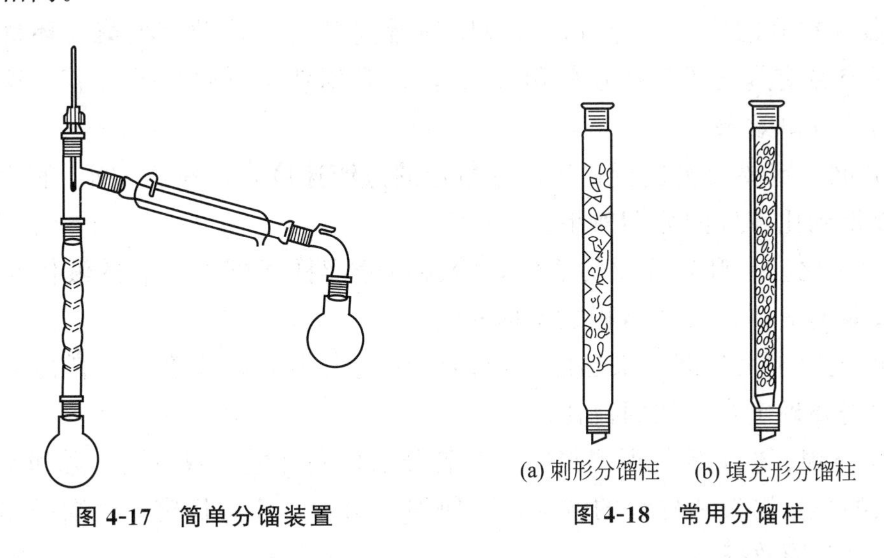

图 4-17　简单分馏装置

(a) 刺形分馏柱　(b) 填充形分馏柱

图 4-18　常用分馏柱

（3）分馏操作步骤

① 仪器。分馏操作仪器准备单见表 4-9。

表 4-9　分馏操作仪器准备单

仪器名称	规格及要求	仪器名称	规格及要求
圆底烧瓶	100mL，一只	锥形瓶	100mL，四个
韦氏分馏柱	300mm，一支	油浴锅	一个
冷凝管	300mm，一支	沸石	
接液管	一个		

② 简单分馏操作步骤分为以下五个方面。

a. 将待分馏混合物液体用漏斗加入圆底烧瓶中，再放置 1～2 粒沸石，按简单分馏装置（图 4-17）安装好仪器。

b. 打开冷凝管冷却水，开始缓缓加热，使蒸气约在 10～15min 到达分馏柱顶，当冷凝管中有蒸馏液流出时，迅速记录温度计所示的温度。控制加热速度，使馏出液以每 2～3s 1 滴的速度蒸出为好。

c. 收集馏出液，注意并记录柱顶温度及接收瓶中馏出液的体积。

d. 当大部分低沸点组分物质蒸出后，蒸发量很少，致使温度计温度迅速下降，冷凝管口基本没有液体馏出。此时要注意更换接收瓶，提高热源加温强度，进行升温，继续分馏。当加热升温到另一较高沸点组分沸点温度时，蒸气又会大量产生，致使温度计温度急剧上升，冷凝管口的馏出液滴出速度恢复正常，按要求接收不同温度范围的馏分。

e. 当预定的组分全部分馏收集后，停止加热，结束分馏。

操作指南与安全提示

① 蒸气在分馏柱中上升时，可以明显看到蒸气环移动。当蒸气环移至柱顶时，最好控温使蒸气环在柱顶停留 5min，再升温使蒸气进入冷凝管。这样，可以提高初始分离效果。

② 分馏一定要缓慢进行，控制好恒定的蒸馏速度，以每 2～3s 1 滴为宜。这样，可以得到比较好的分馏效果。

③ 回流比。上升到柱顶的蒸气，冷凝经分馏柱回到蒸馏瓶的液体与经冷凝管至接收瓶的液体，两者体积之比称回流比。

④ 回流比越大分馏效果越好，但回流比过大则分馏速度慢，耗能大。生产上可根据需要确定合适的回流比。

⑤ 用石棉、玻璃棉等保温材料，包裹分馏柱的外壁，减少因为风和室温对分馏柱造成的热量损失和柱温的波动，可使加热均匀，柱温稳定，分馏操作平稳地进行，提高分馏效率。

⑥ 分馏柱中上升的蒸气顶住柱内液体不能回流的现象称“液泛”。发生“液泛”时，可以暂停加热，待柱内液体回流入蒸馏烧瓶后，再缓慢加热继续分馏。

⑦ 能够形成恒沸物的混合物，不能通过分馏得到分离。例如，对浓度小于95%酒精水溶液进行分馏时，只能得到 95%酒精溶液和纯水，不可能得到纯酒精。

三、萃取

1. 萃取的基本概念与萃取剂的选择

(1) 基本概念　最常见的萃取是用与水不相溶的有机溶剂，从水溶液中提取和富集某些溶质。萃取是根据物质在两种互不相溶的溶剂中溶解度不同而进行分离的操作方法，其基本原理是分配定律。采取每次用少量萃取溶剂进行多次萃取的方法效果好，所以在实验室中进行萃取时，应遵循“少量多次”的原则。一般情况下，萃取次数在 3～5 次之间效果最好，可以达到事半功倍的效果。

(2) 萃取溶剂、萃取剂的选择　萃取溶剂是指能溶解疏水性物质的有机溶剂。一般来说，与水不相溶的有机溶剂都可以作为萃取溶剂。如四氯化碳、氯仿、苯、戊醇、环己烷、醚、酮、酯、胺等都是常用的萃取溶剂。选择萃取溶剂应考虑以下条件。

① 对萃取组分有较大的分配比，对杂质组分有较小的分配比。

② 与待萃取的溶液有较大的密度差，有利于萃取后的分层。

③ 化学性质稳定，萃取过程中不受待萃取液的酸、碱、氧化、还原反应的影响。

④ 尽量选择毒性小、腐蚀性低、不易燃烧、爆炸危险性小的溶剂。

当被萃取物质是有机物时，根据相似相溶的原则选取适当的萃取溶剂进行萃取。

萃取剂通常也是一种有机溶剂，它可以使一些水溶性物质转化成油溶性物质，从而被萃取溶剂所萃取。如氯化铁溶于水不溶于四氯化碳，但在氯化铁溶液中加入萃取剂双硫腙，即可用萃取溶剂四氯化碳萃取溶液中的铁离子。可根据生成的疏水物质的反应类型来选择萃取剂。

当用一种萃取剂达不到理想的效果时，可以采用两种或两种以上萃取剂和被萃取物形成混合配合物，而被有机溶剂萃取。

(3) 萃取的分类　萃取属于两相之间的物质传递过程，根据萃取相和被萃取相的相态可以将萃取分成三类。

① 液-液萃取。萃取相和被萃取相都是液体。

② 液-固萃取。萃取相是液体，被萃取相是固体。

③ 液-气萃取。萃取相是液体，被萃取相是气体。

2. 液-液萃取

液-液萃取，是用有机相液体来萃取水相溶液中的某个组分。选用的萃取溶剂必须与样品溶液不相溶解，对要被萃取物质有较好溶解能力。而且必须有好的热稳定性和化学稳定性，且低毒、低腐蚀性。

液-液萃取操作在实验室中主要通过分液漏斗来进行。

(1) 分液漏斗及使用方法　分液漏斗结构如图 4-19 所示。分液漏斗是用普通玻璃制成，有球形、锥形（梨形）和圆筒形等多种式样，规格有 50mL、100mL、150mL、250mL 等。球形分液漏斗的颈较长，多用作制气装置中滴加液体的仪器。锥形分液漏斗的颈较短，常用做萃取操作的仪器。分液漏斗在使用前要将漏斗颈上的旋塞芯取出，涂上凡士林，插入塞槽内转动使油膜均匀透明，且转动自如。然后关闭旋塞，往漏斗内注水，检查旋塞处是否漏水，不漏水的分液漏斗方可使用。漏斗内加入的液体量不能超过容积的 3/4。为防止杂质落入漏斗内，应盖上漏斗口上的塞子。放液时，磨口塞上的凹槽与漏斗口颈上的小孔要

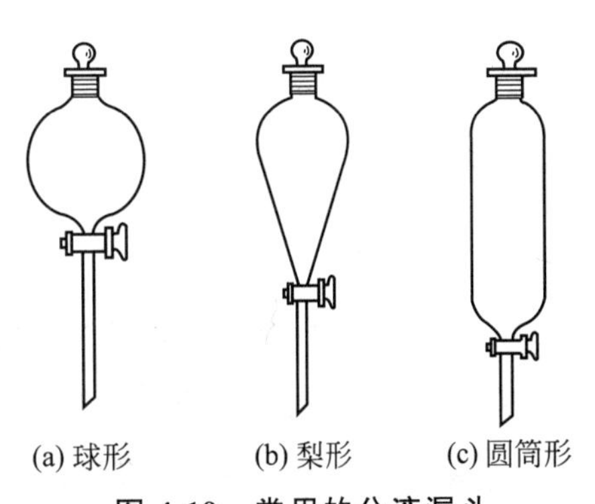

图 4-19　常用的分液漏斗

对准，这时漏斗内外的大气相通，压强相等，漏斗里的液体才能顺利流出。分液漏斗不能加热。漏斗用后要洗涤干净，长时间不用的分液漏斗要把旋塞处擦拭干净，塞芯与塞槽之间放一纸条，以防磨砂处粘连。

（2）液-液萃取操作方法

① 仪器。液-液萃取操作仪器准备单见表4-10。

表4-10　液-液萃取操作仪器准备单

仪器名称	规格数量及要求	仪器名称	规格数量及要求
梨形分液漏斗	250mL,一个	玻璃漏斗	一个
漏斗支架台	一台	锥形瓶	250mL,二个

萃取操作

② 萃取操作步骤

a. 萃取操作。关闭漏斗下端的旋塞，由分液漏斗上口注入待分离液体和萃取液，盖好顶盖。用右手握住塞盖的顶部。左手握住旋塞部位，将旋塞方向朝上倾斜，朝一个方向摇动漏斗，如图4-20所示，每摇动几次打开旋塞排气一次，见图4-21，反复几次后，将漏斗放在铁圈架中，打开顶盖，或将磨口塞上的凹槽与漏斗口颈上的小孔对准，静置分层。如图4-22所示。

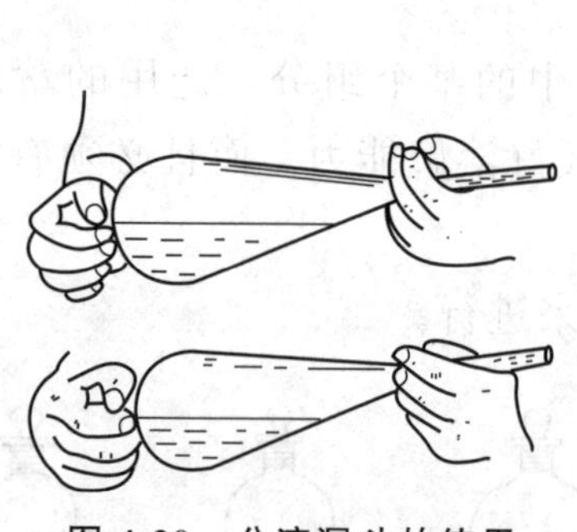

图4-20　分液漏斗的使用

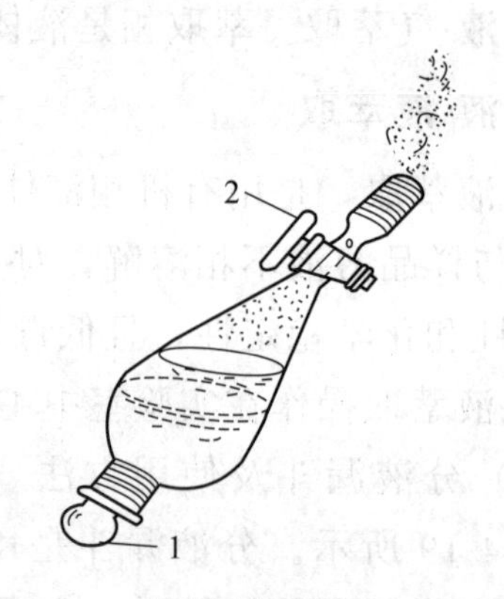

图4-21　分液漏斗的排气减压操作

1—玻璃塞（用食指顶住）；2—旋塞（用拇指与食指慢慢旋开）

b. 分离操作。漏斗内的液体静置一段时间后，不相溶的两种液体分层，界面清晰后即可进行分离操作。将漏斗的下端玻璃管靠在接收瓶的壁上，慢慢打开旋塞，放出下层液体，待两相界面接近旋塞时关闭旋塞，轻轻摇动漏斗几下，再静置一会，然后打开旋塞待两相界面刚好至旋塞孔中心时关闭旋塞。最后将漏斗中液体从上口倒入另一容器中。

操作指南与安全提示

① 漏斗中加入的液体总体积约占漏斗容积的1/3，保证振摇时液体能够充分接触、萃取。

② 对絮状物沉淀可以进行过滤除去，再静置分层。如图 4-23 所示。

③ 振摇时要注意放气，防止漏斗内压过高，顶出旋塞漏液。放气时尾气不可对人，以免有害气体伤人。

3. 液-固萃取

液-固萃取也叫浸取，基本方法是：将固体物质浸泡在特定的溶剂中，使其中待萃取的成分慢慢地浸取出来，最后，用适当的方法除去萃取液中的溶剂，得到要提取的物质。这种方法在中药制剂中经常被采用，但溶剂使用量多、能量消耗大、时间长、效率低。液-固萃取在实验室里通常用的仪器是脂肪提取器，又叫索氏提取器。

（1）索氏提取器　索氏提取器又叫脂肪提取器，其结构如图 4-24 所示。

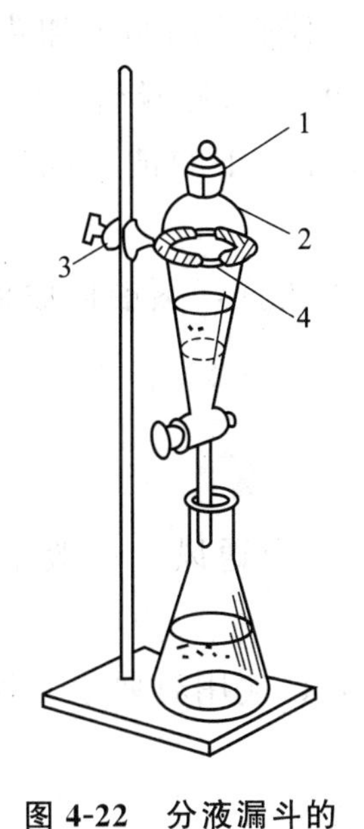

图 4-22　分液漏斗的支架装置

1—漏斗塞；2—梨形漏斗；3—双顶丝；4—铁圈

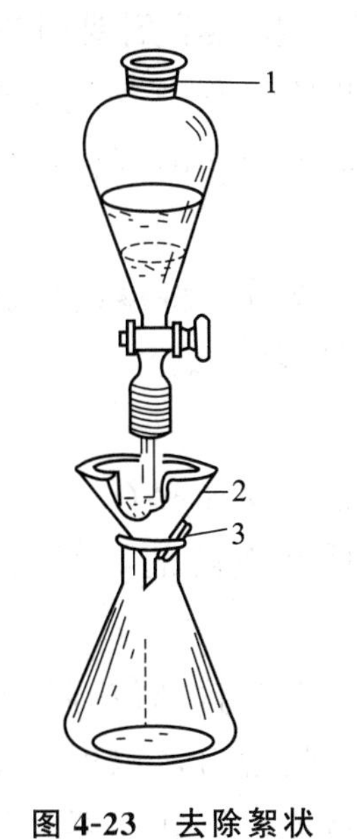

图 4-23　去除絮状固态物装置

1—移去玻璃塞；2—玻璃漏斗；3—木块

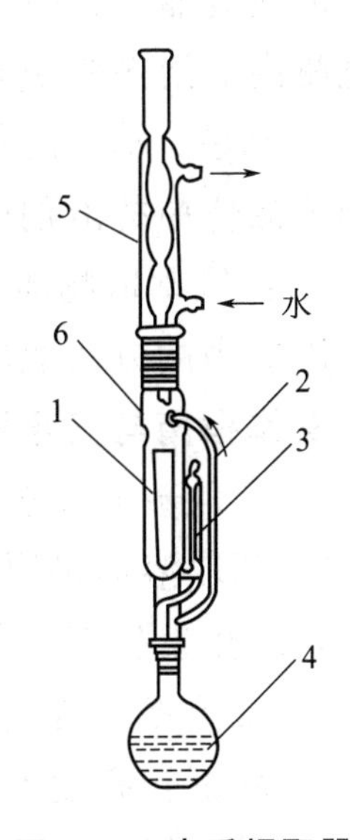

图 4-24　索氏提取器

1—滤纸筒；2—蒸气上升管；3—虹吸管；4—萃取溶剂蒸馏烧瓶；5—冷凝管；6—提取管

提取器工作原理是：固体样品用滤纸套包裹在提取管中；萃取溶剂在蒸馏烧瓶中不断地被加热汽化，经蒸气上升管到冷凝管冷凝，冷凝下来的溶剂回流进入提取管浸泡固体样品；提取管内萃取溶剂充满到一定高度时则通过虹吸管虹吸再回到蒸馏烧瓶，反复循环；固体样品不断被新鲜纯溶剂浸泡提取，实现连续多次萃取，因而效率很高。

（2）索氏提取器的操作

① 仪器。液-固萃取操作仪器准备单见表 4-11。

表 4-11　液-固萃取操作仪器准备单

仪器名称	规格数量及要求	仪器名称	规格数量及要求
索氏提取器	一套	锥形瓶	100mL,二个
蒸馏头	一个	滤纸筒	自制
冷凝管	300mm,一支	水浴锅	一个
尾接管	一个		

② 萃取操作步骤如下。

a. 制作滤纸筒。选择适当大小的长方形滤纸卷成筒状，直径略小于提取管直径，一端用线扎紧，将研细的固体样品装入筒内，轻轻压实，上面塞入少量脱脂药棉，放入提取管内。

b. 萃取。烧瓶内加入溶剂，按图 4-24 依次接上提取管、冷凝管，接通冷却水，加热烧瓶，保持溶剂沸腾。易燃溶剂要用热浴加热，不能使用明火加热。观察烧瓶内的溶剂受热气化的循环过程。控制加热回流速度，以虹吸管 20min 虹吸一次为好。萃取过程一般需要 2～5h，将滤纸套里固体样品中的被萃取物质富集到蒸馏烧瓶的溶剂中。

c. 提取萃取物质。萃取完成后，将蒸馏烧瓶改成蒸馏装置，蒸馏回收溶剂，再采用适当的方法取出瓶内萃取物质。

操作指南与安全提示

① 萃取蒸馏加热前，烧瓶中要加沸石。

② 萃取溶剂多用乙醚等低沸点溶剂，萃取时要注意室内通风，一般用水浴加热，防止发生燃烧危险。

③ 索氏提取器虹吸管蒸气上升管部位容易折断，安装、使用时要小心保护。

④ 滤纸套高度不要超过虹吸管口，以保证萃取完全。

⑤ 索氏提取器的虹吸管易折，拆卸仪器时要小心操作。

第二节　微量物质的提纯分离

色谱法对微量的、结构复杂的有机混合物的分离和分析是十分有效的方法。

色谱法源于俄国植物学家茨维特，他将植物叶汁加到充满碳酸钙（固定相吸附剂）细小颗粒的玻璃管的顶端，再用石油醚溶剂冲洗。一种颜色的植物叶汁混合物经过冲洗，在玻璃管碳酸钙柱中随溶剂下移过程中，各组分被拉开分成不同颜色的色谱，得到了分离。色谱分离法由此得名。这种方法现在叫柱色谱，柱色谱装置如图 4-25 所示。

色谱分离法基本原理是：混合物在固定相中，被流动相冲洗移动而得到分离。现在色谱法种类繁多，流动相、固定相、操作方法各有不同。如柱色谱、气相色谱、液相色谱、超临界流体色谱、平面色谱、纸色谱、薄层色谱、分配色谱、吸附色谱、离子交换色谱等。

本节学习纸色谱法和薄层色谱法。

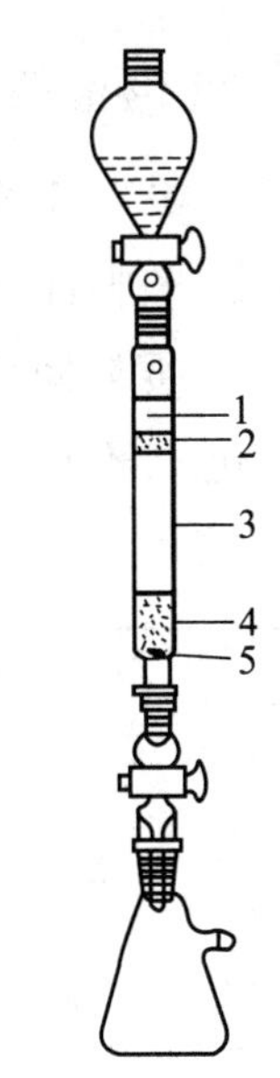

图 4-25　柱色谱装置

1—溶剂；2，4—砂；3—吸附剂；5—玻璃毛

一、纸色谱法

1. 纸色谱法的原理

纸色谱法是一种分配色谱，它以滤纸作为支持剂，滤纸纤维吸附着的水为固定相。纸色谱法的操作是在一张滤纸（色谱用纸）上，一端点上欲分离的试液，然后把色谱用纸悬挂于筒内。使展开剂（流动相）从试液斑点一端，通过毛细作用，慢慢沿着纸条流向另一端。从而使试样中的混合物得到分离。如果欲分离物质是有色的。在纸上可以看到各组分的色斑；如为无色物质，可用其他物理的或化学的方法使它们显出斑点来。

试样经分离后，常用比移值 R_f 来表示各组分在色谱中的位置。

$$R_f=\frac{a}{L}$$

式中　a——分离后各纯物质的斑点中心到点样原点的距离；

　　L——溶剂前沿到点样原点的距离。

R_f 的测量与计算如图 4-26 所示。

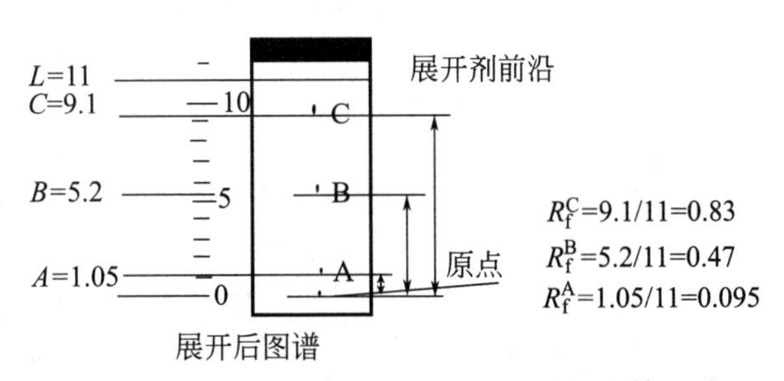

图 4-26　三组分混合物分离后 R_f 测量计算示意图

R_f 值可在 0～1 之间，由于各组分的分配系数不同，移动速度不同，a 不同，所以 R_f 值不同。物质的分配系数愈大，在溶剂中浓度愈大，随溶剂移动的速度愈快，a 愈大，故 R_f 值愈大。因此 R_f 可作定性分析的依据。被分离物质各组分的 R_f 差别越大，混合物愈容易分离。混合物各组分之间的 R_f 值之差大于 0.05 以上为好。

2. 纸色谱条件的选择

（1）色谱用纸的选择　要求使用质地厚薄均匀、纯净、疏松度适当、机械强度较大、平整无浆点的滤纸。厚纸载量大，用于定量分析；薄纸载量小，用于定性分析。通常使用新华一号定性滤纸，可以保证在展开时，溶剂毛细均匀、速度适中，斑点不扩散、变形小，滤纸悬挂时不拉断，其规格性能见表4-12。

表4-12　新华色谱滤纸的性能与规格

型号	标重/(g/cm^3)	厚度/mm	吸水性(30min上升高度mm)	灰分	性能
1	90	0.17	120～150	0.08	快速、薄纸
2	90	0.16	120～190	0.08	中速、薄纸
3	90	0.15	60～90	0.08	慢速、薄纸
4	180	0.34	121～151	0.08	快速、后纸
5	180	0.32	91～120	0.08	中速、后纸
6	180	0.30	60～90	0.08	慢速、后纸

（2）展开剂的选择　要求对被分离的各组分都有一个合适的溶解度，不能太大也不能太小；R_f 要求在0.1～0.85之间；展开剂的化学性质要稳定，不能与被分离物质发生化学反应；分配系数受温度影响小，混合物各组分在两相中溶解平衡快，R_f 值重现性好；展开剂沸点较低，易挥发；展开前用溶剂蒸气饱和滤纸时，饱和速度快；展开后容易干燥。常用的展开剂和显色剂见表4-13。

表4-13　纸色谱常用的展开剂和显色剂

化合物	展开剂	显色剂
羧酸 C_1～C_9	(1)95%乙醇100mL，加浓氨水1mL	0.06%溴酚蓝的乙醇溶液50mL，加30%氢氧化钠0.25mL
	(2)正丁醇、冰乙酸、水(12∶3∶5)	
酚	(1)正丁醇、冰乙酸、水(4∶1∶5)	(1)硝酸银的氨溶液 (2)5%氯化铁、5%甲醇溶液，加热
	(2)正丁醇、水、苯(1∶9∶10)	
胺	(1)正丁醇、冰乙酸、水(4∶1∶5)	(1)0.2%茚三酮的丙酮溶液，100℃烘干 (2)碘蒸气(用于叔胺)
	(2)2-丁酮、丙酸、水(15∶5∶6)	
醛酮的2,4-二硝基苯肼	(1)乙醚-己烷 (2)丙酮-己烷	本身有色
合成染料	(1)正丁醇、乙醇、水(4∶1∶5)	本身有色
	(2)异丙醇、浓氨水(9∶1)	
醇的3,5-二硝基苯甲酸酯	20%二氧六环溶液	0.5%α-萘胺溶液

（3）常用显色剂 纸色谱显色剂多为酸碱指示剂、物质定性检验试剂、紫外光照射下荧光显色等。纸色谱常用的显色剂见表 4-13。

3. 纸色谱操作

（1）仪器 纸色谱操作仪器准备单见表 4-14。

表 4-14 纸色谱操作仪器准备单

仪器名称	规格数量及要求	仪器名称	规格数量及要求
色谱定性滤纸		喷雾器	装各种显色剂用
色谱缸	一个	紫外灯	一个
玻璃毛细管(直径约 0.5mm)	自制	展开剂	
电吹风	一个	显色剂	

（2）纸色谱的操作方法

① 裁纸。裁取适当面积的滤纸，宽度一般为每个样点 2cm，长度 25cm。纸色谱展开方法有上行法、下行法、环形法。各种方法裁取的滤纸长度和形状不同。一般上行法滤纸长度为 25cm，下行法滤纸长度为 40cm，环形法则用圆形滤纸。

② 点样。在距滤纸的一端 2～3cm 处用铅笔划一直线，在线的中间画个"×"，为点样原点。如果要在一张纸上点几个样点，则每隔 2cm 画个"×"。用内径 0.5mm 的玻璃毛细管或微量注射器，分几次点上约 10μL 含试样约 10μg 的溶液，要求点样的斑点直径在 3～5mm 之间。每个样点之间的距离为 2cm。

③ 展开。常用的有上行法和下行法，色谱缸底部加有约 1cm 深度的展开溶剂，先将滤纸挂在色谱缸中，下端不要接触展开剂，盖紧缸盖，放置一段时间，使滤纸被溶剂蒸气饱和。然后将滤纸点样端浸入展开剂，注意不可淹没原点，当展开剂移动到距滤纸的另一端 2cm 左右时取出，用铅笔划下溶剂前沿的位置，风干。如图 4-27、图 4-28 所示。

④ 显色。在风干后的滤纸上喷洒显色剂显色，或在紫外光照射下荧光显色，用铅笔描出斑点的外沿。有色斑点可不用显色直接描点。喷洒显色剂的喷雾器见图 4-29。

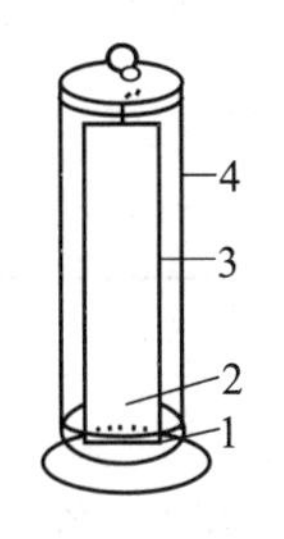

图 4-27 上行法色谱展开

1—展开剂；2—样点；
3—色谱纸；4—色谱缸

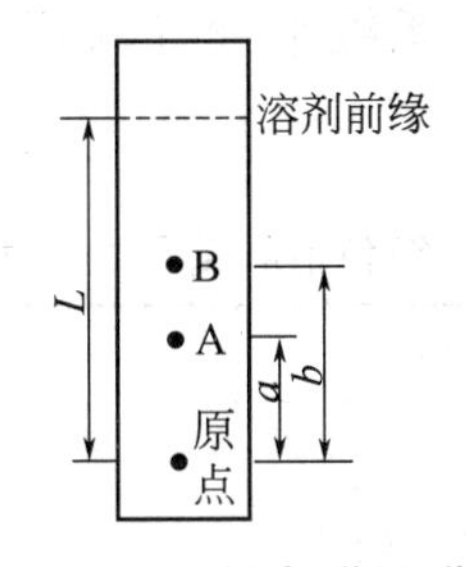

图 4-28 纸色谱图谱

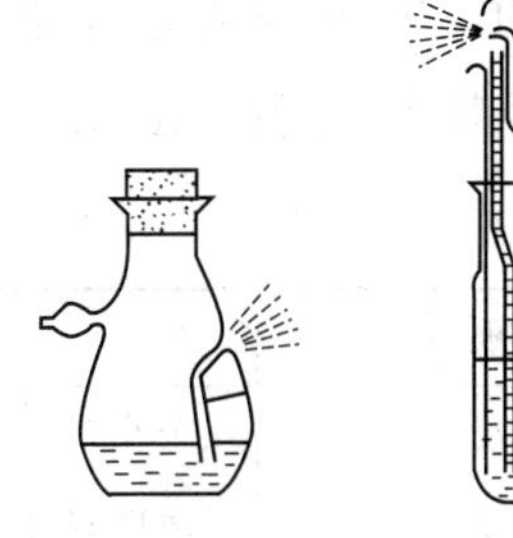

图 4-29 常用的显色剂喷雾器

⑤ 定性分析。分别测定溶剂前沿离原点的距离 L，各斑点离原点的距离 a。计算各斑点的 R_f 值，和标准样品或查资料进行对照，比较 R_f 值进行定性分析。

⑥ 定量分析。纸色谱定量分析的主要方法有如下几种。

a. 标准系列法。配制一系列不同浓度的标准样品溶液，和被测样品溶液点在同一张滤纸上，展开显色后，比较被测样品和标准样斑点的颜色，颜色深浅相同的标准样点的浓度即为被测样品的浓度。

b. 剪洗法。剪下分离后的样品斑点，用溶剂洗涤、溶解、配制溶液，再用比色法、分光光度法或其他化学方法测定溶液的浓度。由于纸色谱分离样品量很小，一般不用化学分析法。

c. 光密度（现称为透光率）法。用适当的单色光照射滤纸上的样品显色斑点，测定透过滤纸光线的强度，由透射光强度直接求出样品物质斑点的浓度。

操作指南与安全提示

① 根据具体试样情况，点样时，样品的质量一般在 10～30μg 之间，样品溶液的体积一般为 2～20μL。点样时，为了不使溶液斑点扩散过大，可分多次点上。每点一次后，吹干后再点下一次。保证样点直径在 3～5mm 内。注意样点不能吹得太干，否则，色谱展开后的斑点，容易出现拖尾现象。

② 用荧光显色不会引入杂质，有利于分离取得纯物质。测定条件允许时，要尽量采用荧光显色。

③ 定性分析中 R_f 值受测定条件影响很大，手册资料中记载的物质 R_f 值数据，是在一定条件下的测定值，只能作为参考，不能作为定性的最后依据。

二、薄层色谱法

1. 薄层色谱法的特点

薄层色谱是近几十年发展起来的快速而简便的色谱方法。它是在惰性硬板上，均匀地涂布一薄层固体吸附剂作为固定相，进行分离的色谱。因为色谱是在薄层上进行的，故称为薄层色谱或薄板色谱。薄层色谱是在纸色谱的基础上发展起来的，其操作方法上相当于将滤纸平铺在薄板上进行的色谱。薄层色谱与纸色谱特点比较见表 4-15。

表 4-15　纸色谱和薄层色谱特点比较

项目	纸色谱	薄层色谱
展开速度	几个小时	10～60min
分离能力	分离同系物、异构体能力较差	分离同系物、异构体能力较强
分离效果	分离后斑点扩散大	分离后斑点小，边界清晰
检出灵敏度	最小检出量几十微克	可分离、检出 0.1μg(10^{-8}g)物质

续表

项目	纸色谱	薄层色谱
负荷量	几十微克	几毫克～几十毫克
显色方法	滤纸易腐蚀、易燃、显色方法少	还可以用酸碱、碳化等显色，方法多
色斑	较好、较易保存	有时有边缘现象，不易保存
R_f 值	重现性较好	重现性有时较差
应用范围	条件限制多，用于糖、蛋白质、氨基酸分离	广泛用于多种物质的分离和分析

薄层色谱优点是展开速度快、分离能力强、分离效果好、检出灵敏度高、负荷量大、显色方法多。同时也存在着色板有边缘现象、较难保存、R_f 值重现性较差等不足之处。

由于薄层色谱的诸多优点，从 20 世纪 50 年代问世以来发展迅速，近 20 多年来已被广泛应用于临床医学、有机化工、生化制品、药品检查、天然产物提取与检验、环境保护分析等许多行业中。纸色谱则由于受条件限制，现在主要应用于糖、氨基酸的分离和分析中。

2. 薄层色谱基本原理

将欲分离的试样溶液点在薄层的一端，在密闭的容器中用适宜的展开剂展开。由于吸附剂对不同物质的吸附力大小不同，对极性大的物质吸附力强，对极性小的物质吸附力相应较弱。因此，当展开剂流过时，不同的物质在吸附剂和展开剂之间发生连续不断的吸附、解吸附、再吸附、再解吸附。易被吸附的物质，相对移动得慢一些。而较难被吸附的物质则相对移动得快一些。经过一段时间的展开，不同的物质就彼此分开，最后形成互相分离的斑点。

试样经分离后，常用比移值 R_f 来表示各组分在色谱中的位置。

$$R_f=\frac{a}{L}$$

式中　a——分离后各纯物质的斑点中心到点样原点的距离；

L——溶剂前沿到点样原点的距离。

由于各组分的吸附能力不同，移动速度不同，a 不同，所以 R_f 不同，故 R_f 可作定性分析的依据。在分离物质时各组分的 R_f 值差别越大，混合物愈容易分离。

3. 薄层色谱操作条件的选择

薄层色谱中，要获得良好的分离效果，必须选择适当的吸附剂和展开剂，要求 R_f 值在 0.1～0.85 之间。

(1) 吸附剂的选择　薄层色谱用吸附剂一般要求：吸附剂化学性质稳定，不与展开剂、被分离物质发生化学反应；要具有适当的吸附能力，对不同的物质有不同的吸附力；吸附剂的粒度要求大小适中。粒度过大则展层太快，分离效果差，粒度太细则展层过慢，斑点易于扩散或出现拖尾现象，一般要求为200～300目的固体粉末状物。

薄层色谱常用的吸附剂有活性硅胶、氧化铝、聚酰胺，另外还有硅藻土、纤维素等。

① 硅胶。硅胶是非金属氧化物的水合物，带有微酸性，能吸附水溶性物质和脂溶性物质。适用于分离中性和酸性物质，如有机酸、氨基酸、萜类和甾体化合物等。不适用碱性物质的分离，因为碱性物质有可能与硅胶发生酸碱反应，甚至形成不可逆吸附，展开时斑点不随溶剂移动，或发生拖尾现象。

常用的商品色谱硅胶型号如下：

硅胶G：含煅石膏黏合剂的硅胶；

硅胶H：不含胶黏剂的纯硅胶（使用时需要添加黏合剂）；

硅胶GF_{254}：含煅石膏和254nm紫外线照射下发荧光材料的硅胶。

商品硅胶的粒度一般在200～250目之间。

硅胶力学性能较差，加入石膏作为黏合剂，能增加制板时黏性和制成板后的硬度。加入荧光材料可使薄层板在紫外线的照射下产生荧光，分离时在紫外线照射下可作为背景衬托显示出样品斑点的位置。

② 氧化铝。商品氧化铝略带碱性，吸附能力较硅胶强。适用于中性和碱性物质的分离，特别是对一些硅胶不能很好分离的中性物质（如生物碱、食用染料、酚类、类固醇、维生素、胡萝卜素及氨基酸等）也有很好的分离效果。

常用的商品氧化铝类型如下：

氧化铝H：不含黏合剂的纯氧化铝（使用时需要添加黏合剂）；

氧化铝G：含煅石膏黏合剂的氧化铝；

氧化铝GF_{254}：含煅石膏和254nm紫外线下发荧光材料的氧化铝。

商品氧化铝的粒度一般在200～300目之间。

③ 硅藻土、纤维素粉。通常作为分配色谱中固定相的载体。作为薄层时，固定相是吸附在它们表面上的水，分离机理同纸色谱。

（2）吸附剂活性的选择　吸附剂的吸附能力，不但与吸附剂本身有关外，还与吸附剂的含水率有关。绝对不含水的吸附剂吸附能力最强，定为活度Ⅰ级，被水吸附饱和的吸附剂吸附力最弱，定为活度Ⅴ级，其他不同含水量的吸附剂活度级别分别为Ⅱ、Ⅲ、Ⅳ级。常用的吸附剂硅胶、氧化铝的含水量与活度级别的关系见表4-16。

不含水Ⅰ级活度最大、含水量最大的Ⅴ级活度最小，两者使用很少，一般使用Ⅱ～Ⅳ级。使用时可根据需要控制含水量，调节吸附剂吸附活性。

表 4-16　氧化铝、硅胶活度级别与含水量的关系

吸附剂	含水量/%	活度级别	吸附剂	含水量/%	活度级别
硅胶	0	Ⅰ	氧化铝	0	Ⅰ
	5	Ⅱ		3	Ⅱ
	15	Ⅲ		6	Ⅲ
	25	Ⅳ		10	Ⅳ
	38	Ⅴ		15	Ⅴ

（3）展开剂的选择　选择展开剂的极性要与被分离物相近，要与吸附剂的活度级别相反。即高极性被分离物质，要选择高极性的展开剂，要选择低活度级别的吸附剂。反之，低极性的被分离物质，要选择低极性的溶剂，要选择高活度级的吸附剂。

实际使用中，要选择适当的展开剂可根据表 4-17、表 4-18 的极性顺序，先选用乙酸乙酯为展开剂，在薄层上将样品展开，如果 R_f 值过大则改用后面的溶剂继续实验，如果 R_f 值过小则改用前面的溶剂继续实验，直到 R_f 值在 0.1～0.85 之间时，确定分离条件。

（4）显色剂的选择　薄层是以无机物质和玻璃板为材料制成的，耐高温，耐腐蚀。所以薄层显色，除一般的纸色谱使用的显色方法都可以使用外，还可以采用强酸、强碱显色，高温碳化显色等。薄层色谱常用的显色剂见表 4-19。

表 4-17　二元混合溶剂的极性（按极性、洗脱能力增加排序）

序号	溶剂	序号	溶剂	序号	溶剂
1	石油醚	13	氯仿：乙醚(8：2)	25	苯：乙醚(1：9)
2	苯	14	苯：丙酮(8：2)	26	乙醚
3	苯：氯仿(1：1)	15	氯仿：甲醇(99：1)	27	乙醚：甲醇(99：1)
4	氯仿	16	苯：甲醇(9：1)	28	乙醚：二甲基甲酰胺(99：1)
5	环己烷：乙酸乙酯(8：2)	17	氯仿：丙酮(85：15)	29	乙酸乙酯
6	氯仿：丙酮(95：5)	18	苯：乙酸乙酯(1：1)	30	乙酸乙酯：甲醇(99：1)
7	苯：丙酮(9：1)	19	环己烷：乙酸乙酯(2：8)	31	苯：丙酮(1：1)
8	苯：乙酸乙酯(8：2)	20	乙酸丁酯	32	氯仿：甲醇(9：1)
9	氯仿：乙醚(9：1)	21	氯仿：甲醇(95：5)	33	二氧六环
10	苯：甲醇(95：5)	22	氯仿：丙酮(7：3)	34	丙酮
11	苯：乙醚(6：4)	23	苯：乙酸乙酯(3：7)	35	甲醇
12	环己烷：乙酸乙酯(1：1)	24	乙酸乙酯：甲醇(99：1)	36	二氧六环：水(9：1)

表 4-18　单一溶剂对氧化铝吸附能力（按洗脱能力增加排序）

序号	溶剂	序号	溶剂	序号	溶剂
1	氟代烷烃	11	苯	21	乙酸甲酯
2	正戊烷	12	乙醚	22	戊醇
3	石油醚	13	氯仿	23	硝基甲烷
4	环己烷	14	二氯甲烷	24	乙腈
5	环戊烷	15	四氢呋喃	25	吡啶
6	四氯化碳	16	1,2-二氯乙烷	26	正丙醇
7	氯戊烷	17	丁酮	27	乙醇
8	二甲苯	18	丙酮	28	甲醇
9	甲苯	19	二噁烷(二氧六环)	29	乙酸
10	氯丙烷	20	乙酸乙酯	30	水

表 4-19　薄层色谱常用的显色剂

显色剂	配置方法	能被检出对象
浓硫酸	98%硫酸	大多数有机物质加热后显示出黑色斑点
碘蒸气	薄层板放入碘蒸气缸内熏蒸饱和几分钟	很多有机化合物显黄棕色
碘的氯仿溶液	0.5%碘、氯仿溶液	很多有机化合物显黄棕色
铁氰化钾-氯化钾药品	1%铁氰化钾、2%氯化铁，使用前等量混合	还原性物质显蓝色，再喷 2mol/L 盐酸，蓝色加深，检验酚、胺、还原性物质
四氯邻苯二甲酸	2%溶液，溶剂为丙酮：氯仿＝10：1	芳烃
硝酸铈铵	含 6%硝酸铈铵、2mol/L 硝酸溶液	薄板在 105℃烘 5min，喷显色剂，多元醇在黄色底板上有棕黄色斑点
香兰素-硫酸	3g 香兰素溶于 100mL 乙醇中，再加 0.5mL 浓硫酸	高级醇及酮显绿色
茚三酮	0.3%茚三酮溶于 100mL 乙醇后，在 110℃加热至斑点出现	氨基酸、胺、氨基糖

4. 薄层色谱的操作方法

（1）仪器　所需仪器见表 4-20。

表 4-20　薄层色谱所需仪器

仪器名称	规格数量及要求	仪器名称	规格数量及要求
色谱缸	一个	研钵	一个
玻璃板	200mm×40mm、200mm×20mm 各一块	紫外灯	一盏
毛细管	直径 0.5mm	电吹风	一个
烘箱	一台	硅胶吸附剂	

（2）操作步骤

① 制板。硬板（湿板）制板的方法是取吸附剂与黏合剂（1%羧甲基纤维素钠的热水溶液）调和成糊状，在研钵中研磨至提杵时吸附剂呈牵丝状，于选好尺寸的洁净玻璃板上涂布成1mm厚薄层，风干，放入105℃烘箱中烘干活化1h，取出置于干燥器中备用。其配方和活化条件见表4-21。

表 4-21　湿法制板配方及活化条件

薄层的类型	吸附剂与水的配比	活化温度与时间
硅胶 G	1∶2 或 1∶3	110～130℃　1h
硅胶 G	1∶2(0.7%羧甲基纤维素钠溶液)	110℃　30min
氧化铝 G	1∶3	80℃　30min
硅藻土 G	1∶2	110℃　30min

涂布方法如下。

a. 倾注法。调好的浆液倾于玻璃板上，左右倾斜，使浆液在板上大致摊开，再振动均匀。

b. 刮层法。在选好尺寸的玻璃板两侧，用两块略厚1mm的玻璃板夹住，将浆液倾于中间玻璃板上摊平，用直尺边缘沿一个方向均匀地一次刮平，去掉两边玻璃，振动均匀。如图4-30所示。

c. 对于大尺寸薄层可以使用涂布器制作。如图4-31所示。

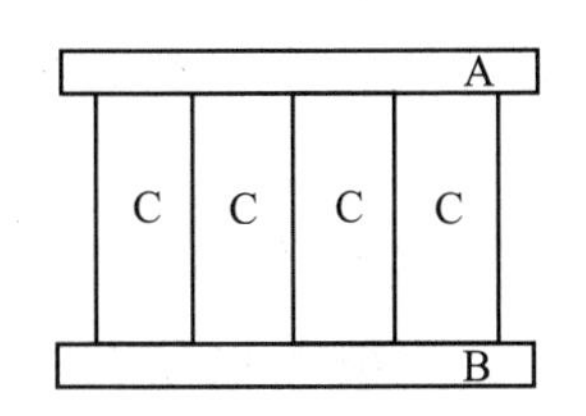

图 4-30　刮层法制板铺层图

A,B—两侧夹玻璃板；C—薄层玻璃板

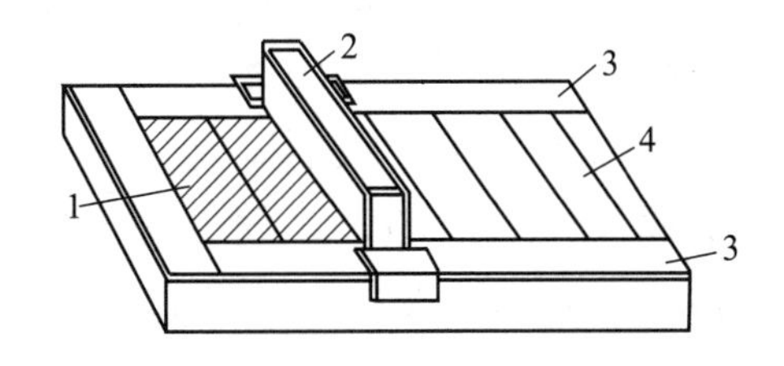

图 4-31　薄层涂布器

1—吸附剂薄层；2—涂布器；
3—两侧夹玻璃板；4—薄层玻璃板

软板（干板）制板的方法是在玻璃棒中间适当距离处，两端用胶布贴以薄圈，薄圈厚度在0.4～1mm之间；选择适当尺寸的玻璃板，在板上撒上烘干、活化的吸附剂；用玻璃棒压着在吸附剂粉末上，朝一个方向用力均匀滚压过去，压制成均匀紧密的干粉薄层。软板制作简单，但不牢固，操作时要防止薄层被风吹散；展开时只能近水平小角度方式进行展开，防止滑落。干板分离效果差，应用较少。如图4-32所示。

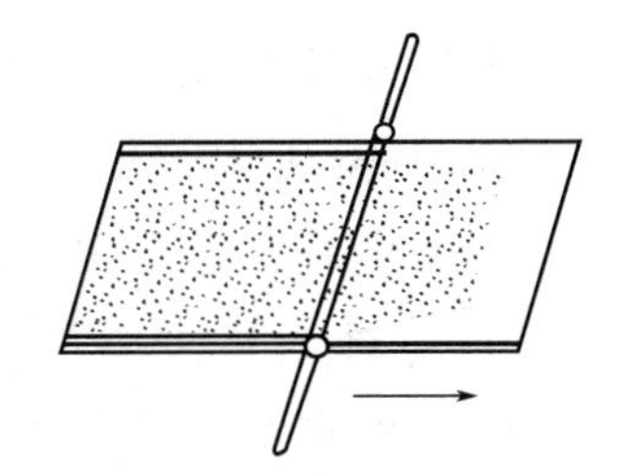

图 4-32　干板制作方法

② 点样。在距板的一端20mm处用铅笔划一横线，

在线的中点用微量注射器点上 20μL、浓度为 1%～2%样品溶液。点样时为了防止溶液扩散样品斑点过大，一般采取分次点样，每次点过后用电吹风吹干再点下一次，保证样点直径在 3mm 以内。样点愈小愈好。

③ 展层。展层常用近水平法或近垂直法展开。

方法：色谱缸中加入约 5～7mm 深度的展开剂，将点样后的色谱板置于色谱缸中，不要接触溶剂，盖盖儿，蒸气饱和 10min。再将点样端倾斜插入展开剂中，展层。待溶剂前沿到达另一端 20mm 时取出，划下溶剂前沿的位置。

硬板一般用近垂直法展开。

④ 显色。待薄层上溶剂挥发干后进行显色，显色方法有酸碱显色、指示剂显色、蒸气熏蒸显色、荧光显色、碳化显色等。显色后，描下各样点的位置 a。如果用硅胶 GF_{254} 或氧化铝 GF_{254} 制成的薄层，在紫外灯的照射下，整个板面呈黄绿色荧光，斑点部分颜色发暗，非常明显。如果是干板色谱，则从色谱缸中取出后，要立即显色。以免溶剂挥发干后，薄层被吹散。

⑤ 定性分析。测量溶剂前沿至样品原点距离 L 和分离后各斑点中心至原点距离 a，根据公式计算 $R_f=\frac{a}{L}$值，查阅资料对照或标准色板样点对照，进行定性分析。

查有关资料对照，根据资料记载的有关物质的 R_f 值和测定样品的 R_f 值比较，以相同 R_f 值的记载物质定性被测物质。但由于 R_f 值受条件影响较大，测定条件不可能和资料记载的一致，同一物质的 R_f 值不可能完全一样，所以资料数据只能作为参考，不能最后确定。

和标准样品进行对照，在同一张薄层板上点上被鉴定的标准物质样点，展开后，如果被测样点 R_f 值和标准样点 R_f 值一致，即可定性被测物质与标准样为同一物质。

⑥ 定量分析。薄层色谱定量分析的一种方法是标准系列法，即配制一系列不同浓度的标准样品溶液，和被测样品溶液点在同一张薄层板上，展开显色后，比较被测样品和标准样斑点的颜色，颜色深浅相同的标准样点的浓度即为被测样品的浓度。另外一种是取点洗脱定量分析法，即将待测样点从色谱板上刮下，进行洗涤、过滤、配制溶液，用比色法、分光光度法或化学容量法定量分析。

操作指南与安全提示

① 干燥活化的薄层板，很容易吸水失活，必须保存在干燥器中，久置的薄层板必须重新活化使用。

② 点样时斑点要尽可能小，斑点过大，降低了单位面积中样品的浓度，再经过展开斑点扩散变大后，单位面积上样品的浓度更低，造成检出和分离困难。

③ 样品溶液分次点样时，每次电吹风不可以吹得太干，否则样品会吸牢在

色谱板上，色谱展开时容易发生拖尾现象。

技能检查与测试

一、填空题

1. 重结晶法是利用物质的溶解度随________变化而变化的特点，将溶质和溶剂________条件下制备成________溶液，再将溶液________处理，使其析出纯溶质晶体的分离提纯方法。

2. 重结晶法选择的溶剂，理论上可以从溶剂和溶质之间的极性、分子结构是否相似进行考虑。被选择的溶剂应具备的条件有：

（1）溶剂不和溶质之间发生________；

（2）溶剂对杂质的溶解度非常________或非常________；

（3）被分离提纯的溶质，在冷热溶剂的溶解度差别至少要在________倍以上。

3. 将固体不经液体直接蒸发气化的过程称为________，将气体直接凝聚成固体的过程称为________。

4. 升华提纯法，只适用于在固体状态下，有较高________固体物质的提纯。

5. 升华法根据气压的不同，可分为________升华法和________升华法。

6. 升华提纯时，要注意控制加热温度，使样品在低于________温度进行升华。切忌加热过快、过高，影响提纯质量。

7. 蒸馏是将液体物料在蒸馏瓶中加热至________，产生的蒸气经过________冷却成________，被收集于另一容器中的过程。

8. 蒸馏时加入沸石的作用是为了防止液体在加热时发生________。如果在蒸馏加热前忘记了加沸石，必须先停止________，待溶液________后才可以补加沸石。

9. 液体加热会暴沸，这是由于许多液体加热时会形成________液体，该液体在外界一个微小刺激下会在瞬间大量气化，造成暴沸。由于加入的沸石多孔，会不断地冒出________成为________中心而使沸腾平稳。

10. 将在标准大气压力下液体沸腾时的温度称为________，将液体沸腾的温度范围称为________。一般纯液体沸腾的温度范围不超过________。

11. 为了保证蒸馏安全平稳地进行，一般要求蒸馏瓶中加入的液体量，在蒸馏瓶容积的________与________之间为好。

12. 蒸馏装置的尾气应与大气________，不能形成________系统，防止加热时压力过大引起________事故。

13. 将在一定压力下气液两相平衡时的蒸气压称为________。

14. 液体沸腾时其饱和蒸气压等于________。

15. 减压蒸馏瓶中的毛细管的作用如同常压蒸馏中的________，是为了防止液体加热发生________用的。

16. 根据蒸馏温度不同，可选用不同的热浴和冷凝管。对沸点小于100℃的用水浴加热，对沸点在100～250℃之间的用________浴加热，对沸点大于250℃的用________浴加热。对沸点低于140℃的用________冷凝管冷凝，对于沸点大于140℃的用________冷凝管冷凝。

17. 水银压力计在压力波动幅度过大时，容易造成水银________压力计，故一般只是在需要测量压力时才________连接系统的旋塞，而且在测定数据后要立即________旋塞，________系统。

18. 实验证明，两种互不相溶的液体在一起加热时，它们的饱和蒸气总压等于两种纯液体的饱和蒸气压________。所以在外压不变时，与水不相溶的有机溶剂和水一起蒸馏时，它们的沸点必然低于________℃。

19. 水蒸气蒸馏常用于那些不________水、沸点________、在沸点温度时就已经发生________反应的物质的分离。

20. 水蒸气蒸馏时，一旦出现热源温度下降，水停止沸腾的情况时，就会发生蒸馏瓶中的液体________水蒸气发生器的现象。所以一旦发现水蒸气发生器水停止沸腾现象时，要立即________上的螺旋夹，使水蒸气发生器连通大气。

21. 简单蒸馏是对液体进行____________次的蒸发和冷凝的过程，分馏是利用分馏柱中进行____________次部分蒸馏的过程。

22. 用保温材料包裹分馏柱，可减少分馏柱的热量损失，可使加热________、柱温________、分馏操作平稳地进行，提高分馏________。

23. 酒精和水的恒沸物组成含水为________%，含酒精为________%，沸点为________℃。分馏85%酒精时只能得到________%酒精和________水。

24. 分馏时，如果上升蒸气量过大，顶住了冷凝下来的液体不能回流到蒸馏烧瓶，这种现象称为________。分馏到达柱顶的蒸气冷凝后回到蒸馏烧瓶的液体和接收为产品的液体两者体积比称为________。

25. 将只能溶解疏水性物质，无化学反应的有机溶剂称为________。

26. 分液漏斗使用前应将漏斗颈上的旋塞芯取出，涂上________，插上旋转使________且转动自如，再关闭旋塞，漏斗内注水，检查________处是否漏水。

27. 分液漏斗使用时________加热，萃取振摇时，要注意________，防止内部压力过高顶出旋塞漏液。

28. 索氏萃取器主要用于________萃取。

29. 溶质在纸色谱的两相中达溶解平衡时，溶质在流动相中浓度与溶质在固定相中浓度之比为一常数，该常数称为________。

30. 纸色谱的固定相是吸附在滤纸上的________，流动相是液态溶剂，按分离机理分类属于________色谱。

31. 由于混合物各组分物质的分配系数不同，在溶剂展开时随溶剂移动的速度不同，物质的________愈大，随展开剂移动的速度愈________，在展开过程中使混合物各组分得到分离。

32. $R_f = a/L$，其中 R_f 的名称是________，a 表示________，L 表示________。

33. 在色谱中 R_f 值可以作为________分析的依据。

34. 薄层色谱常用的固定相是________和________等固体吸附剂，流动相是液体溶剂，按分离机理分类属于________色谱。

35. 薄层色谱的显色方法除了可以采用纸色谱相同的显色方法外，还可以采用________________、________________和________________等显色方法。

36. 薄层色谱的固定相是固体____________剂，流动相是液态溶剂，按分离机理分类属于____________色谱。

二、选择题

1. 热溶解过滤后的溶液，要经过静置冷却后才可以进行下一步抽滤操作，静置冷却的作用是（　　）。

A. 使杂质结晶析出　　B. 使悬浮物沉淀

C. 使被提纯物质晶体析出　　D. 冷却溶液使操作安全

2. 热溶解时要在溶液中加入几颗沸石，这是因为（　　）。

A. 作为晶种有利于溶质结晶　　B. 防止溶液加热暴沸

C. 沸石微孔吸附杂质，有利于提纯　　D. 使过滤容易进行

3. 静置结晶液进行抽滤结束时，应该首先将缓冲瓶排空旋塞打开连通大气，然后才可以关停抽气水泵。这是因为（　　）。

A. 防止水泵水被倒吸进入吸滤瓶，污染试剂

B. 减小吸滤瓶负压，容易取出布氏漏斗上的晶体

C. 防止系统负压太大吸破滤纸

D. 保护水泵不受损伤

4. 重结晶好的晶体应该是（　　）。

A. 晶体颗粒愈小愈细愈好　　B. 晶体颗粒愈大愈好

C. 晶体大小适度，颗粒均匀　　D. 晶体无色透明

5. 适用常压蒸馏分离提纯的混合物之间的沸点差要（　　）。

A. 大于 10℃　　B. 大于 20℃　　C. 大于 30℃　　D. 等于 30℃

6. 水银温度计的水银球在蒸馏头中的位置是（　　）。

A. 与侧管下沿平行　　B. 与侧管上沿平行

C. 侧管以上部分　　D. 侧管以下部分

7. 蒸馏时要控制馏出液的速度为（　　）。

A. 每秒 1～2 滴为好　　B. 每秒 1～2mL 为好

C. 每分 1～2 滴为好　　D. 每分 1～2mL 为好

8. 蒸馏时，为了保证温度计的读数准确性，要求（　　）。

A. 温度计水银球上不能有液滴

B. 温度计水银球上始终有液滴稳定存在

C. 温度计水银球上不断有液滴下落

D. 温度计插进蒸馏烧瓶的液体中

9. 液体沸腾的温度随外压的（　　）。

A. 升高而降低　　B. 升高而不变

C. 降低而升高　　D. 降低而降低

10. 减压蒸馏结束时，正确的操作方法是（　　）。

A. 先停抽气泵，再停止加热，再打开缓冲瓶

B. 先停止加热，再打开缓冲瓶排空旋塞，再停抽气泵

C. 先停抽气泵，再打开缓冲瓶排空旋塞，再停止加热

D. 先停止加热，再停止抽气泵，再打开缓冲瓶旋塞

11. 减压蒸馏时，不能用有裂缝的玻璃仪器，这是因为（　　）。

A. 防止加温热胀冷缩使仪器损坏

B. 防止体系压力过高发生爆炸

C. 防止大气压力压坏了玻璃仪器

D. 防止仪器损坏伤人

12. 水蒸气蒸馏平稳进行时，安全管中的水位应该是（　　）。

A. 安全管口不断有水逸出

B. 管道中的水位，在液面附近小幅度的上下跳动

C. 管道中的水位会低于发生器中的水平面

D. 空气会被吸进管道，进入水蒸气发生器

13. 水蒸气蒸馏时观察到如下哪种现象时，可以结束蒸馏（　　）。

A. 蒸出的液体达到预定的体积、清亮、无油珠

B. 蒸馏瓶中液体体积不足烧瓶体积的 1/3 时

C. 水蒸气发生器中水的体积不足发生器体积的 1/2 时

D. 蒸馏瓶中温度超过 100℃

14. 水蒸气蒸馏结束的顺序为（　　）。

A. 停热源、停冷却水、打开螺旋夹

B. 停冷却水、停热源、打开螺旋夹

C. 打开螺旋夹、停热源、停冷却水

D. 停热源、打开螺旋夹、停冷却水

15. 分馏操作的样品馏出速度以哪种为好（　　）。

A. 每秒 2～3 滴为好　　B. 以每 2～3s 1 滴为好

C. 每分 2～3 滴为好　　D. 以每 2～3min 1 滴为好

16. 控制操作条件可以提高分离效率，下面控制错误的是（　　）。

A. 控制适当的馏出速度　　B. 控制合适的回流比

C. 加大冷凝管冷却水流量　　D. 分馏柱覆盖保温层

17. 分液漏斗萃取操作振摇液体，有时会发生乳化现象，下列处理方法不正确的

是（　　）。

A. 加入少量电解质　　B. 较长时间的静置

C. 加入乙醇　　D. 加入大量的水

18. 萃取时应遵循少量多次的原则，理想的萃取次数是（　　）。

A. 2～3 次　　B. 3～5 次　　C. 5～8 次　　D. 次数愈多愈好

19. 索氏提取器是用于（　　）的装置。

A. 液-液萃取　　B. 液-固萃取　　C. 液-气萃取　　D. 气-固萃取

20. 纸色谱展开的方法错误的是（　　）。

A. 上行法　　B. 下行法　　C. 浸泡法　　D. 环形法

21. 纸色谱固定相是（　　）。

A. 纸纤维　　B. 水　　C. 乙酸乙酯　　D. 乙醇

22. 选择展开剂时，要求被分离物质的 R_f 值在（　　）。

A. 0～0.1 之间　　B. 0.1～0.5 之间

C. 0.85～1 之间　　D. 0.1～0.85 之间

23. 选择的展开剂要使被分离各组分的 R_f 值差大于（　　）。

A. 0.005　　B. 0.05　　C. 0.5　　D. 5

24. 薄层色谱比纸色谱有诸多优点，下面说法不正确的是（　　）。

A. 展开速度快　　B. 分离能力强

C. 显色方法多　　D. 色斑容易保存

三、判断题

1. 对热溶解后有色溶液加活性炭进行脱色时，应在溶液加热使样品溶解后立即加入。（　　）

2. 热过滤可在保温漏斗上进行，目的是防止溶液的结晶。（　　）

3. 饱和溶液静置冷却的速度愈快，析出的晶体颗粒愈大、愈完整。（　　）

4. 冷却溶液的过程中，当发现有生成颗粒过大结晶体的倾向时，可将溶液稍微振摇几下来抑制过大晶体的生成。（　　）

5. 脱色过滤时，加入的活性炭的量应为被分离物质质量的 10%～15%，否则会对被分离溶质产生较大的吸附。（　　）

6. 抽滤洗涤晶体时，应先停抽气泵，将所有的晶体都被溶剂湿润后，稍停片刻再抽气。（　　）

7. 常压升华蒸发皿上盖着漏斗，漏斗颈上一定要塞紧药棉，防止漏气。（　　）

8. 减压升华时，当看到升华蒸气很少，指形冷凝管上的晶体凝聚速度明显减慢时，升华结束。（　　）

9. 减压升华结束时，先关闭抽气泵，再打开安全瓶上的排空旋塞，最后抽出指形冷凝管，小心刮下上面的晶体。（　　）

10. 蒸馏沸点差较大的混合物液体时，正常蒸馏时，温度计读数突然下降，说明低

沸点组分基本蒸完了。（　）

11. 蒸馏速度过快会使温度计的读数偏低。（　）

12. 蒸馏速度过慢会使温度计的读数偏高。（　）

13. 一般在蒸馏结束时都要在蒸馏烧瓶中留有少量的液体，不能用强火蒸干。（　）

14. 蒸馏沸点在140℃以上的液体时，要用水冷凝管。（　）

15. 液体沸腾时其饱和蒸气压等于外界大气压。（　）

16. 减压蒸馏时，毛细管只要有气泡冒出就能平稳蒸馏。（　）

17. 为了节约用水，减压蒸馏抽气水泵水量要尽量开小些。（　）

18. 减压蒸馏时克氏瓶中加入的蒸馏液体的体积不要超过烧瓶容积的1/2。（　）

19. 停止水蒸气蒸馏前，先要打开水蒸气发生器T形管上的螺旋夹，防止液体倒吸。（　）

20. 水蒸气蒸馏瓶中的液体超过容积的2/3时，可隔石棉网用小火直接加热蒸馏瓶。（　）

21. 一旦发现水蒸气发生器上安全管水位很高时，要立即停止加热，打开T形管上的螺旋夹，查出原因后再继续蒸馏。（　）

22. 实验室中的分馏装置和蒸馏装置基本相同，只是多了一根分馏柱。（　）

23. 分馏柱的效率与柱长、柱的结构有关，实验室中常见的分馏柱一般只相当于两次简单蒸馏的效率。（　）

24. 分馏时，回流比越小，蒸馏出来的产品纯度越高。（　）

25. 使用索氏萃取器时，控制虹吸管20min虹吸一次效果较好。（　）

26. 索氏萃取滤纸套高度不要超过虹吸口，以保证萃取完全。（　）

27. 索氏萃取效率高，速度快，一般只需几十分钟可以完成固-液萃取。（　）

28. 索氏萃取器一般都使用高沸点的萃取溶剂，可以不用热浴加热。（　）

29. 纸色谱点样时，斑点直径要控制在3～5mm内。（　）

30. 滤纸裁剪时边缘一定要修剪整齐，否则在展开时产生边缘现象。（　）

31. 选择好的展开剂要有合适的R_f值，同时要求沸点高、不易挥发，操作安全。（　）

32. 点好样的滤纸在展开之前，不得接触展开剂蒸气。（　）

33. 硅胶作为吸附剂时，可用于中性和碱性物质的分离。（　）

34. 氧化铝作为吸附剂时，可作为中性和酸性物质的分离。（　）

35. 薄层色谱和纸色谱的比移值R_f定义相同。（　）

四、问答题

1. 重结晶制备热饱和溶液时，在实际操作中为什么要加入稍过量的水？

2. 结晶时为什么要静置？当发现析出结晶过大时应如何处理？

3. 简述重结晶法提纯的方法原理。

4. 溶解样品加热沸腾前为什么要加沸石？

5. 抽滤结束前，为什么要先使抽滤瓶连通大气，然后再停水泵？

6. 什么是升华（纯化法）？根据气压不同，升华可以分成哪两种方法？适用于哪些固体物质的提纯？操作时需注意哪些问题？

7. 蒸馏时加入沸石的作用是什么？如果蒸馏前忘记加沸石，能否立即将沸石加到接近沸点时的液体中？蒸馏停止后，再重新蒸馏时已加进的沸石可否继续使用？

8. 蒸馏速度最好控制在馏出液每秒 1～2 滴为宜，过快和过慢会有什么后果？

9. 什么叫沸点？什么叫蒸馏？

10. 常压蒸馏主要适用于什么类型的混合物分离？

11. 简述常压蒸馏操作过程。

12. 什么是饱和蒸气压？为什么沸点会随外压降低而降低？

13. 什么是减压蒸馏？减压蒸馏主要应用于哪些物质的分离提纯？装置中的毛细管的作用是什么？

14. 油浴和水浴，空气冷凝管和水冷凝管，分别在什么条件下使用？

15. 简述减压蒸馏操作过程。蒸馏停止时，先开启安全瓶，再停止抽气泵的次序，为什么不能颠倒？

16. 水蒸气蒸馏过程中，经常要注意的是什么？若安全管中的水位上升很高，说明什么问题？该如何处理？水蒸气蒸馏适合于哪些混合物的分离？为什么蒸馏停止前，要先打开 T 形管螺旋夹，再停止加热？

17. 分馏与蒸馏在原理上有什么不同？

18. 简述分馏柱的分馏原理。

19. 熟悉分液漏斗的萃取操作方法。分液漏斗萃取摇动时为什么要经常打开旋塞放气？

20. 简述索氏提取器的工作原理，使用索氏提取器进行固-液萃取的优点是什么？

21. 简述纸色谱分离原理。

22. 纸色谱操作一般有哪几步？

23. 什么是 R_f 值，测量 R_f 值有什么意义？

24. 薄层色谱分离原理和纸色谱有什么不同？

25. 薄层色谱常见的吸附剂有哪些，分别适用于哪些物质的分离？展开剂选择的基本原则有哪些？显色方法有哪些？

26. 硅胶 G、硅胶 H、硅胶 GF_{254} 分别表示什么意思？

五、计算题

1. 纸色谱分离苯、苯胺、苯甲酸和苯酚的混合物，分离显色后，溶剂前沿离原点距离为 25cm，四个斑点位置分别离原点距离为 12.5cm、6.25cm、0.75cm、3.25cm。已知苯、苯胺、苯甲酸、苯酚的 R_f 值分别为 0.5、0.25、0.03、0.13，请定性色谱纸不同位置上斑点物质的名称。

2. 用纸色谱分离含 A、B 两种成分的混合物溶液，已知 A 和 B 的 R_f 值分别为 0.4 和 0.6，如果要求分离后两物质的斑点中心距离相隔 2cm，则滤纸应该裁剪多长？

第五章　基本有机合成

学习目标：

1. 掌握有机化合物的制备、分离、提纯所用仪器的使用方法。

2. 学习有机化合物制备、分离、纯化的一般方法和程序，培养学生科学的思维方法、观察能力、分析问题和解决问题的能力。

本章所选用的是几个经典的、有代表性的有机合成操作，基本上将合成、分离、提纯串联成一体，以传统的训练内容为主。了解和掌握这些基本的有机化学操作知识和技术，是中等职业技术学校化工类及其相关专业学生必备的知识内容。

第一节　概　　述

一、有机化学实验常用玻璃仪器

玻璃仪器一般是由软质或硬质玻璃制作而成的。软质玻璃耐高温、耐腐蚀性较差，但价格便宜，因此，通常用它制作的仪器不耐高温，如普通漏斗、量筒、吸滤瓶、干燥器等。硬质玻璃具有较好的耐高温、耐腐蚀性，制成的仪器可在温度变化较大的范围内使用，如烧瓶、烧杯、冷凝管等。玻璃仪器一般分为普通和标准磨口两种。实验室常用的普通玻璃仪器有锥形瓶、烧杯、布氏漏斗、吸滤瓶、普通漏斗、分液漏斗等，见图 5-1。常用的标准磨口仪器有圆底烧瓶、三口烧瓶、蒸馏头、冷凝管、接收管等，见图 5-2、图 5-3。常用玻璃仪器的用途见表 5-1。

表 5-1　有机化学实验常用仪器

仪器名称	主要用途	备注
圆底烧瓶	常温或加热条件下的反应器，也用于回流加热及蒸馏	
三口圆底烧瓶	常温或加热条件下的反应器，三口分别安装温度计、冷凝管和搅拌器	

续表

仪器名称	主要用途	备注
冷凝管	用于蒸馏和回流	普通蒸馏常用直形冷凝管，回流常用球形冷凝管，沸点高于 140℃ 常用空气冷凝管
蒸馏头	与烧瓶组装后用于蒸馏	
接收管	单股用于常压蒸馏，双股用于减压蒸馏	
分馏柱	用于分馏多组分混合物	
分液漏斗	用于液体的洗涤、萃取和分离	不能直接用火加热，活塞不能互换
滴液漏斗	用于滴加液体	不能直接用火加热，活塞不能互换
普通漏斗	用于普通过滤或将液体倾入小口容器中；用于保温过滤	不能用火直接加热
锥形瓶	用于储存液体，混合溶液及加热少量溶液	不能用于减压蒸馏
烧杯	用于溶解固体、配制溶液及加热或浓缩溶液等	
量筒和量杯	量取液体	不能加热，不能做反应器
吸滤瓶和布氏漏斗	用于减压过滤	不能直接用火加热
熔点管	用于测定熔点	
干燥管	装干燥剂，用于无水反应装置	

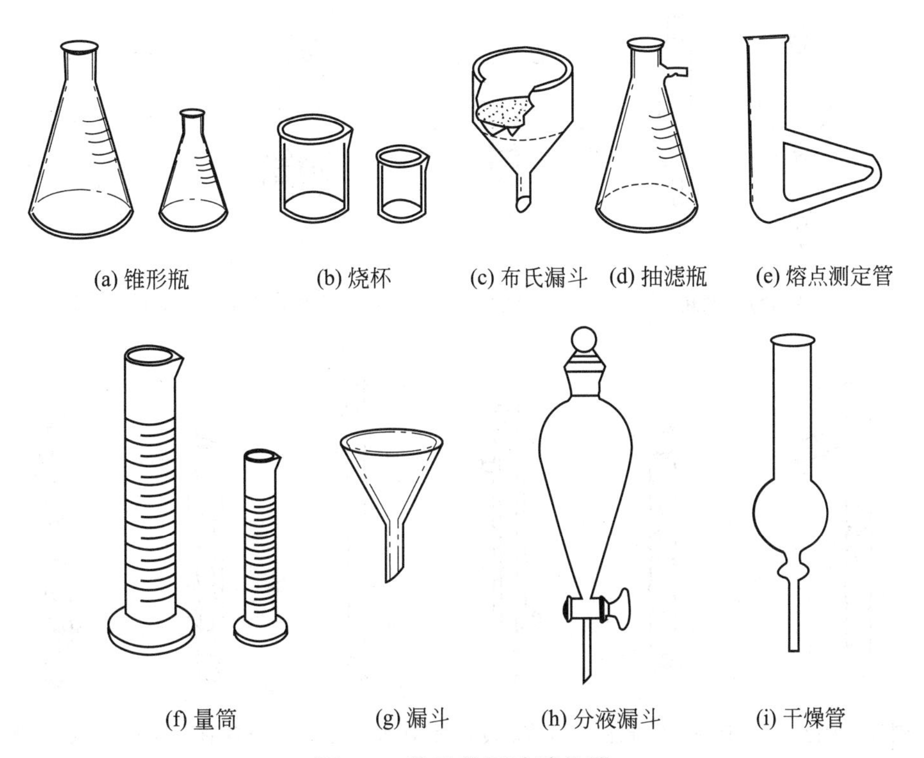

图 5-1　常用普通玻璃仪器

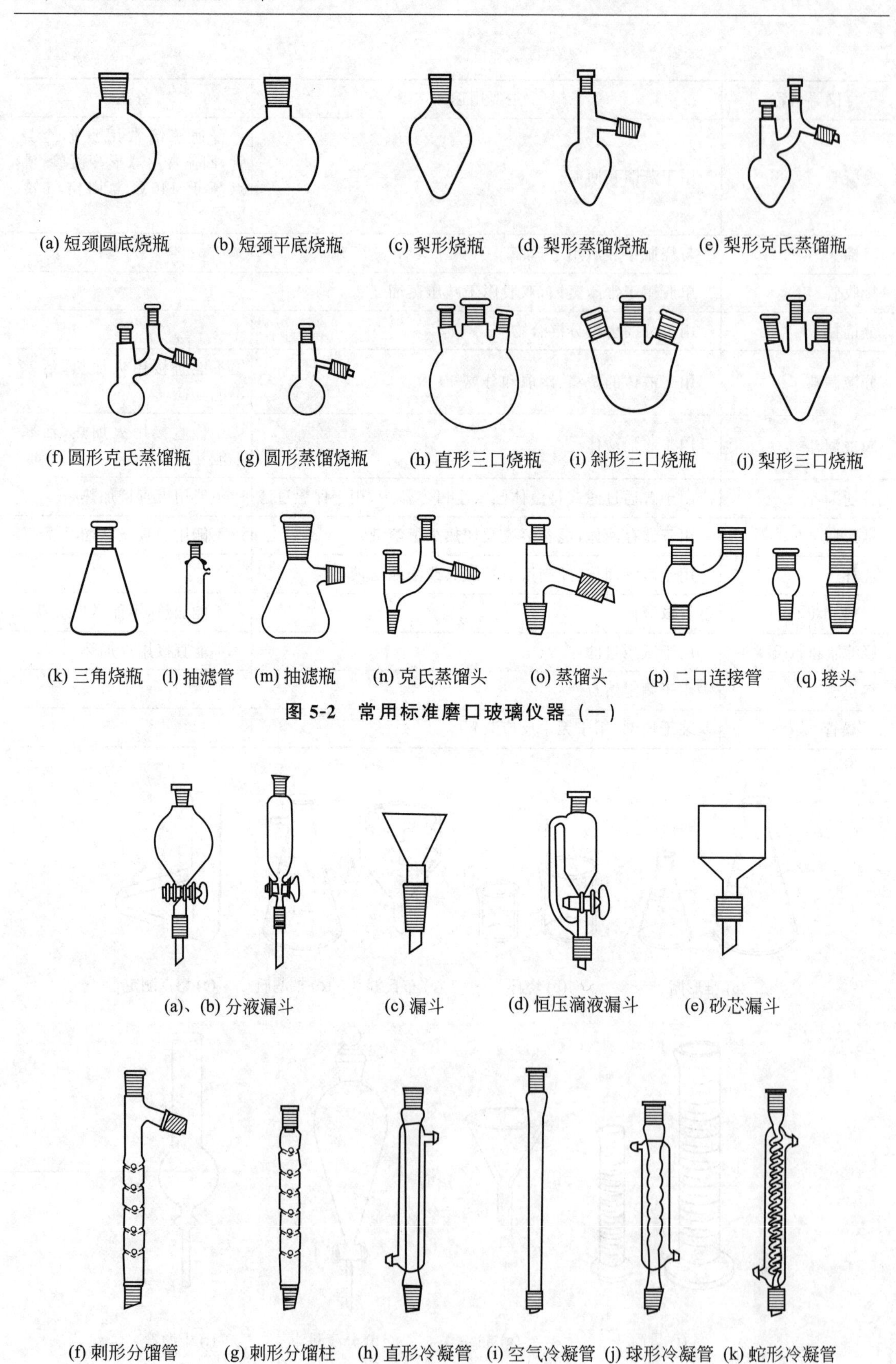

图 5-2　常用标准磨口玻璃仪器（一）

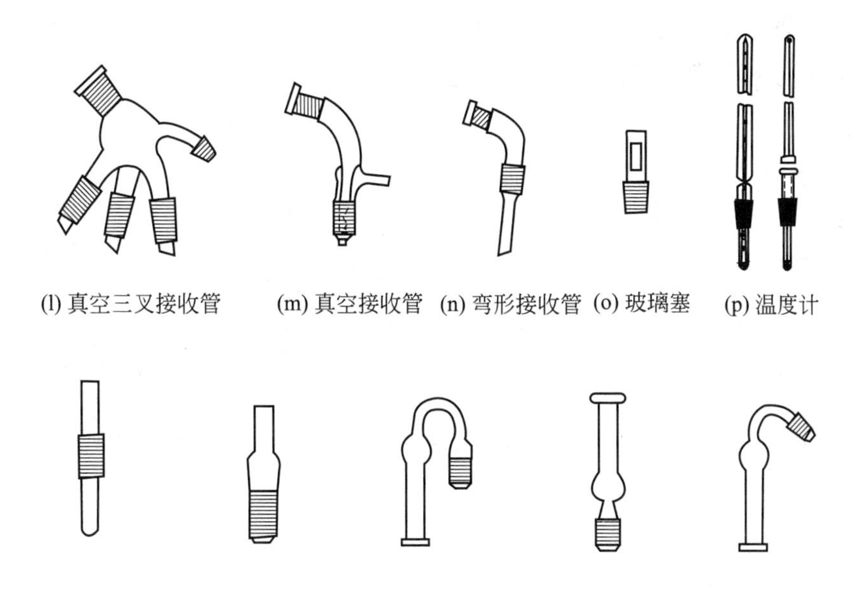

图 5-3　常用标准磨口玻璃仪器（二）

操作指南与安全提示

① 使用时，轻拿轻放。

② 加热玻璃仪器时，应垫石棉网，不能用明火直接加热。

③ 不能用高温加热不耐温的玻璃仪器，如量筒、普通漏斗、吸滤瓶等。

④ 玻璃仪器使用完后，要及时清洗干净。标准磨口仪器放置时间久了容易黏结在一起，难以拆开。如发生此情况，可用热水煮黏结处或用电热风吹磨口处，使其膨胀而脱落，也可用木槌轻轻敲打黏结处，使其脱落。带旋塞或具塞的仪器洗涤后，应在塞子和磨口接触处夹放纸片，以防黏结。洗涤干净的玻璃仪器，最好自然晾干。

⑤ 标准磨口仪器的标准磨口塞应保持清洁。清洗时，应避免用去污粉擦洗磨口，防止磨口连接不紧密，甚至损坏磨口。使用时，应在磨口表面涂少量油脂或凡士林，以增强磨砂接口的密合性，避免磨面相互磨损，同时也利于接口的安装。

⑥ 使用温度计时，应注意不要用冷水冲洗热的温度计，以免炸裂，尤其是水银球部位，应冷至室温后再清洗。不能用温度计搅拌液体或固体物质，以免损坏。

二、常用的有机反应装置

在有机合成实验中，正确地选择与安装实验装置，是做好实验的基本保证。反应装置一般根据实验要求组合。常用的反应装置有回流反应装置、分馏装置、水蒸气蒸馏装置、抽气过滤装置、气体吸收装置、搅拌密封装置等（见图 5-4）。图 5-5 为常见的用于制备反应的分馏装置。

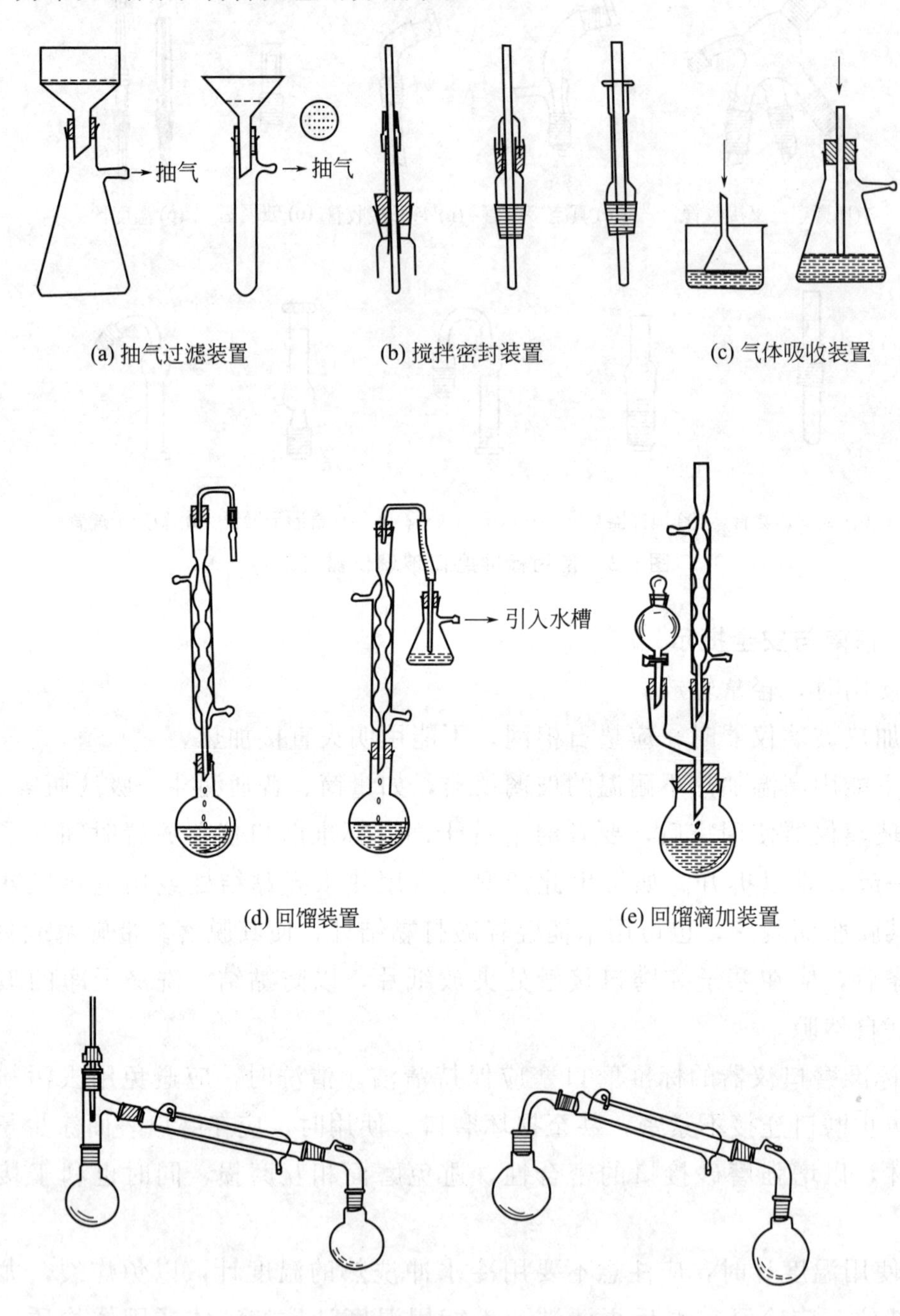

图 5-4　有机合成实验常用装置

1. 仪器的选择

实验中应根据要求选择合适的仪器。选择仪器的一般原则如下。

（1）烧瓶的选择　应选用质量好的烧瓶，其容积的大小视反应物的量而定，以所盛反应物占其容积的1/2左右为宜，最多不应超过2/3。

(2) 冷凝管的选择　一般情况下，蒸馏用直形冷凝管，回流用球形冷凝管。需要注意的是，当蒸馏温度超过130℃时，应改用空气冷凝管，以防温差较大时，仪器受热不均造成冷凝管炸裂。

(3) 温度计的选择　温度计的选择应该根据所测温度选用不同范围的温度计。一般选用的温度计至少要高于被测温度10～20℃。

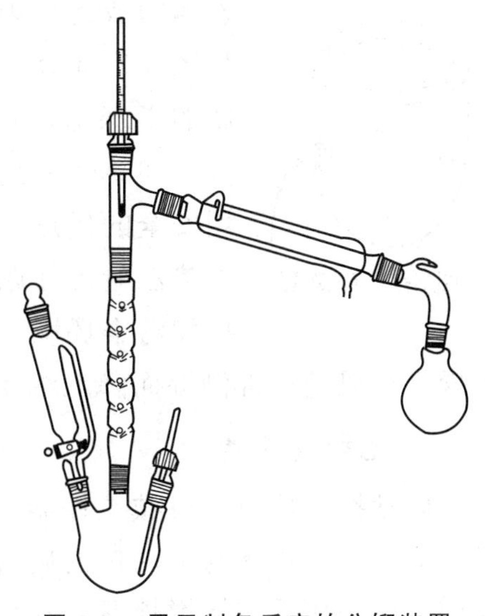

图5-5　用于制备反应的分馏装置

2. 仪器的安装与拆卸

有机合成实验的各种反应装置都是由各种玻璃仪器组装而成的，装配时，应首先选好主要仪器的位置，按照一定的顺序逐个安装，先下后上，从左至右。标准磨口仪器的安装要做到横平竖直。磨口连接处不应受到歪斜的应力，以免在加热时引起炸裂。在拆卸时，按相反的顺序逐个拆卸。

仪器装配要求做到严密、正确、整齐和稳妥。在常压下进行反应的装置，应与大气相通，不能密闭。

三、有机化学合成实验常用的仪器设备

实验室常用的仪器设备有电吹风、气流烘干器、电动搅拌器、电热套、真空泵等。使用时应注意安全，并保持这些设备的清洁，不要将药品洒落到设备上。

1. 电吹风

电吹风是吹干一两件急用玻璃仪器的小电器。使用时先用热风挡将仪器吹干，再调至冷风挡吹冷。不用时放在干燥处，注意防潮防腐蚀。

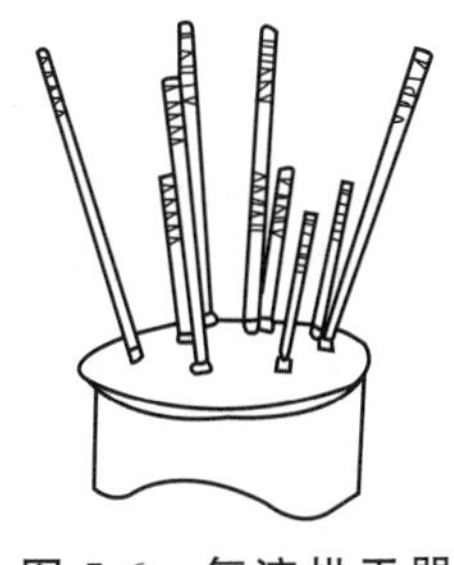

图5-6　气流烘干器

2. 气流烘干器

气流烘干器是一种用于快速烘干仪器的设备，如图5-6。使用时将洗干净的玻璃仪器甩掉水分，然后将仪器插在烘干器的多孔金属风管上，调节热空气温度，数分钟即可烘干。使用时注意，不可长时间加热，当仪器烘干后立即关掉，以免烧坏电机和电热丝。

3. 电热套

电热套是加热温度在100～400℃时的加热装置。它是由玻璃纤维丝与电热

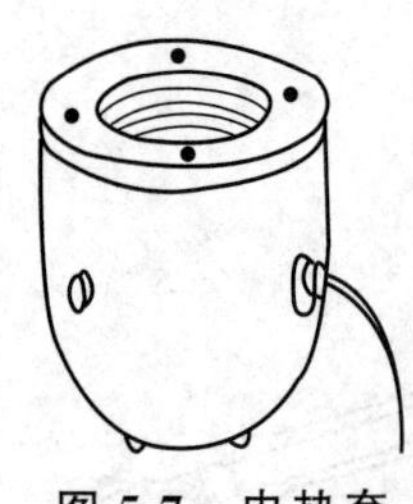
图 5-7　电热套

丝编织成碗形内套，外面加上金属外壳，中间添上保温材料，如图 5-7 所示。电热套的内径大小有各种规格。由于电热套呈凹的半球形，加热时，烧瓶处于热气流中，因此加热温度均匀，加热效率高。同时，它还具有调温范围宽，不见明火，使用安全的优点。但是，在使用时还应注意，不能用电热套直接加热乙醚等易燃溶剂。不要将药品洒落在电热套中，以免药品挥发污染环境，同时避免电热丝被腐蚀而断开。用完后应放在干燥处，以免内部潮湿而降低绝缘性能。

4. 电动搅拌器

电动搅拌器也叫机械搅拌器，见图 5-8，用于反应时搅拌液体反应物。使用时，应先将搅拌棒与电动机的旋转轴用套管或合适的乳胶管连接好。在开启搅拌器前，应先用手空转搅拌棒，观察转动是否灵活，如不灵活应找出摩擦点，进行调整，直至转动灵活。

电动搅拌器适用于非均相反应，特别是对搅拌速度要求较高的反应。由于电动搅拌器的功率小，不可用于搅拌特别黏稠的物体，以免超负荷。不用时应注意防潮防腐蚀。

5. 磁力搅拌器

磁力搅拌器是实验室常用的搅拌器，用于反应时搅拌液体反应物，见图 5-9。磁力搅拌器是以电机带动磁体旋转，磁体又带动反应器中磁子旋转，从而达到搅拌的目的。磁力搅拌器一般都带有温度和速度控制旋钮，使用后应将旋钮回零，使用时注意防潮防腐蚀。

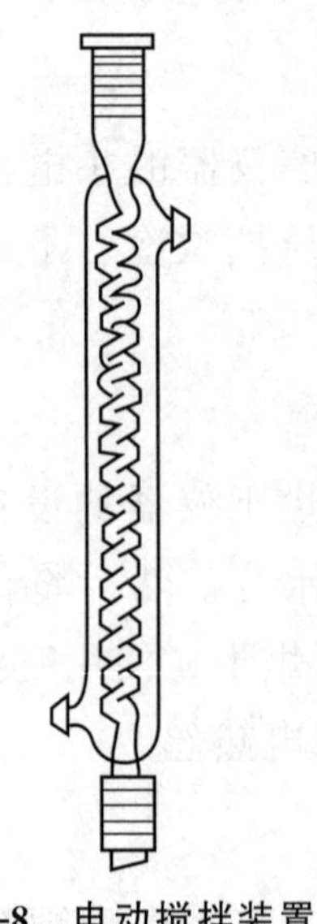
图 5-8　电动搅拌装置

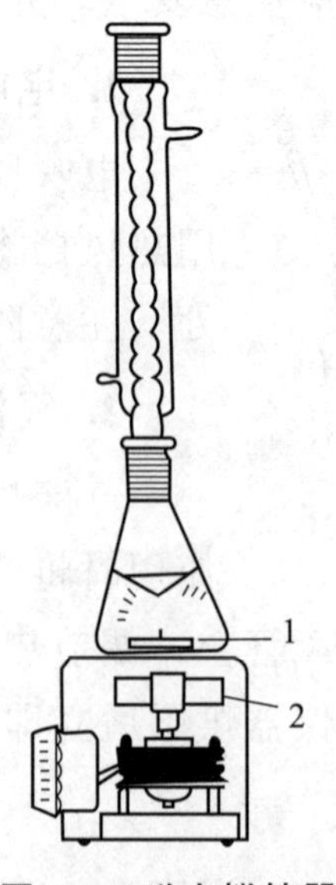

图 5-9　磁力搅拌器

1—搅拌转子；2—磁钢

磁力搅拌器可以代替其他方式的搅拌，且易于密封，使用方便。

6. 旋转蒸发器

旋转蒸发器是利用电机旋转蒸馏瓶，见图 5-10。此装置可在常压或减压下使用。由于蒸发器不断旋转，可免加沸石而不会暴沸。同时液体附于壁上形成了一层液膜，增大了蒸发面积，使蒸发速度加快。使用时的注意事项如下。

① 减压蒸馏时，当温度高、真空度低时，瓶内液体可能会暴沸。此时应及时通入冷空气，降低真空度。对于不同的物料，应找出适宜的温度和真空度，使蒸馏平稳进行。

② 停止蒸发时，先停止加热，再切断电源，打开真空活塞，使通大气，最后取下烧瓶。

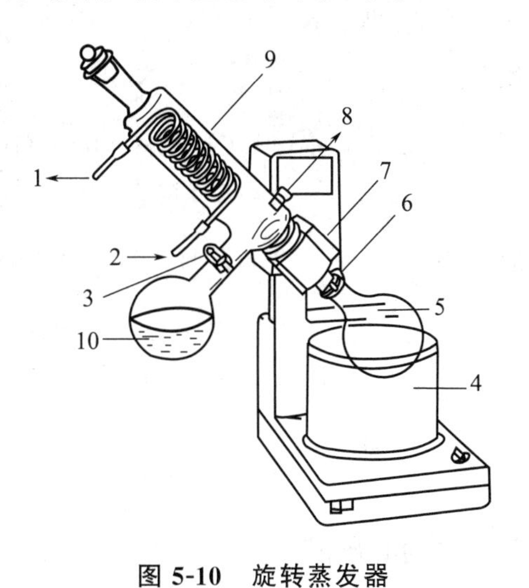

图 5-10　旋转蒸发器

1—出水；2—进水；3，6—夹子；4—水浴加热；5—蒸发瓶；7—变速器；8—真空接口；9—冷凝管；10—接收瓶

7. 调节变压器

调节变压器可通过调压控制加热温度和搅拌速度。使用时注意以下几点。

① 先将调压器调到零点，再接通电源。

② 根据加热温度或搅拌速度，调节旋钮到所需位置。调节旋钮要缓慢。调节变压器不能超负荷运行，最大使用量为满负荷的 2/3。

③ 使用完毕，须将旋钮调至零点，关掉开关，拔去电源插头，绕好电线，放在干燥处。切忌提旋钮头，否则会使零点移位。

有机合成实验还常常用到一些辅助设备，如称量设备（电子天平）、减压设备（循环水冲泵、真空油泵）等。使用时应注意正确使用，以保证设备的灵敏度及准确度。

第二节　1-溴丁烷的合成

一、1-溴丁烷的合成机理

1-溴丁烷也称正溴丁烷。纯正溴丁烷为无色透明液体，沸点为 101.6℃，不溶于水，易溶于醇、醚等有机溶剂。它是麻醉药盐酸丁卡因的中间体，也用于生产染料和香料。

由醇与氢卤酸反应制备卤代烷，是制备卤代烷的一个重要方法。正溴丁烷就是通过正丁醇与氢溴酸反应制备而成的。由于氢溴酸是一种极易挥发的无机酸，具有较强的刺激性，因此，在实验中通常采用溴化钠与硫酸作用产生氢溴酸的方法，并在反应装置中加入气体吸收装置，将外逸的氢溴酸气体吸收，以免造成对环境的污染。

反应：

$$NaBr + H_2SO_4 \longrightarrow HBr + NaHSO_4$$

$$\underset{\text{正丁醇}}{CH_3CH_2CH_2CH_2OH} + HBr \xrightarrow{H^+,\triangle} \underset{\text{1-溴丁烷}}{CH_3CH_2CH_2CH_2Br} + H_2O$$

副反应：

$$CH_3CH_2CH_2CH_2OH \xrightarrow[\triangle]{\text{浓 }H_2SO_4} \underset{\text{1-丁烯}}{CH_3CH_2CH{=}CH_2}$$

$$2CH_3CH_2CH_2CH_2OH \xrightarrow[\triangle]{\text{浓 }H_2SO_4} CH_3CH_2CH_2CH_2OCH_2CH_2CH_2CH_3 + H_2O$$

$$2HBr + H_2SO_4 \xrightarrow{\triangle} Br_2 + SO_2\uparrow + 2H_2O$$

二、合成方法

1. 主要试剂与器材（表 5-2）

表 5-2 主要试剂与器材

试剂名称	溴化钠	正丁醇	浓硫酸
	饱和碳酸氢钠	无水氯化钙	5%氢氧化钠溶液
器材名称	沸石	蒸馏头	直形冷凝管
	圆底烧瓶(100mL)	温度计(200℃)	烧杯(200mL)
	球形冷凝管	接液管	锥形瓶(100mL)
	玻璃漏斗(ϕ50mm)	分液漏斗(100mL)	电热套(250mL)

2. 操作步骤

在 100mL 圆底烧瓶中，加入 13mL 水，缓慢滴入 16mL 浓硫酸，充分摇匀后冷却至室温，加入 10mL 正丁醇、14g 溴化钠，充分摇动后加入 1～2 粒沸石，瓶口粉末用纸擦净，立即装好回流冷凝管及气体吸收装置。用 5%氢氧化钠溶液作吸收液。漏斗口刚接触水面吸收溴化氢气体，切勿浸入水中，以免倒吸。

在石棉网上小火加热回流 40～50min，在此过程中，要经常摇动，促进反应完成。反应结束后，稍冷却，拆去气体吸收装置和球形冷凝管，改成蒸馏装置，蒸出正溴丁烷，至馏出液清亮为止。圆底烧瓶中的残液趁热倒入废液回收瓶中。

将馏出液转移到分液漏斗中，用等体积的水洗涤。将下层粗产物小心地移入一干燥的分液漏斗中，用等体积的浓硫酸洗涤，除去产物中少量未反应的正丁醇和副产物正丁醚等杂质。分出下层硫酸，废酸倒入回收瓶中。将上层粗产物依次用等体积的水、碳酸氢钠和水各洗涤一次，直至呈中性，洗涤后将粗产物放入一干燥的锥形瓶中，加入2g无水氯化钙，边加边摇，直至溶液由浑浊变为澄清。放置干燥30min。

将干燥后的粗产物滤入蒸馏瓶中，加入几粒沸石，加热蒸馏。收集99～103℃馏分。计算产量和产率。

操作指南与安全提示

① 1-溴丁烷有毒，应避免与皮肤直接接触！

② 按操作要求的顺序加料。

③ 用分液漏斗进行洗涤和分离操作时，1-溴丁烷时而在上层，时而在下层，每次分离前一定要明确产品在哪一层。整个洗涤过程中，静置要充分，分离要完全。

④ 正溴丁烷是否蒸完，可以从下列三个方面判断：

a. 蒸馏液是否由浑浊变为澄清；

b. 蒸馏瓶中上层油层是否消失；

c. 取一试管收集几滴馏出液，加少量水摇动，观察有无油珠出现。如无，则表示馏出液中已无有机物，蒸馏完成。

此方法常用于检验蒸馏不溶于水的有机物。

⑤ 蒸馏操作要求全套仪器必须干燥，否则蒸出的产品将出现浑浊。

第三节　阿司匹林的合成

乙酰水杨酸，通常称为阿司匹林（Aspirin），是一种被广泛使用的治疗感冒的药物，有解热止痛的效用，同时还可以软化血管。

一、反应机理

阿司匹林为白色晶体，熔点为135℃，微溶于水。它是由水杨酸和乙酸酐合成的。水杨酸可以止痛，常用于治疗风湿病和关节炎。但由于其对口腔和胃肠刺激作用较大而未能被广泛使用。水杨酸是一个具有酚羟基和羟基双官能团的化合物，能进行两种不同的酯化反应。当其与过量甲醇反应时，生成水杨酸甲酯，俗称冬青油。冬青油是冬青树的香味成分。与乙酰酐作用时，水杨酸分子中的酚羟基和乙酸酐酰化，就得到乙酰水杨酸，即阿司匹林。

反应式如下：

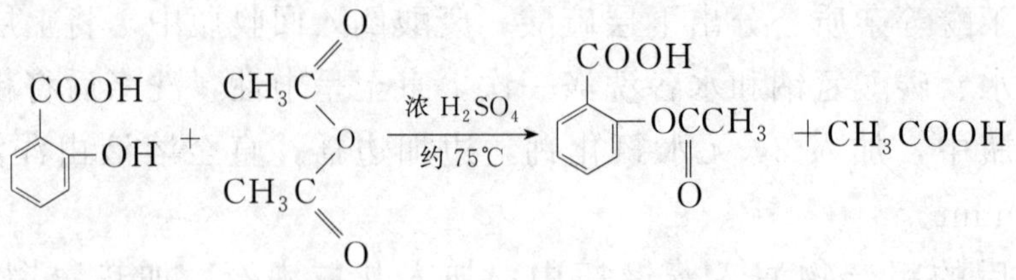

$$\text{(COOH, OH)} + \begin{matrix} CH_3C(=O) \\ O \\ CH_3C(=O) \end{matrix} \xrightarrow[\text{约 }75℃]{\text{浓 } H_2SO_4} \text{(COOH, OCCH}_3\text{, O)} + CH_3COOH$$

水杨酸　　乙酸酐　　乙酰水杨酸　　乙酸

（阿司匹林）

在生成乙酰水杨酸的同时，水杨酸分子间可能发生缩合反应，生成少量聚合物：

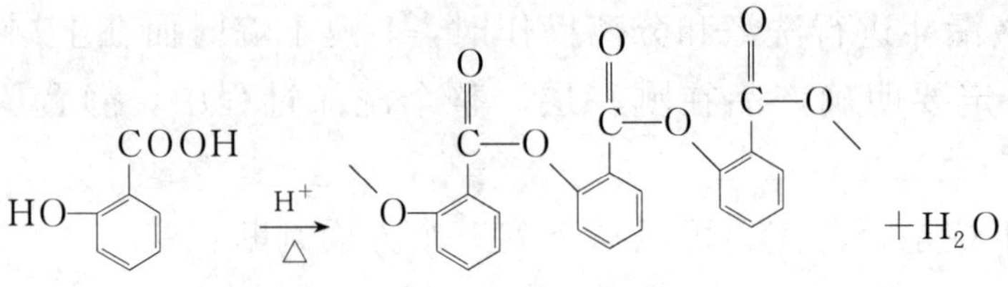

$$\text{HO–(COOH)} \xrightarrow[\triangle]{H^+} \text{聚合物（–O–C(=O)–O–C(=O)–O–C(=O)–O–）} + H_2O$$

乙酰水杨酸能与碳酸氢钠反应生成水溶性钠盐，而副产物不能溶于碳酸氢钠中，据此可用于阿司匹林的纯化。

二、合成方法

1. 主要试剂与器材（表 5-3）

表 5-3　主要试剂与器材

试剂名称	水杨酸	乙酸酐	饱和碳酸氢钠
	1%氯化铁	磷酸	浓盐酸
器材名称	锥形瓶(100mL)	烧杯(50mL)	磁力搅拌器
	恒温水浴锅	减压过滤装置	

2. 操作步骤

在干燥的 100mL 锥形瓶中，放入 1.5g 水杨酸、4mL 乙酸酐、5 滴浓磷酸，摇动锥形瓶使水杨酸全部溶解（可放在磁力搅拌器上搅拌，使其溶解）。在 85～90℃的水浴中加热 10min，冷却至室温，搅拌下加入 20mL 水，在冰水浴中冷却，使晶体完全析出。

将粗品移入 100mL 小烧杯中，搅拌下加入 20mL 饱和碳酸氢钠，加完后继续搅拌，至不再有二氧化碳气泡产生为止。用布氏漏斗过滤，除去少量不溶物。用 10mL 水冲洗漏斗，洗液与滤液合并倒入 200mL 烧杯中，在搅拌下加入 1∶2 盐酸 10mL，有大量白色晶体析出。在冰水浴中冷却，使晶体完全析出。减压过滤，晶体用少量水洗涤两次，结晶压紧抽干，移至表面皿上干燥。称量质量，计算产率。

操作指南与安全提示

① 乙酸酐有毒，并有较强的腐蚀性和刺激性，取用时应小心，注意不要与皮肤接触，如溅在皮肤上，应立即用大量水冲洗。更要防止吸入大量蒸气，加料后应尽快安装冷凝管，并事先接通冷水，防止有毒蒸气溢出。

② 加入浓磷酸的目的是加速反应。也可用浓硫酸代替。因其腐蚀性较强，取用时应小心。

③ 要控制好实验温度。温度不宜过高，否则会增加副产物的生成。

④ 反应进行是否完全，可用1%氯化铁检验。由于酚羟基能与三氯化铁溶液发生显色反应，生成深紫色溶液，所以没反应的水杨酸与氯化铁反应，溶液呈紫色，而纯净的阿司匹林不会产生紫色。

⑤ 阿司匹林微溶于水，洗涤结晶时，用水量要少，温度要低，以减少产品损失。

第四节　甲基橙的合成

一、反应机理

人类使用染料的历史悠久。早在远古时代，人们从植物中提取天然染料，今天，人们更多地使用人工合成的各种有机染料。

合成染料按结构不同分为偶氮类染料、蒽醌类染料和靛蓝类染料等。其中偶氮类染料是迄今为止仍然被普遍使用的重要染料之一。它是指偶氮基（—N═N—）连接两个芳环形成的一类有色化合物。

偶氮类染料可以通过重氮基和酚类或芳胺发生偶联反应来制备。重氮盐和芳胺偶联时，在高pH介质中易生成重氮酸盐；在低pH介质中，游离的芳胺易变为铵盐，二者都会降低反应物的浓度。只有在适宜的pH范围内，两种反应物浓度足够时，才能有效地发生偶联反应。通常胺的偶联反应，宜在中性或弱酸性介质（pH＝4～7）中进行；而酚的偶联反应，须在中性或弱碱性介质（pH＝7～9）中进行。

甲基橙是一种偶氮类染料，也是常用的酸碱指示剂。常以氨基苯磺酸为原料，制得重氮盐，再与*N*,*N*-二甲基苯胺的乙酸盐在酸性介质中发生偶联反应制得。偶联首先得到的是嫩红色的酸式甲基橙，称酸性黄，在碱性溶液中酸性黄转变为橙黄色的钠盐，即甲基橙。

反应式如下：

1. 重氮化反应

$$H_2N-C_6H_4-SO_3H+NaOH \longrightarrow H_2N-C_6H_4-SO_3Na+H_2O$$

对氨基苯磺酸　　对氨基苯磺酸钠

$$NaO_3S-C_6H_4-NH_2+NaNO_2+3HCl \xrightarrow{0\sim5℃} HO_3S-C_6H_4-N_2Cl+2NaCl+2H_2O$$

对重氮苯磺酸盐酸盐

2. 偶联反应

$$HO_3S-C_6H_4-N_2Cl+C_6H_5-N(CH_3)_2 \xrightarrow[0\sim5℃]{CH_3COOH} [HO_3S-C_6H_4-N=N-C_6H_4-NH(CH_3)_2]^+CH_3COO^-$$

N,*N*-二甲基苯胺　　甲基橙乙酸盐

$$[HO_3S-C_6H_4-N=N-C_6H_4-NH(CH_3)_2]^+CH_3COO^-+2NaOH \longrightarrow$$

$$NaO_3S-C_6H_4-N=N-C_6H_4-N(CH_3)_2+CH_3COONa+H_2O$$

甲基橙

甲基橙是鳞状晶体，微溶于水，不溶于酒精，在酸性溶液中呈红色，在碱性溶液中呈黄色。

二、合成方法

1. 主要试剂与器材（表 5-4）

表 5-4　主要试剂与器材

试剂名称	对氨基苯磺酸晶体	亚硝酸钠	*N*,*N*-二甲基苯胺
	浓盐酸	5%氢氧化钠	无水乙醇
	乙醚	冰乙酸	氯化钠
	淀粉-碘化钾试纸		
器材名称	烧杯(100mL、200mL)	温度计(100℃)	减压过滤装置
	表面皿	水浴锅	

2. 操作步骤

(1) 制备重氮盐　在 100mL 的烧杯中，放入 2g 对氨基苯磺酸和 10mL5%氢氧化钠溶液，在温水浴中加热使之溶解。冷却至室温。另溶 0.8g 亚硝酸钠于 6mL 水中，加入上述烧杯中，用冰盐浴冷至 0～5℃。在搅拌下，将该混合物缓

慢滴入装有13mL冰冷的水和2.5mL浓盐酸的烧杯中，温度始终保持在5℃以下。在滴加过程中，有对氨基苯磺酸的重氮盐的白色细粒状沉淀析出。滴完后用淀粉-碘化钾试纸检验。继续在冰水浴中放置15min，使反应完全。

(2) 偶联　在一试管中加入1.3mL *N*,*N*-二甲基苯胺和1mL冰乙酸，振荡混合均匀。将此溶液在搅拌下缓慢滴加到上述冷却的重氮盐溶液中，加完后继续搅拌10min，此时溶液为深红色。在搅拌下，缓慢加入25mL 5%氢氧化钠溶液，反应物变为橙色，粗制的甲基橙呈细粒状沉淀析出。将反应物在水浴上加热5min，使粗制的甲基橙溶解。加入5g氯化钠，搅拌下继续加热至氯化钠全部溶解，冷至室温，在冰水浴中冷却，使甲基橙晶体完全析出。抽滤收集结晶，用饱和氯化钠溶液冲洗烧杯两次，每次用10mL，并用冲洗液洗涤产品。

粗产品用水重结晶。将滤饼连同滤纸移到装有75mL热水的烧杯中，微热并不断搅拌，滤饼全部溶解后，取出滤纸，让溶液冷至室温，然后在冰浴中冷却，至甲基橙晶体全部析出。抽滤，依次用少量乙醇、乙醚洗涤产品，使产品迅速干燥。压紧抽干，得到橙红色片状晶体。产品干燥后，称重。

操作指南与安全提示

① 重氮化反应中，温度控制很重要，一般应控制在0～5℃。若温度高，生成的重氮盐易水解成苯酚，降低产率。同时，为使对氨基苯磺酸完全重氮化，反应过程中必须不断搅拌。

② 重氮盐在水中可以电离，在低温时难溶于水而形成细小晶体析出。所以重氮盐自始至终应放在冰水浴中，在放置过程中应经常搅拌。

③ 湿的甲基橙在日光照射下颜色易变深，所以重结晶时操作要迅速，产品通常可在65～75℃烘干。

④ *N*,*N*-二甲基苯胺有毒，使用时应注意避免吸入它的蒸气。

第五节　肉桂酸的合成

肉桂酸又称桂皮酸，化学名称为β-苯丙烯酸。自然界中存在于妥卢香脂、苏合香脂中。纯净的肉桂酸是白色针状晶体，熔点为133℃，不溶于冷水，溶于热水和醇、醚等有机溶剂中。主要用于制备香精和医药的中间体。

一、反应机理

芳香醛和酸酐在碱性催化剂的作用下，生成α,β-不饱和芳香醛，这个反应称

Perkin 反应。催化剂通常是相应酸酐的羧酸钾盐或钠盐，也可用碳酸钾或叔胺。

利用 Perkin 反应，将苯甲醛和乙酸酐混合后在无水碳酸钾的存在下加热缩合，可以制得肉桂酸。

反应式如下：

$$C_6H_5CHO + (CH_3CO)_2O \xrightarrow[\text{约 140℃}]{K_2CO_3(\text{无水})} C_6H_5CH{=}CHCOOH + CH_3COOH$$

苯甲醛　　乙酸酐　　肉桂酸　　乙酸

反应物中混有少量未反应的苯甲醛，可通过水蒸气蒸馏的办法除去。肉桂酸有顺反异构体，常以反式形式存在。

二、合成方法

1. 主要试剂与器材（表 5-5）

表 5-5　主要试剂与器材

试剂名称	苯甲醛(新蒸馏过)	乙酸酐	无水碳酸钾
	10%氢氧化钠溶液	浓盐酸	活性炭
器材名称	圆底烧瓶(250mL)	空气冷凝管	水蒸气蒸馏装置
	减压过滤装置	烧杯(250mL)	表面皿
	温度计(200℃)	保温漏斗	油浴锅

2. 操作步骤

在 250mL 的圆底烧瓶中，加入 3mL 新蒸馏过的苯甲醛、8mL 乙酸酐、4.2g 无水碳酸钾，混合均匀后在 170～180℃的油浴中加热，装上空气冷凝管，回流 45min。反应初期由于逸出二氧化碳，有泡沫出现。

冷却反应混合物，加入 40mL 水，浸泡几分钟。用玻璃棒轻轻压碎瓶中的固体，进行水蒸气蒸馏，以蒸除混合物中未反应的苯甲醛，直至无油状物蒸出为止。将烧瓶稍微冷却，加入 20mL 10%氢氧化钠溶液，使所有的肉桂酸形成钠盐而溶解。再加入 20mL 水，加入适量活性炭，煮沸 10min，趁热过滤。在热滤液中，边搅拌边加入 20mL 浓盐酸和 20mL 水的混合液，至溶液成酸性（pH≈3）。用冷水浴冷却结晶，抽滤析出的晶体，并用少量冷水洗涤晶体，压紧抽干后，移至表面皿上晾干，称重。

操作指南与安全提示

① 乙酸酐有毒，并具有强烈的刺激性，使用时应注意避免吸入其蒸气。

② 缩合加热时，也可用简易的空气浴代替油浴进行加热，将烧瓶底部向上移动，稍微离开石棉网进行加热回流。

③ 欲得到比较纯净的产品，粗产物可用乙醇和水（体积比为 1∶3）的稀乙醇溶液或热水重结晶。

第六节　从橙皮中提取柠檬油

香精油在化学上是萜烯类、倍半萜烯类化合物，此外还有高级醇、醛类、酮类和酯类，以及有机酸、樟脑素等混合物，是广泛存在于动、植物体内的一类天然有机化合物。香精油种类繁多，不同的植物体内含有不同的香精油。从柠檬、橙子、柑橘等新鲜水果中提取出来的香精油叫柠檬油。大多数香精油具有芬芳的气味，被广泛应用于医疗、制药行业，也常用作食品、化妆品和洗涤用品的香料添加剂。

一、反应机理

柠檬、橙子、柑橘等新鲜水果中含有大量的香精油——柠檬油。柠檬油是一种以柠檬烯为代表的萜类化合物，为黄色透明液体，具有浓郁的柠檬香气，是饮料的香精成分。柠檬油还具有镇静中枢神经、减轻应激的作用，能使人消除疲劳。

目前从植物中提取天然精油的主要方法有水蒸气蒸馏法、萃取法和磨榨法三种。

本实验以橙皮为原料，将橙皮进行水蒸气蒸馏，用二氯甲烷萃取馏出液，然后蒸去二氯甲烷，留下的残液即为柠檬油。纯柠檬烯沸点为 176℃。

二、合成方法

1. 主要试剂与器材（表 5-6）

表 5-6　主要试剂与器材

试剂名称	橙皮(新鲜)	二氯甲烷	无水硫酸钠
器材名称	三口烧瓶(500mL)	直形冷凝管	接液管
	锥形瓶(50mL、100mL、250mL)	分液漏斗(125mL)	旋转蒸发仪
	蒸馏头	梨形烧瓶	温度计(100℃)
	剪刀	减压水泵	

2. 操作步骤

将2～3个新鲜橙子皮剪切成极小的碎片后，放入250mL的三口瓶中，此时果皮应尽量剪得碎，且直接放入三口瓶中，以防止精油流失。加80mL水，参照图4-14水蒸气蒸馏装置安装好装置，进行水蒸气蒸馏。当馏出液达50～60mL时即可停止蒸馏。这时可观察到馏出液水面上附有一片薄薄的油层。

将馏出液倒入125mL分液漏斗中，每次用10mL二氯甲烷萃取，萃取三次。合并三次萃取液放入50mL干燥的锥形瓶中，加入适量无水硫酸钠干燥，此时应充分振摇至液体澄清透明为止。

将干燥液滤入50mL梨形烧瓶中，配上蒸馏头，用旋转蒸发仪蒸去二氯甲烷。待二氯甲烷基本蒸完后，再用水泵减压（图4-9）抽去残余的二氯甲烷。此时二氯甲烷一定要抽干，否则会影响产品的纯度。烧瓶中所剩少量橙黄色油状液体，即为柠檬油。

操作指南与安全提示

① 二氯甲烷有毒，萃取操作最好在通风橱中，且在低温下进行，以防止其蒸气挥发。

② 也可选用柑橘或柠檬皮做实验原料。原料最好是新鲜的，干原料效果较差。

第七节　从菠菜中提取天然色素

一、反应机理

绿色植物的茎、叶中含有叶绿素、叶黄素、胡萝卜素等天然色素。

叶绿素是植物光合作用所必需的催化剂。它有两个异构体，即叶绿素a($C_{55}H_{72}O_5N_4Mg$) 和叶绿素b($C_{55}H_{70}O_6N_4Mg$)，它们都是吡咯衍生物和金属镁的配合物。由于分子中大的烷基结构使它们很易溶于丙酮、乙醇、乙醚、石油醚等有机溶剂。

胡萝卜素（$C_{40}H_{56}$）是具有长链结构的共轭多烯。胡萝卜素有三种异构体，即α-胡萝卜素、β-胡萝卜素和γ-胡萝卜素。其中β-胡萝卜素含量最多，也最重要，它具有维生素A的生理活性，在生物体内受酶催化氧化即形成维生素A。β-胡萝卜素可作为维生素A使用，也常用作食品色素。

叶黄素（$C_{40}H_{56}O_2$）是胡萝卜素的羟基衍生物。它在绿叶中的含量较高。因其分子中含有羟基，与胡萝卜素相比，叶黄素较易溶于醇而在石油醚中溶解度较小。

本实验以菠菜为原料，用石油醚-乙醇混合溶剂萃取绿色的叶绿素、橙黄色的胡萝卜素、黄色的叶黄素。再用柱色谱法进行分离。

由于胡萝卜素极性最小，当用石油醚-丙酮进行洗脱时，随溶剂流动最快，首先被分离出来；增加洗脱剂中丙酮的比例，分子中含有两个极性羟基的叶黄素，便随溶剂流出；叶绿素分子中含有较多的极性基团，可用正丁醇-乙醇-水混合溶剂将其洗脱。

二、合成方法

1. 主要试剂与器材（表 5-7）

表 5-7　主要试剂与器材

试剂名称	新鲜菠菜叶	95%乙醇	石油醚(60～90℃馏分)
	丙酮	中性氧化铝	
器材名称	研钵	分液漏斗(125mL)	滴液漏斗(125mL)
	玻璃漏斗	酸式滴定管(25mL)	锥形瓶(100mL)
	烧杯(200mL)	减压过滤装置	水浴锅
	剪刀		

2. 操作步骤

（1）提取　称取约 10g 洗净后用滤纸吸干的新鲜菠菜叶，剪成碎片后放入研钵中捣烂成泥，加 10mL 2∶1 的石油醚-乙醇混合液浸取，研磨 5min 成浆。减压过滤，收集滤液，残渣放回研钵中，重新加入 10mL 2∶1 的石油醚-乙醇混合液浸取，研磨后抽滤。再用 10mL 2∶1 的石油醚-乙醇混合液重复上述操作一次。

将三次抽滤后的萃取液合并，转入分液漏斗中，加入等体积的水洗一次。弃去下层的水-乙醇层，石油醚层再用等体积的水洗涤两次，以除去乙醇和其他水溶性物质。洗涤时不宜剧烈振摇，以避免乳化现象。

醚层倒入一干燥的锥形瓶中，加少量无水硫酸钠干燥，干燥后滤入圆底烧瓶中，在水浴上蒸去大部分石油醚，至瓶内留下浓缩液约 4mL。

（2）柱色谱分离　将一个 25mL 酸式滴定管固定在铁架台上代替色谱柱。取少量脱脂棉，用石油醚浸湿，挤压赶出气泡后放在色谱柱底部，在其上面放一直径略小于柱口的圆形滤纸。关好旋塞，加入 20mL 石油醚。用玻璃漏斗将 20g 中性氧化铝注入柱中，打开旋塞，使柱内石油醚高度不变，最终高出氧化铝表面约 2mm，关闭旋塞。上面再加一片圆形滤纸。

用滴管小心地将菠菜色素的浓缩液加到色谱柱顶部。打开旋塞，让液面下降到柱面以下约1mm处，关闭旋塞，滴加石油醚至液面上1mm处，再打开旋塞，使液面下降。经几次反复，使色素全部进入柱体，再滴加石油醚至高于柱面2mm处。

在色谱柱上方装一滴液漏斗，内装50mL体积比为9∶1的石油醚-丙酮洗脱剂。同时打开漏斗及柱下端的旋塞，让洗脱剂逐滴放出，柱色谱即开始进行。先用一小烧杯在柱底接收流出液。当第一个橙黄色色带流至柱底时，用一洁净干燥的锥形瓶接收，得到橙黄色的液体，为胡萝卜素。换用7∶3的石油醚-丙酮洗脱，当第二个棕黄色色带即将流出时，换一接收瓶，得到棕黄色的叶黄素。叶黄素易溶于醇而在石油醚中溶解度较小，故在柱色谱中不易分出叶黄素。最后用体积比为3∶1∶1的正丁醇-乙醇-水洗脱蓝绿色带叶绿素a和黄绿色带叶绿素b。

操作指南与安全提示

① 石油醚易燃易挥发，使用时应注意防火。

② 实验原料也可以选用芹菜、韭菜等其他绿叶蔬菜。

③ 装色谱柱时应注意在任何情况下，氧化铝表面不得高出液面。

技能检查与测试

一、填空题

1. 加热玻璃仪器时，应____________，不能____________。

2. 使用温度计时，应注意不要____________，以免炸裂，尤其是水银球部位，应____________再清洗。不能用温度计搅拌液体或固体物质，以免损坏。

3. 带旋塞或具塞的仪器洗涤后，应在塞子和磨口接触处____________或____________，以防黏结。

4. 装配有机合成实验各种反应装置时，应首先选好____________的位置，按照一定的____________逐个安装，先____________后____________，从____________至____________。做到横平竖直。拆卸时，应按____________逐个拆卸。

5. 有机合成实验中，烧瓶的选择，应选用质量好的，容积大小适度，所盛反应物占其容积的____________为宜，最多不应超过____________。冷凝管的选择，一般情况下蒸馏用____________，回流用____________。

6. 使用三口圆底烧瓶时，三口分别安装____________、____________和____________。

7. 使用旋转蒸发器进行减压蒸馏时，当温度高、真空度低时，瓶内液体可能会暴沸。此时应及时____________，降低真空度。对于不同的物料，应找出适宜的____________，使蒸馏平稳进行。

8. 电热套是加热温度在__________时的加热装置。使用时应注意不能用电热套直接加热__________。

9. 通过正丁醇与氢溴酸反应制备正溴丁烷时，为从反应混合物中分离出粗产品正溴丁烷，应选用__________分离，而不直接用__________进行分离。

10. 在合成阿司匹林的实验中，要将反应温度控制在__________之间。加入浓磷酸的目的是为__________。反应进行是否完全，可用__________检验。

11. 阿司匹林微溶于水，洗涤结晶时，用水量要__________，温度要__________，以减少产品损失。

12. 利用 Perkin 反应，将__________和__________混合后在__________存在下加热缩合，可以制得肉桂酸。

13. 在合成肉桂酸的实验中，缩合加热时可用简易的__________代替进行加热，将烧瓶底部__________移动，稍微__________进行加热回流。

14. 欲得到比较纯净的肉桂酸，粗产物可用__________溶液或__________重结晶。

15. 重氮化反应中，温度控制很重要，一般应控制在__________℃，若温度高，生成的重氮盐易水解成__________，降低产率。在合成甲基橙实验中，为使对氨基苯磺酸完全重氮化，反应过程必须不断__________。

16. 以橙皮为原料，将橙皮进行__________，用__________萃取馏出液可提取柠檬油。

二、选择题

1. 洗涤液体时常用（　　）。

A. 滴液漏斗　　B. 分液漏斗　　C. 普通漏斗　　D. 锥形瓶

2. 进行多组分混合物分馏时应选用（　　）。

A. 直形冷凝管　　B. 球形冷凝管　　C. 分馏柱　　D. 圆底烧瓶

3. 溴代反应合成正溴丁烷，应选用（　　）。

A. 普通蒸馏装置　　B. 减压蒸馏装置

C. 带有气体吸收的回流装置　　D. 普通回流装置

4. 酰化反应合成阿司匹林时，为得到比较纯净的产品，常选用下列哪种物质进行重结晶（　　）。

A. 乙醇　　B. 乙醚

C. 氢氧化钠溶液　　D. 饱和碳酸氢钠溶液

5. 从菠菜中提取天然色素，采用的方法是（　　）。

A. 蒸馏　　B. 回流　　C. 分离　　D. 萃取

6. 从菠菜中提取天然色素通常选用的萃取剂是（　　）。

A. 石油醚-乙醇　　B. 石油醚-丙酮

C. 石油醚-丙酮-水　　D. 石油醚-乙醇-水

7. 从橙皮中提取柠檬油，选用的实验装置是（　　）。

A. 普通蒸馏装置　　　　B. 减压蒸馏装置

C. 水蒸气蒸馏装置　　　　D. 回流装置

8. 从橙皮中提取出的柠檬油，可选用下列哪个物质进行干燥（　　）。

A. 浓硫酸　　B. 无水硫酸钠　　C. 氧化钙　　D. 硅胶

三、判断题

1. 分液漏斗和滴液漏斗的活塞可以互换。（　　）

2. 标准磨口仪器的标准口塞应保持清洁。所以清洗时应用去污粉洗擦磨口。（　　）

3. 电动搅拌器常用于反应时搅拌固体反应物，磁力搅拌器常用于搅拌液体反应物。（　　）

4. 在制备正溴丁烷的气体吸收装置中，漏斗口应浸入水中，以吸收溴化氢气体。（　　）

5. 利用溴代反应合成正丁醇，粗产品用硫酸洗涤的目的是除去产物中少量没反应的正丁醇和副产物正丁醚等杂质。（　　）

6. 在甲基橙的合成实验中，重结晶后的产品依次用少量乙醇、乙醚洗涤的目的是除去其中的杂质。（　　）

7. 从菠菜中提取出的天然色素，在用柱色谱分离时，最先分离出来的是叶绿素。（　　）

四、问答题

1. 在正溴丁烷的合成实验中，加料时如不按实验中的操作顺序加料，会出现什么后果？

2. 洗涤生成的阿司匹林晶体，用水量是否可以不加控制？为什么？

3. 偶联反应得到的甲基橙晶体，抽滤后洗涤滤饼时，为什么要用饱和食盐水？

4. 合成肉桂酸实验中，用水蒸气蒸馏除去什么？为什么能用水蒸气蒸馏法纯化产品？

5. 能进行水蒸气蒸馏的物质必须具备哪些条件？

6. 比较叶绿素、叶黄素和胡萝卜素的极性，说明为什么胡萝卜素在色谱柱中移动最快？

第六章　物理常数的测定

学习目标：

1. 了解物理常数的概念，掌握物理常数的测定原理。
2. 学会物理常数的测定方法。
3. 应用各种测定方法来测定产品的物理常数。

物质的物理常数包括熔点、凝固点、沸点、沸程、闪点、燃点、密度、折射率、比旋光度、电导率和黏度等。它们均以不同的数据来反映物质的物理特性，而物质的物理特性是由其本身的分子结构来决定的，因此，物理常数的测定也是判断化合物结构的重要依据。另外，化合物的纯度发生改变，势必要引起物理常数的变化，所以，物理常数也可以作为检验化合物纯度的重要指标。在生产实际中，物理常数的测定常常是原料、中间体和产品质量检验的主要指标之一，因此，全面系统地掌握物理常数的测定方法就显得尤为重要。

一般固体试样可以测定熔点和凝固点，液体试样可以测定沸点、密度、折射率等，具有旋光性的物质还可以测定其比旋光度。

第一节　熔点和凝固点的测定

一、基本概念

在一定条件下，物质的固态和液态达到平衡状态相互共存时的温度，就是该物质的熔点或凝固点。纯净的物质一般都有固定的熔点或凝固点，即在一定的压力下，固液两态之间的变化温度是很敏锐的，变化温度不超过0.5～1℃。假如该物质不纯，那么其熔点或凝固点往往较纯粹者为低，而且温度变化范围较大。因此测定熔点或凝固点不仅可以鉴定有机物的结构，而且可以判断物质的纯度。

物质在受热时，由固态转变为液态的过程，称为熔化。反之，由液态转变为固态的过程，称为凝固（或结晶）。一般情况下，对于同一种纯物质，理论上说，熔点温度就是凝固点温度，但是由于实际测定过程中的不同因素，大部分物质的凝固点低于熔点，而且凝固点的测定比熔点测定更为清晰。

二、熔点测定装置

熔点测定方法有毛细管法和显微熔点测定法等。

毛细管法是实验室中比较常用的基本测定方法，所用仪器如图 6-1 和图 6-2 所示。

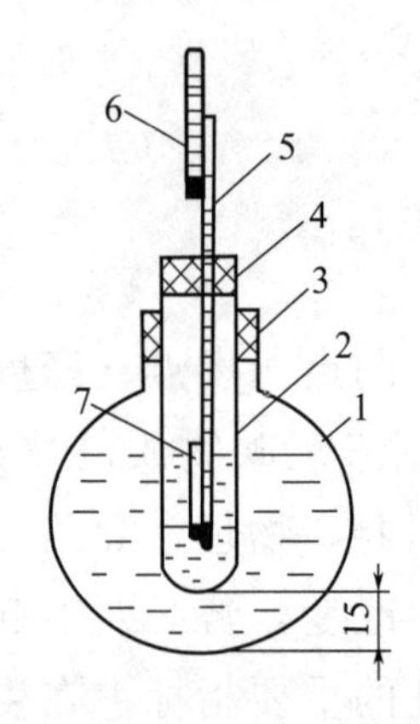

图 6-1　双浴式熔点测定装置（单位：mm）

1—圆底烧瓶；2—试管；3，4—胶塞；5—温度计；6—辅助温度计；7—熔点管

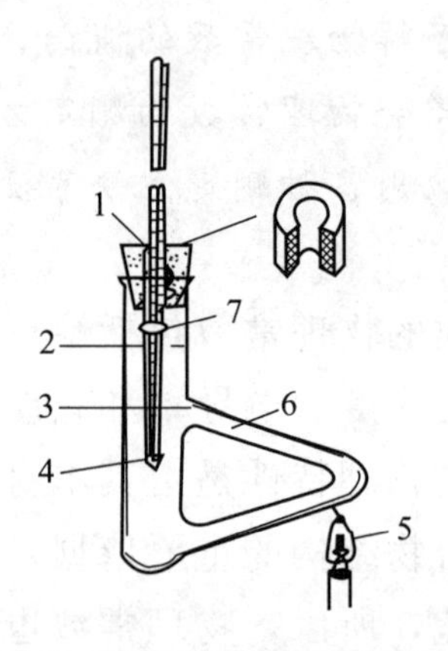

图 6-2　提勒管式熔点测定装置

1—切口木塞；2—200℃时载热体液面；3—室温时载热体液面；4—熔点毛细管；5—灯；6—载热体；7—橡胶圈

三、熔点测定方法

1. 毛细管法测定熔点的仪器要求

毛细管法测定熔点一般都使用热浴加热，优良的热浴应是加热均匀，操作简单，容易控制升温速度。常用的仪器有双浴式熔点测定仪和提勒管式熔点测定仪。

熔点的测定

（1）双浴式熔点测定仪　双浴式熔点测定仪由温度计、毛细管、大试管和短颈圆底烧瓶组成，其结构见图 6-1，双浴式热浴由于使用了双载热体加热，具有加热均匀，升温速度容易控制等特点，所以目前实验室用得较多的就是双浴式熔点测定仪。

（2）提勒管式熔点测定仪　提勒管式熔点测定仪是由 b 形管、温度计和毛细管组成。其结构见图 6-2。

2. 毛细管法测定熔点

（1）仪器　本实验所需仪器的种类及规格见表 6-1。

表 6-1　毛细管法测定熔点所需仪器

仪器名称	仪器规格	仪器名称	仪器规格
圆底烧瓶	250mL，直径 80mm，颈长 20～30mm，口径 30mm	橡胶塞	外侧具有出气管
内标式单球温度计	分度值 0.1℃	玻璃管	长 800mm，直径 8～10mm
辅助温度计	100℃，分度值 1℃	电炉	500W，调压器 800W
试管	长 100～110mm，直径 20mm	瓷板	
毛细管	内径 1mm，管壁厚 0.15mm，长 100mm	表面皿	

（2）测定步骤

① 载热体的选择。根据被测物质熔点的不同，选择具有性质稳定、无色透明、最高使用温度大于被测试样的熔点温度。常用的载热体见表 6-2。

表 6-2　几种常用的热浴载热体

载热体	最高使用温度/℃	载热体	最高使用温度/℃
液体石蜡	230	甘油	230
浓硫酸	220	磷酸	300
有机硅油	350	固体石蜡	280

② 装样。取少量干燥、研细的试样于表面皿中，将试样放入清洁、干燥、一端封口、直径为 1.0～1.2mm 长 100mm 左右的毛细管中，取一高约 800mm 的干燥玻璃管直立于瓷板上，将装有试样的毛细管投落 5～6 次，直至毛细管内试样紧缩至 2～3mm 高。试样一定要装紧，否则会使测定结果偏低。但也不能装得太多，太多会使测定结果偏高。

③ 粗测。按照图 6-1 和图 6-2 装好仪器后，以约 5℃/min 的速度升温，记录当管内样品开始塌落，即有液相产生时（始熔）和样品刚好全部变成澄清液体时（全熔）的温度，此温度范围为该试样的熔程。待热浴的温度下降约 30℃时，换一根毛细管，再作精确测定。

④ 精测。开始时升温可稍快（速度约 10℃/min），待热浴温度离粗测熔点约 15℃时，改用小火加热（或将酒精灯稍微离开提勒管或蒸馏烧瓶一些），使温度缓缓而均匀上升（速度 1～2℃/min）。当接近熔点时，加热速度要更慢，使升温速度为（1±0.1）℃/min。记录刚有小滴液体出现和样品恰好完全熔融时的两个温度读数。这两者的温度范围即为被测样品的熔程。

3. 熔点校正

测定物质熔点时，温度计上的熔点读数与真实熔点之间往往存在一定的偏差。这可能是由于以下原因造成的，首先，温度计的制作质量差，如孔径不均匀，刻度不准确。其次，温度计本身的误差。温度计有全浸式和半浸式两种，全浸式温度计的刻度是在温度计汞线全部均匀受热的情况下刻出来的，而测熔点时仅有部分汞线受热，因而露出的汞线温度较全部受热者低。为了校正温度计，可选用纯有机化合物的熔点作为标准或采用公式法校正，即

$$\Delta t=0.00016(t_1-t_2)h。$$

式中　0.00016——玻璃与水银的膨胀系数之差；

t_1——主温度计的读数，℃；

t_2——外露水银柱的平均温度，℃；

h——外露在热浴液面或刚露出胶塞的刻度值与 t_1 点之间的以度计的水银柱高度，mm。

如果用一种特别设计的能适合各种短颈温度计全部浸没的熔点浴，则可消除此项误差。

在生产实际中，最好是选择一组已知熔点的纯物质为标准，测定它们的熔点，以观察到的熔点作纵坐标，以文献值为横坐标，画成曲线 OA。在测定试样熔点时，在纵坐标上找到测定值，经过该点做横轴的平行线交曲线 OA 于一点，过交点做纵轴的平行线，即可求得熔点的校正值，见图 6-3。

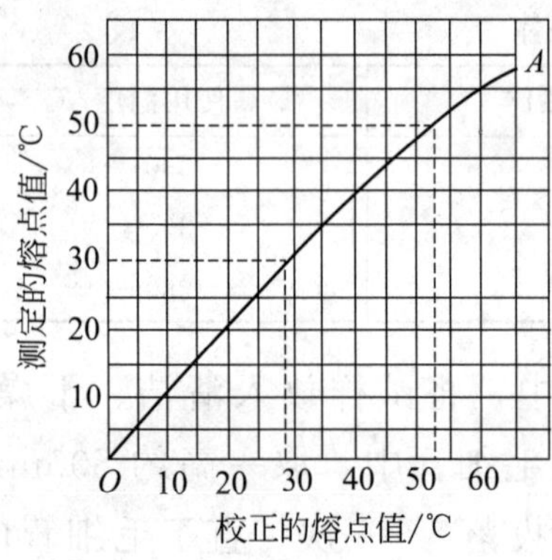

图 6-3　熔点校正工作曲线

这个方法的优点是不仅简便，而且可以同时校正温度计外露段的误差和温度计的示值误差。因此，用该方法测得的熔点，不需再做任何校正。但是用这种方法测定熔点时，操作条件必须相同或尽可能一致。而且每间隔一定时间（例如半年）要重新绘制熔点校正工作曲线。常用的纯物质见表 6-3。

表 6-3　几种测定熔点常用的纯化合物

化合物	熔点/℃	化合物	熔点/℃
水-冰	0.0	脲	132.8
环己醇	25.45	水杨酸	158.3
薄荷醇	42.5	马尿酸	187.0
二苯甲酮	48.1	蒽	216.2
对硝基甲苯	51.65	邻苯二甲酰亚胺	233.5
萘	80.25	对硝基苯甲酸	241.0
乙酰苯胺	114.2	酚酞	265.0
苯甲酸	122.4	蒽醌	286.0

操作指南与安全提示

① 熔点管本身要干净，管壁不能太厚，封口要均匀。

② 样品一定要干燥，并要研成细粉末，往毛细管内装样品时，一定要反复冲撞夯实，管外样品要用滤纸擦干净。

③ 升温速度不宜太快，特别是当温度将要接近该样品的熔点时，升温速度更不能快。一般情况是，开始升温时速度可稍快些（5～6℃/min），但接近该样品熔点时，升温速度要慢（1～2℃/min），对未知物熔点的测定，第一次可快速升温，测定大概的熔点。

④ 观察时，样品开始萎缩（塌落）并非熔化开始的指示信号，实际的熔化开始于能看到第一滴液体时，记下此时的温度；所有晶体完全消失呈透明液体时再记下这时的温度，这两个温度即为该样品的熔点范围。

⑤ 熔点的测定至少要有两次重复的数据，每一次测定都必须用新的熔点管，重装样品。

⑥ 使用硫酸作载热体（加热介质）要特别小心，不能让有机物碰到浓硫酸（如捆绑用的橡皮筋），否则使溶液颜色变深，有碍熔点的观察。若出现这种情况，可加入少许硝酸钾晶体共热后使之脱色。

⑦ 如用浓硫酸作载热体，测定工作结束后，一定要等载热体冷却后方可将浓硫酸倒回瓶中。温度计也要等冷却后，用废纸擦去硫酸后方可用水冲洗，否则温度计极易炸裂。

四、熔点测定仪法测定熔点

1. 测定原理

熔点测定仪的核心部件是硬质玻璃毛细管。与目视法不同，第一是不用传热载体，毛细管直接插在微型电炉中，电炉的初始温度、升温速度可以精确控制，并且可以数字显示。第二是不用眼睛观测，用一束光通过毛细管后照射到光电转换器上，样品熔化前光路不通，没有电信号输出；样品刚开始熔化，有微弱光线开始通过；待样品全部熔化成透明的液体时，光线完全透过，光电转换器的输出增大。这几点的温度变化都被准确地记录和显示在仪器面板上。

2. 数字熔点仪的规格及主要技术参数

熔点测定范围：室温～300℃。

起始温度设定速率：50～300℃，不大于3min；

300～50℃，不大于5min。

数字温度显示最小读数：0.1℃。

线性升温速率（℃/min）：0.2、0.5、1、1.5、2、3、4、5八挡。

测定熔点的精度：小于200℃范围内，±0.5℃；

200～300℃范围内，±0.8℃。

3. 测定步骤

(1) 升温控制　升温控制开关扳至外侧，开启电源开关，稳定20min，此时，保温灯、初熔灯亮、电表偏向右方，初始温度为50℃左右。

（2）设定起始温度　通过拨盘设定起始温度，通过起始温度按钮，输入此温度，此时预置灯亮。

（3）设定升温速度　选择升温速度，将开关扳至需要位置。当预置灯熄灭时，起始温度设定完毕，可插入样品毛细管。此时电表基本指零，初熔灯熄灭。

（4）零点调解　旋转调零按钮，使电表完全指零。

（5）启动升温　按动升温钮，升温指示灯亮。

（6）读取数值　数分钟后，初熔灯先闪亮，然后出现终熔读数显示，欲知初熔读数按初熔钮即得。

五、凝固点测定方法

冷却液态样品，当液体中有结晶（固体）生成时，体系中固体、液体共存，两相成平衡，温度保持不变。在规定的实验条件下，观察液态样品在结晶过程中温度的变化，就可测出其结晶点。本方法适用于凝固点（结晶点）在－7～70℃范围内的有机试剂凝固点（结晶点）的测定。

六、凝固点测定装置

测定凝固点通常用的一种是茹可夫瓶，见图6-4。另一种是自行组装的结晶管装置，见图6-5。它是一个双壁玻璃试管，软木塞上装有温度计和搅拌器。双壁间的空气抽出，以减少与周围介质的热交换。此瓶适用于比室温高10～150℃的物质的凝固点测定。

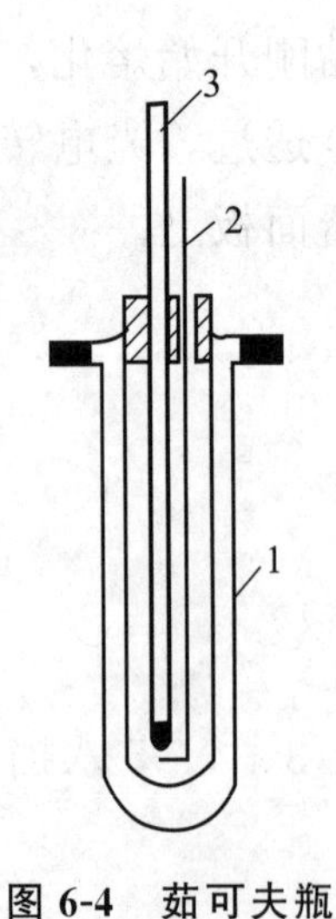

图6-4　茹可夫瓶

1—茹可夫瓶；2—搅拌器；3—温度计

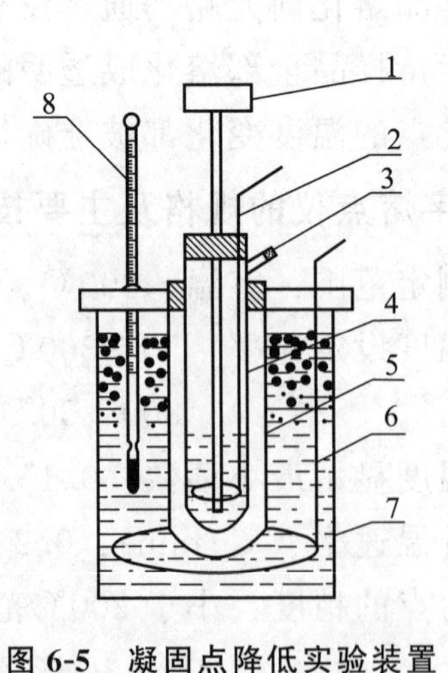

图6-5　凝固点降低实验装置

1—精密数字温差测量仪；2—内管搅拌棒；3—投料支管；4—凝固点管；5—空气套管；6—制冷剂搅拌棒；7—冷却槽；8—温度计

如凝固点低于室温，可在茹可夫瓶外加一个 ϕ120mm×160mm 的冷却槽，内装制冷剂。当测定温度在 0℃以上时，可用冰水混合物作制冷剂；在－20～0℃时可用食盐和冰的混合物作制冷剂；在－20℃以下时则可用酒精和干冰的混合物作制冷剂。测定步骤如下。

（1）仪器　凝固点测定所需仪器的种类及规格见表 6-4。

（2）样品凝固点测定方法

① 称取 15～20g 固体样品或量取 15mL 液体样品，置于干燥的结晶管中，使样品在管中的高度约为 60mm（固体样品应适当大于 60mm）。

② 样品若为固体，应在温度超过其熔点的热浴内将其熔化，并加热至高于凝固点约 10℃。

表 6-4　凝固点测定所需仪器及规格

仪器名称	规格及要求
结晶管	外径约 25mm，长约 150mm
套管	内径约 28mm，长约 120mm，壁厚 2mm
冷却浴	容积约 500mL 的烧杯，盛有合适的冷却液：水、冰水或盐水，并带普通温度计
温度计	分度值为 0.1℃
热浴	容积合适的烧杯，放在电炉上，用调压器控温，并带普通温度计
搅拌器	用玻璃或不锈钢绕成直径约为 20mm 的环

③ 插入搅拌器，装好温度计，使水银球至管底的距离约为 15mm，勿使温度计接触到管壁。

④ 装好套管，并将结晶管连同套管一起置于温度低于样品凝固点 5～7℃的冷却浴中，当样品冷却至低于凝固点 3～5℃时开始搅拌并观察温度。

⑤ 出现结晶时，停止搅拌，这时的温度突然上升，读取最高温度，准确至 0.1℃，并进行温度计刻度误差校正，所得温度即为样品的凝固点。

如果某些样品在一般冷却条件下不易结晶，可另取少量样品，在较低温度下使之结晶，取少许作为晶种加入样品中，即可测出其凝固点。

第二节　沸点和沸程的测定

一、基本概念

温度升高时，液体表面的蒸气压也随之增加，当液体表面的蒸气压与外界大气压相等时，液体开始沸腾。液态物质在标准大气压下沸腾时的温度称为该物质的沸点。纯液态物质在一定压力下都有固定的沸点，一般沸点范围不超过1～2℃，如果液态物质含有杂质则沸点范围将增大，因此沸点也是判断物质纯度的指标之一。

由于不同液态物质的沸点不同，如石油产品和某些有机溶剂是多种有机化合物的混合物，在加热蒸馏时没有固定的沸点，而有一个较宽的沸点范围，称为沸程或馏程。即在标准状况（0℃，101.25kPa）下，对样品进行蒸馏，液体开始沸腾，第一滴馏出物流出时，蒸馏瓶内的气相温度称为始沸点（或初馏点）。蒸馏过程中蒸馏烧瓶内的最高气相温度称为干点。蒸馏终结，即馏出量达到最末一个规定的馏出百分数时，蒸馏烧瓶内的气相温度称为终沸点（或终馏点）。由始沸点到干点（或终沸点）之间的温度范围称为沸程（或馏程）。在某一温度范围内的馏出物，称为该温度范围内的馏分。干点时的未馏出部分称为残留物。试样量与馏出量和残留量之差，称为蒸馏损失量。对于各种产品都根据不同的沸程数据，规定了相应的质量标准，进而可确定产品的质量。例如，某种车用汽油的沸程规格为：初馏点不低于35℃，10%馏出温度不高于70℃，50%馏出温度不高于105℃，90%馏出温度不高于165℃，终沸点不高于180℃，残留量不大于1.5%，损失量不大于2.5%。因此，沸程（馏程）也是石油产品和某些有机溶剂质量控制的重要指标之一。

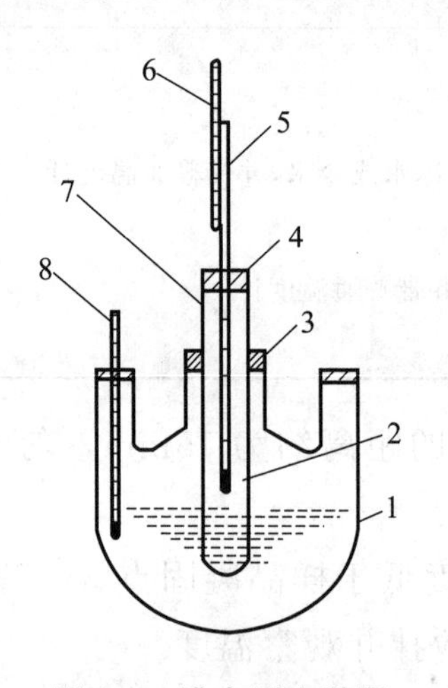

图 6-6　沸点测定装置

1—三口圆底烧瓶；2—试管；3,4—胶塞；5—测量温度计；6—辅助温度计；7—侧孔；8—温度计

二、仪器装置

沸点测定要有相应的沸点测定器，其装置如图6-6所示。

三、沸点的测定方法

沸点的测定方法有蒸馏法和毛细管法。蒸馏法需样品10mL以上，称为常量法；毛细管法只需样品0.25～0.50mL，称为微量法。

1. 蒸馏法（常量法）

该方法适用于受热易分解、氧化的液体有机试剂（如苯甲醛、乙酰乙酸乙酯等）的沸点测定（GB/T 616—2006《化学试剂沸点测定通用方法》）。

（1）仪器　本实验所需仪器的种类和规格见表6-5。

表 6-5　仪器的种类和规格

仪器名称	仪器规格
三口圆底烧瓶	500mL
试管	长 190～200mm，距离试管口约 15mm 处有一直径为 2mm 的侧孔
胶塞	外侧具有出气槽
测量温度计	内标式单球温度计，分度值为 0.1℃，量程适合于所测样品的沸点温度
辅助温度计	100℃，分度值 1℃

（2）操作步骤

① 如图 6-6 所示安装仪器。将三口圆底烧瓶、试管及测量温度计用胶塞连接，测量温度计下端与试管中试样的液面相距 20mm。

② 将辅助温度计附在测量温度计上，使其水银球在测量温度计露出胶塞外的水银柱中部。

③ 烧瓶中注入约为其体积 1/2 的硫酸。

④ 量取适量样品，注入试管中，其液面略低于烧瓶中硫酸（载热体）的液面。缓慢加热，当温度上升到某一数值并在相当时间内保持不变时，此温度即为待测样品的沸点。同时记录测定时室温及气压值。

2. 毛细管法（微量法）

（1）仪器　与毛细管法测定熔点所用的仪器类似。但是毛细管法测定沸点是在沸点管如图 6-7 中进行的。沸点管由内、外管组成。外管为一根内径 3～4mm，长约 5cm，底端封闭的玻璃管。取一根内径约 1mm，长约 4cm 的毛细管作为内管，在酒精灯上加热，将其一端封熔，待用。

（2）操作步骤

① 取 0.25～0.5mL 样品于沸点管的外管中，将毛细管倒置其内，开口端向下，如图 6-7 所示。

② 将沸点管附于测量温度计上（可用橡胶圈套住），使沸点管底部与测量温度计水银球的中部在同一水平线上。

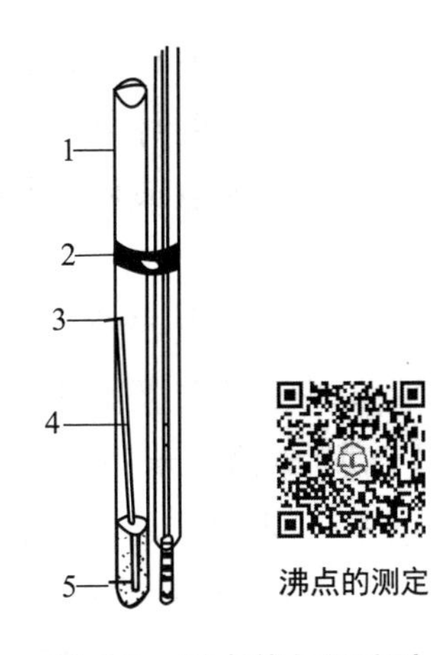

图 6-7　沸点管与温度计

1—ϕ5mm 玻璃管；2—橡胶圈；3—闭口端；4—熔点毛细管；5—开口端

③ 辅助温度计的安装方法与熔点测定相同。

④ 将沸点管置于热浴中缓慢加热（浴液的最高使用温度不能小于被测物质的沸点），当有成串气泡快速从毛细管口不断逸出时移去热源，停止加热，气泡逸出的速度因停止加热而逐渐减慢，当气泡不再逸出而液体刚要进入毛细管时（即最后一个气泡出现但还没有逸出的瞬间），此时毛细管内蒸气压与外界大气压相等，此时的温度即为该样品的沸点。其结果的校正和计算等同于蒸馏法。

3. 沸点校正

有机化合物的沸点随外界气压的改变而变化。而各地区由于受不同的地理及气象条件的影响，气压的变化是非常明显的，如果测定结果不进行大气压的校正，则不同地区、不同气压条件下所测得的沸点值一定存在差别，不能比较。为此，在测定结束后，要准确记录当时当地的大气压，并将测定值换算为标准气压下的值。

所谓标准大气压是指：温度为0℃，重力以纬度45°，760mm Hg作用于海平面上的压力。其数值为101325Pa＝1013.25hPa。

在观测大气压时，通常使用固定槽式水银气压计，由于观测时受本地区的地理及气象条件的影响，往往与标准大气压所规定的条件是不相符合的，为使各地区所得测定结果可以相互比较，由气压计测得的示值，除按仪器说明书的要求进行仪器校正外，必须进行温度校正和重力校正（包括纬度和高度的校正），其校正值均已列成表格，见书后附表一、附表二和附表三。校正后的沸点或沸程温度按下式计算：

$$t = t_1 + \Delta t_1 + \Delta t_2 + \Delta t_p$$

式中　t_1——试样的沸点或沸程温度读数值，℃；

Δt_1——温度计示值的校正值，℃；

Δt_2——温度计外露段的校正值，℃；

Δt_p——沸点或沸程温度随气压的变化值，℃。

$$\Delta t_p = K(1013.25 - p)$$

式中　K——沸点或沸程温度随气压的变化率。由附表三中查出，0℃/hPa；

p——经温度和重力校正后的气压值，hPa。

【例题6-1】 苯甲醛沸点的校正。

已知：某物质的观测沸点：　176.0℃。

测定时室内温度：　21.5℃。

测定时室内气压：　1020.35hPa。

测量处的纬度：　36°。

辅助温度计的读数：　45℃。

主温度计刚露出塞外刻度值：　140℃。

温度计示值校正值：　－0.2℃。

求试样的沸点？

解　温度计外露段的校正：

$$\begin{aligned}\Delta t_2 &= 0.00016(t_1 - t_2)h \\ &= 0.00016\times(176.0-45)\times(176.0-140) \\ &= 0.75(℃)\end{aligned}$$

将观测气压换算至0℃的气压：

$$p_0=1020.35-3.67=1016.68(\text{hPa})$$

将0℃时的气压进行重力校正：

$$p=1016.68+(-0.97)=1015.71(\text{hPa})$$

求出沸点随气压的变化值 Δt_p：

$$\begin{aligned}\Delta t_p &= K\times(1013.25-1015.71)\\ &=0.041\times(1013.25-1015.71)\\ &=-0.10(℃)\end{aligned}$$

求苯甲醛沸点值 t

$$\begin{aligned}t &= t_1+\Delta t_1+\Delta t_2+\Delta t_p\\ &=176.0+(-0.2)+0.75+(-0.10)\\ &=176.4(℃)\end{aligned}$$

另外，在测定未知试样的沸点时，通常用的校正方法是标准样品对照实验，结果很可靠，准确度可达到0.1～0.5℃。具体方法是同时测定标准样品和待测样品的沸点，用标准样品实测的沸点减去标准样品的沸点文献值，所得差值即为待测样品沸点的校正值。标准样品的选择原则是：所选择标准样品的结构和沸点要与待测样品相近。校正沸点常用的标准样品见表6-6。

表6-6　校正沸点常用的标准样品

化合物	沸点/℃	化合物	沸点/℃	化合物	沸点/℃
溴乙烷	38.40	甲苯	110.62	硝基苯	210.85
丙酮	56.11	氯苯	131.84	水杨酸甲酯	222.95
氯仿	61.27	溴苯	156.15	对硝基甲苯	238.34
四氯化碳	76.75	环己醇	161.10	二苯甲烷	264.40
苯	80.10	苯胺	184.40	二苯酮	306.10
水	100.0	苯甲酸甲酯	199.50	α-溴萘	281.20

例如：某未知物测得的沸点是38.1℃，在同一条件下测得溴乙烷的沸点38.60℃，由表6-6查得溴乙烷在标准气压下的沸点是38.40℃，因此沸点的校正值为−0.20℃。该未知物校正到标准气压下的沸点就应该是37.9℃。

四、沸程的测定方法

沸程或馏程是许多有机试剂、化工和石油产品的必测指标。馏程表示方法有两种：一种是测定达到规定馏出量时的馏出温度；另一种是测定达到规定馏出温度时的馏出量。在这里值得注意的是对测定值一定要进行温度和压力的校正。在测定规定馏出温度下的馏出量时，应首先将技术标准中规定的标准气压(1013.25hPa)下的馏出温度校正为实测大气压力下的温度，方可进行测定。如果测定规定馏出量条件下的馏出温度，应该把实际大气压力下测得的馏出温度校正为 1013.25hPa 大气压力下的温度，才是正式的测定结果。

1. 仪器装置

沸程用蒸馏法测定，装置如图 6-8 所示的标准化的测定仪进行测定。下面介绍的是馏程测定法也称馏分测定法。该方法是指在标准状况（1013.25hPa，0℃）下，在产品标准规定的温度范围内的馏出物体积。此法适用于沸点低于 300℃大于 30℃的受热稳定的有机试剂沸程的测定（GB/T 615—2006《化学试剂沸程测定通用方法》）。

2. 仪器

本操作所需仪器的种类和规格见表 6-7。

表 6-7　蒸馏法测定沸程仪器的种类和规格

仪器名称	仪器规格及要求
支管蒸馏瓶	100mL，用硼硅酸盐玻璃制成
测量温度计	水银单球内标式，分度值为 0.1℃，量程适合于所测样品的温度范围
辅助温度计	分度值 0.1℃
冷凝器	用硼硅酸盐玻璃制成，空气冷凝器不设冷凝水套管。水冷凝器的标准尺寸参见 GB/T 615—2006
接收器	容积为 100mL，两端分度值为 0.5mL，其标准尺寸见 GB/T 615—2006
蒸馏瓶外罩	横断面呈矩形且上下两端开口，其构造和标准尺寸参见 GB/T 615—2006，用 0.7mm 厚的金属板制成
隔热板	厚度为 6mm，边长为 150mm 的正方形，中央孔径为 50mm
热源	煤气灯或电加热装置，当样品沸程下限温度低于 80℃时应除去外罩而采用水浴加热，水浴液面应该一直保持不超过样品液面

3. 测定方法

（1）仪器组装　组装仪器前，首先选择规格合适的仪器。组装的顺序是先从热源（煤气灯、酒精灯或电炉）处开始，按“由下而上，由左到右（或由右到左）”的顺序。如图 6-8 所示安装沸程测定仪。注意要使测量温度计水银球上限与蒸馏瓶的支管的下限在同一水平线上。如图 6-9 所示。

（2）用接收器接收试样　量取（100±1）mL 的试样，将样品全部转移至蒸馏瓶中，加入几粒清洁、干燥的沸石，装好温度计，将接收器（不必经过干燥）置于冷凝管下端，使冷凝管口进入接收器部分不少于 25mm，也不低于 100mL 刻度线，并确保向冷凝管稳定地提供冷却水。

（3）调节蒸馏速度　对于沸程温度低于 100℃的试样，应使自加热起至第一滴冷凝液滴入接收器的时间为 5～10min；对于沸程温度高于 100℃的试样，上述时间应控制在 10～15min，然后将蒸馏速度控制在 3～4mL/min。

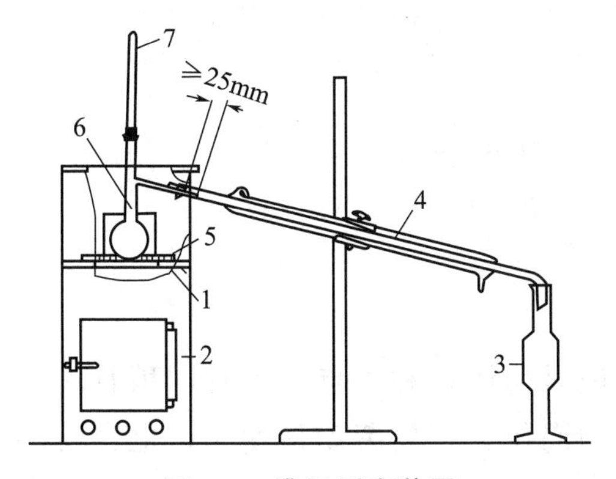

图 6-8　沸程测定装置

1—隔热板架；2—蒸馏瓶外罩；3—接收器；4—冷凝管；
5—隔热板；6—支管蒸馏瓶；7—测量温度计

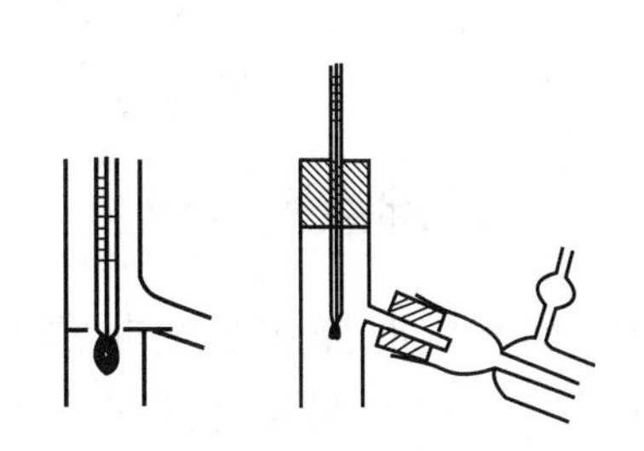

图 6-9　蒸馏装置中温度计的位置

(4) 记录　记录规定馏出物体积对应的沸程温度或规定沸程温度范围内的馏出物的体积。记录室温及气压。

(5) 校正　对测定结果进行温度、压力和沸程的校正。沸程校正方法同沸点校正。

【例题 6-2】 二甲苯的沸程温度校正。

已知：规定的沸程温度 t：　136～139℃。

室温：　24.0℃。

气压（测定时气压）：　999.92hPa。

测量处纬度：　30°。

辅助温度计读数 t_2：　30.0℃。

胶塞上沿处温度计刻度：　109.0℃。

求观测沸程温度？

解　温度校正：　999.92－3.90＝996.02(hPa)

纬度校正：　996.02＋(－1.37)＝994.65(hPa)

沸点随气压的变化值 Δt_p：

$$\Delta t_p = K \times (1013.25 - p)$$
$$= 0.038 \times (1013.25 - 994.65) = 0.71(℃)$$

计算在观测气压下的沸程温度 t_p：

$$136℃：t_p = 136 - 0.71 = 135.29(℃)$$
$$139℃：t_p = 139 - 0.71 = 138.29(℃)$$

温度计外露段的校正：

135.29℃：$\Delta t_2 = 0.00016(t_1 - t_2)h$

$$= 0.00016 \times (135.29 - 109.0) \times (135.29 - 30.0) = 0.44(℃)$$

138.29℃：$\Delta t_2=0.00016\times(138.29-109.0)\times(138.29-30.0)=0.51$(℃)

求观测沸程：

$$136℃：t=136-0.71-0.44=134.8(℃)$$

$$139℃：t=139-0.71-0.51=137.8(℃)$$

五、全自动沸点测定仪

沸程测定时操作必须非常小心，在记录初馏点和干点温度时，稍有疏忽就会记录不准。对于那些必须经常测定沸程的岗位，不仅劳动强度大，也容易出现操作误差。现在市场上已有多种全自动沸点测定仪或全自动蒸馏装置，解决了许多实际操作中存在的问题。下面简单介绍几种全自动蒸馏装置。

1. DRD-100 型全自动蒸馏测定器

该仪器适用于 GB/T 6536 所规定的沸点或沸程的测定。它具有液面自动跟踪、初馏点自动检测、干点自动检测、超温保护、自动灭火等功能。加热电炉为低压（24V）供电，炉温为室温至 500℃可调。冷浴温度为 0～4℃或 0～60℃可调。

2. JSR-1013 型全自动蒸馏测定器

该仪器同样适用于 GB/T 6536 所规定的沸点或沸程的测定。200V 电炉加热，温度为室温至 60℃；进口压缩机制冷，制冷温度 0～4℃；操作程序由微机控制，大液晶屏显示，还可以与其他仪器联网；性能与同类进口仪器相当，价格只相当于进口仪器的五分之一。见图 6-10。

图 6-10 JSR-1013 型全自动蒸馏测定器

3. DSY-218 型减压蒸馏测定器

该仪器适用于 GB/T 9168 规定的减压蒸馏条件下沸点或沸程的测定。仪器本身不带真空棒，需要另外配置。它配有光电自动调节真空压力系统，及麦克劳德压力计指示系统的真空度。蒸馏温度有数字显示和随时锁定功能，还配有压缩机制冷的冷阱和安全灭火装置。

操作指南与安全提示

① 沸程测定时要加入止暴剂，以防止暴沸。

② 测量温度计水银球放置位置要准确。

③ 沸点测定后的载热体要放在指定位置。

④ 操作完毕要及时处理热源。

第三节 闪点和燃点的测定

一、闪点和燃点的测定原理

闪点是指石油产品在规定的条件下，加热到它的蒸气和空气的混合气与火焰接触发生瞬间闪火时的最低温度，以℃表示。燃点是指可燃性液体表面的蒸气和空气的混合物与火接触而发生燃烧，且能维持燃烧不少于5s时的最低温度。它是可燃性液体性质的重要指标之一。在相同试验条件下，同一液体的燃点高于其闪点。

从油品闪点可判断其馏分组成的轻重。一般的规律是：油品蒸气压愈高，馏分组成愈轻，则油品的闪点愈低。反之，馏分组成愈重的油品则具有较高的闪点。从闪点可鉴定油品发生火灾的危险性。因为闪点是有火灾危险出现的最低温度。闪点愈低，燃料愈易燃，火灾危险性也愈大。所以易燃液体也根据闪点进行分类。闪点在45℃以下的液体叫做易燃液体，闪点在45℃以上的液体叫做可燃液体。按闪点的高低可确定其运输、储存和使用的各种防火安全措施。

由于使用石油产品时，有封闭状态和暴露状态的区别，所以测定闪点的方法有开口杯法和闭口杯法两种。通常轻质石油或在密闭容器内使用的润滑油多用闭口杯法测定闪点。重质油及在非密闭的机件或温度不高的条件下使用的石油产品一般采用开口杯法测定闪点。至于某一石油产品应用哪一种方法测定闪点，在石油产品标准中都有明确规定。测定燃点为开口杯法。通常，开口闪点要比闭口闪点高20～30℃，这是因为开口闪点在测定时，有一部分油蒸气挥发了，但如两者结果悬殊太大时，则说明该油混有轻质馏分，或是蒸馏时有裂解现象，或是脱蜡过程中用溶剂精制时，溶剂分离不完全等。对于某些润滑油来说，需要同时测定开、闭口闪点，以作为油品含有低沸点混入物的指标，用于生产检查。

闪点和燃点随大气压力的变化而变化，所以在不同大气压力条件下测得的闪点和燃点，应换算成101.3kPa压力条件下的温度，才能作为正式的测定结果。

二、仪器装置

开口杯法测定闪点和燃点的装置为克利夫兰开口杯仪，其结构如图6-11所示。闭口闪点测定器有两种，一种带有电动搅拌装置，如图6-12所示；另一种带有手动搅拌装置，如图6-13所示，均通过软轴进行搅拌。

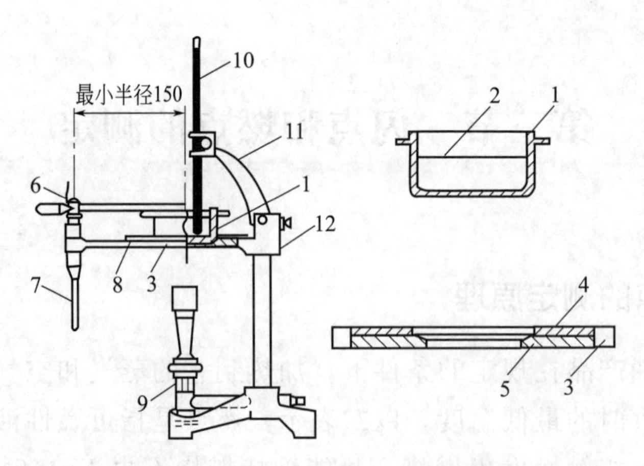

图 6-11　克利夫兰开口杯仪的结构

1—油杯；2—试样装入量标记线；3—加热板；4—硬质石棉板层；5—金属板层；6—点火器；7—燃烧器导管；8—金属小孔；9—加热器；10—温度计；11—温度计支架；12—加热板支架

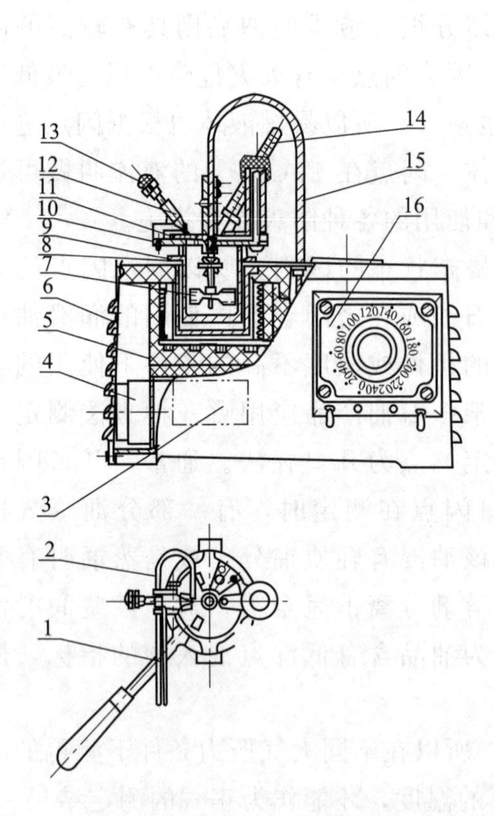

图 6-12　带有电动搅拌装置的闭口闪点测定器

1—油杯手柄；2—点火管；3—铭牌；4—电机；5—电炉盘；6—壳体；7—搅拌浆；8—浴套；9—油杯；10—油杯盖；11—滑板；12—点火器；13—点火器调节螺丝；14—温度计；15—传动软轴；16—开关箱

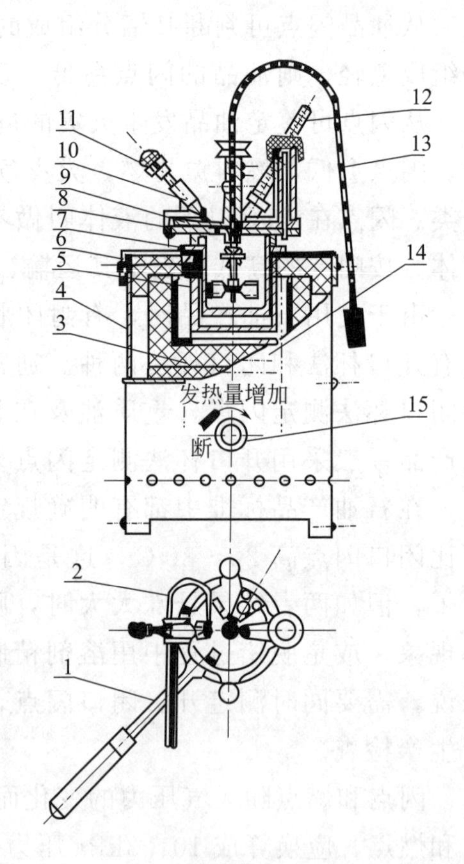

图 6-13　带有手动搅拌装置的闭口闪点测定器

1—油杯手柄；2—点火管；3—电炉盘；4—壳体；5—搅拌浆；6—浴套；7—油杯；8—油杯盖；9—滑板；10—点火器；11—点火器调节螺丝；12—温度计；13—传动软轴；14—铭牌；15—旋钮

三、闪点和燃点的测定方法

1. 开口杯法

在克利夫兰开口杯仪中使试样恒速升温，在规定的温度间隔的条件下，试验火焰使试样蒸气发生闪燃现象的最低温度，即为实测的开口杯法闪点；使试样燃烧至少5s的最低温度即为实测的燃点，然后再做换算。这种方法即为克利夫兰开口杯法。

（1）仪器准备单　本实验所需仪器的种类和规格见表6-8。

表6-8　开口杯法测定闪点和燃点所需仪器

仪器名称	仪器规格
克利夫兰开口杯仪	
气压计	定期检定
温度计	分度值为0.1℃
钢丝刷	清洗油杯用
溶剂油	清洗油杯用
加热板	

（2）操作步骤

① 样品处理。试样的水分超过0.05%时，必须进行脱水处理。闪点低于100℃的样品不需加热，直接加入无水氯化钙；闪点高于100℃的样品，可加热到50～80℃再加入脱水剂，脱水后取试样的上层清液进行测定。

② 清洗油杯。用无铅汽油或其他合适的溶剂将油杯洗净。如有炭渣存在，用钢丝刷除去，用冷水冲洗后用明火或在加热板上干燥。油杯在使用前，应冷却到试样预计的闪点以下至少56℃。

③ 添加样品。将试样装入油杯中，若样品的闪点不大于210℃，加到内坩埚的上刻线；若样品的闪点不小于210℃，则加至下刻线。如果试样沾到油杯外表面上，应倒出试样，将油杯洗净和干燥，重新装入试样。液面以上的坩埚壁不应沾有样品。装入试样后，油杯内的液面如果有气泡，用干燥滤纸除去。

④ 开始加热。点燃煤气灯（或接通电炉电源），使试样升温。升温速度为15℃/min左右。样品温度逐渐上升，接近闪点前56℃时，减慢加热速度，温度达到闪点前30℃时，升温速度要控制在3～5℃/min。

⑤ 点燃试验火焰。点燃点火器，调节火焰直径为3～4mm，使与仪器上金属小孔的直径相同。样品温度达到闪点前10℃时，开始用试验火焰扫划油杯一次，扫划时试验火焰的中心必须在油杯的上边缘2mm以内的平面上，以直线或沿着半径至少为150mm的弧线划过油杯中心。每次划过油杯的时间约1s，同时

观察有无闪燃现象。如无闪燃现象发生，以后每升温 2℃扫划一次，但下一次的扫划方向应与上一次的扫划方向相反。

⑥ 记录数据。如果试样液面上任意点第一次出现闪燃现象，就要马上记录试样温度，该温度值作为实测的开口杯法闪点，同时记录大气压力。但应注意不要将有时在试验火焰周围产生的淡蓝色光环同真正的闪燃相混淆。

⑦ 测定燃点。继续加热试样，升温速度仍为 3～5℃/min。用试验火焰在试样每升高 2℃时即扫划一次，直到试样着火并能连续燃烧不少于 5s。记录这个着火时的试样温度，作为实测的燃点。测定结果均以整数计。每一个试样都必须做平行测定，平行测定结果的差值不能超过 8℃。

表 6-9　闪点的校正值

闪点/℃	不同大气压下的校正值 Δt/℃										
	72.0 kPa	76.4 kPa	77.3 kPa	80.0 kPa	82.6 kPa	85.3 kPa	88.0 kPa	90.6 kPa	93.3 kPa	96.0 kPa	98.6 kPa
100	9	9	8	7	6	5	4	3	2	2	1
125	10	9	8	8	7	6	5	4	3	2	1
150	11	10	9	8	7	6	5	4	3	2	1
175	12	11	10	9	8	6	5	4	3	2	1
200	13	12	10	9	8	7	6	5	4	2	1
225	14	12	11	10	9	7	6	5	4	2	1
250	14	13	12	11	9	8	7	5	4	3	1
275	15	14	12	11	10	8	7	6	4	3	1
300	16	15	13	12	10	9	7	6	4	3	1

⑧ 结果计算。取平行测定结果的算术平均值，按下式进行大气压力影响的修正后，作为试样的闪点和燃点：

$$t = t_0 + \Delta t$$

式中　t_0——校正到 101.3kPa 大气压力下的开口杯闪点或燃点，℃；

t——实测的克利夫兰开口杯法闪点或燃点，℃；

Δt——大气压力影响的修正值。

$$\Delta t = (0.00015t + 0.028)(101.3 - p) \times 7.5$$

此外，Δt（℃）也可以从表 6-9 中查到。

操作指南与安全提示

① 闪点测定器要放在避风和较暗的地点，才便于观察闪火。为了更有效地避免气流和光线的影响，闪点测定器应围着防护屏。

② 取样量必须准确，控制火球的大小与油液面间的距离。

③ 进行点火试验，在试样液面上方最初出现蓝色火焰时，立即从温度计读出温度作为闪点的测定结果。得到最初闪火之后，继续点火试验，应能继续闪火。在最初闪火之后，如果再进行点火却看不到闪火，应更换试样重新试验，只

有重复试验的结果依然如此，才能认为测定有效。

④ 在试验过程中，试验升温至预计闪点前17℃及以后的时间内，均应注意避免操作人员的呼吸或操作引起油杯中蒸气流动而影响试验结果。

2. 闭口杯法

样品在特制的闭口闪点测定器中缓慢加热，并不断搅拌，使试样慢速升温，在规定的温度间隙条件下，将一小火焰移至试杯盖上的小孔处，观察并记录试样发生闪燃的最低温度，即为实测的闭口杯法闪点，再做换算。这种方法称为闭口杯法闪点。

（1）仪器准备单　本实验所需仪器的种类和规格见表6-10。

表6-10　闭口杯法测定闪点和燃点所需仪器

仪器名称	仪器规格
闭口闪点测定仪	
水银温度计	分度值为1℃
气压计	检验合格
无铅汽油或其他溶剂	洗涤油杯用
无水氯化钙	脱水剂

（2）操作步骤

① 安装仪器。按图6-12或图6-13安装仪器。闪点测定器要放在避风和较暗的地点，才利于观察闪火。为了更有效地避免气流和光线的影响，闪点测定器应围着防护屏。防护屏用镀锌铁皮制成，内壁涂成黑色，高550～650mm，宽度以能三方围着闭口闪点测定器而又方便操作为宜。

② 样品处理。试样含水量大于0.05%时必须进行脱水，方法与开口杯法相同。

③ 清洗油杯。油杯用无铅汽油或其他溶剂清洗干净并吹干待用。

④ 添加样品。将样品注入油杯的环形刻线处。装试样时，试样和油杯的温度均不得高于试样在脱水时的温度。测定闪点低于50℃的试样时，应预先将空气浴冷却到室温（20℃±5℃）。

⑤ 开始加热。闪点低于50℃的试样，升温速度为1℃/min。试验闪点高于50℃的试样，开始加热速度要均匀上升，并定期进行搅拌。到预计闪点前40℃时，调整加热速度，使在预计闪点前20℃时，升温速度能控制在2～3℃/min，并还要不断进行搅拌。

⑥ 开始点火。试样温度到达预期闪点前10℃时，不再搅拌，开始点火。用点火器调节螺丝，将火焰调整到接近球形，其直径为3～4mm。点火时使火焰在0.5s内降到杯内含蒸气的空间，停留1s即离开，回到原位，并立即使划板重新

盖住油杯，恢复搅拌。对于闪点低于50℃的试样每升1℃进行点火试验，对于闪点高于50℃的试样每升2℃进行点火试验。

⑦ 记录数据。在试样液面上方最初出现蓝色火焰时，立即从温度计读出温度作为闪点的测定结果，同时记录大气压力。得到最初闪火之后，继续点火试验，应能继续闪火。在最初闪火之后，如果再进行点火却看不到闪火，应更换试样重新试验，只有重复试验的结果依然如此，才能认为测定有效。平行测定三次，取平行测定结果的算术平均值，进行大气压力影响的修正后作为样品的闪点。

⑧ 结果计算。标准大气压下的闪点 t_0（℃）按下式计算：

$$t_0=t+\Delta t$$

$$\Delta t=0.259\times(101.3-p)$$

式中　t_0——大气压为101.3kPa时的闪点，℃；

t——操作条件下测得的闪点，℃；

Δt——闪点的校正值，℃；

p——测定闪点时的大气压，kPa。

除此之外，闪点的校正值还可以从表6-11中查出。

表6-11　闭口杯闪点的校正值

大气压/kPa	Δt/℃	大气压/kPa	Δt/℃	大气压/kPa	Δt/℃
84.0～84.7	+4	91.7～95.5	+2	99.4～103.2	0
87.8～91.6	+3	95.6～99.3	+1	103.3～107.1	−1

四、全自动闪点测定仪

前面介绍的两种方法，无论是开口杯法还是闭口杯法测定闪点所用的仪器，都是手工操作，肉眼观察，不仅费时费力，而且实验误差也较大，也易造成环境污染。随着现代科学技术的飞速发展，目前出现了许多先进的全自动闪点测定仪，以下简单介绍几种。

1. KS-3型开口闪点自动测定仪

KS-3型开口闪点自动测定仪是按GB 3536、GB 267的标准方法设计、制造的新一代石油产品开口闪点测定仪。见图6-14。仪器主要特点如下。

图6-14　KS-3型开口闪点自动测定仪

① 测定范围是80～400℃。

② 显示预置温度、样品温度、闪点值、加热器参考温度。

③ 具有自检功能。仪器采用了微型计算机技术，实现了工作过程自动化，具有测量准确度高、重复性好、性能稳定可靠、操作简单等特点。

2. ABA4 型全自动闭口闪点测定仪

该仪器体积小，可以放在通风橱中使用。其主要特点如下。

① 操作温度，空气冷却型 0～100℃；水冷却型－30～110℃。

② 有带盖和阀门组件的测试杯，杯上插有多功能检测探头，能自动检测闪点，自动校正偏差。

③ 具备气体火焰和电点火器两种点火系统，能自动检查电点火器的性能，自动跟踪气体火焰、重新点火，若重新点火失败则停止测试。

④ 具有测试方法程序库，也可自己设定测试方法，并能自动打印。

3. ZZ20-BS-2000 型闭口闪点全自动测定仪

该仪器主要特点如下。

① 仪器采用微计算机技术，大屏幕 LCD 液晶显示。

② 测量范围是 40～375℃。

③ 仪器按标准方法升温、自动升降、自动通气、自动点火、自动显示、自动锁定闪点值、自动打印结果。

④ 测试完毕后能自动冷却，实现了工作过程全自动化。

⑤ 具有测量准确，重复性好，性能稳定，操作简单等优点。

第四节　密度的测定

一、测定原理

物质的密度是指在一定的温度和压力下单位体积内所含物质的质量，用符号 ρ 表示，单位是 g/cm^3、kg/m^3、kg/L 和 g/mL。国家标准规定液态产品密度的标准测定温度为 20℃。液体的体积受温度的影响较大，因此密度的测定和使用都必须注明温度。在实际工作中还会遇到相对密度，它是指 20℃时物质的质量与 4℃时等体积纯水的质量之比，符号为 ρ_4^{20} 表示，为无量纲量。不同温度下水的密度见表 6-12。

表 6-12　不同温度下水的密度　　单位：g/cm^3

温度/℃	密度	温度/℃	密度	温度/℃	密度	温度/℃	密度
0	0.9987	15	0.99913	19	0.99843	23	0.99756

续表

温度/℃	密度	温度/℃	密度	温度/℃	密度	温度/℃	密度
4	1.00000	16	0.99879	20	0.99823	24	0.99732
5	0.99993	17	0.99880	21	0.99802	25	0.99707
10	0.99973	18	0.99862	22	0.99779	26	0.99567

密度是衡量物质纯度的重要物理常数，因此可根据密度这样一个简便的测定方法估计一些产品的纯度。也可以根据密度的大小判定一些有机物的组成情况。如组成石油的各种烃类，其密度间有很大的差异。一般环烷烃的密度比烷烃大，芳香烃的密度比环烷烃大；原油中含硫、氮、氧等有机化合物越多，含胶质多，密度就越大。密度的测定方法有密度瓶法、密度计法、韦氏天平法等。

通过密度测定，还可以大致估计样品分子结构的复杂性，含有一个以上官能团的化合物的密度通常大于1.0，而密度小于1.0的化合物通常不会含有多个官能团。

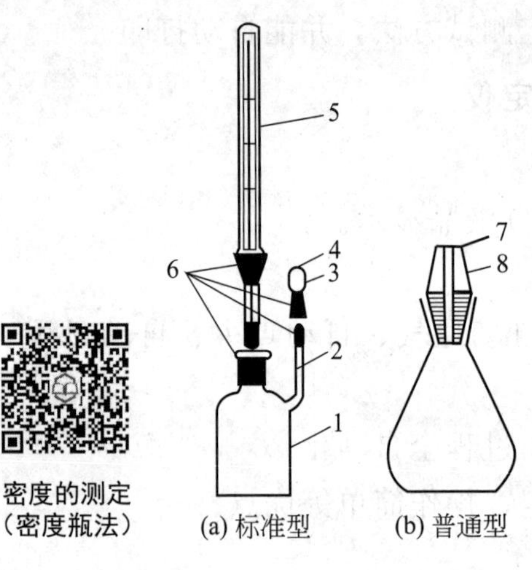

图 6-15 密度瓶

1—密度瓶的主体；2—侧管；3—侧孔；4—侧孔罩；5—温度计；6—玻璃磨口；7—毛细孔；8—磨口塞

二、密度瓶法

密度瓶法是通过测出样品的质量和密度瓶体积，从而确定物质密度的方法。密度瓶有两种，一种是有温度计的标准型，其结构见图6-15(a)，另一种是不带温度计的普通型，其结构见图6-15(b)。在20℃时，分别测定充满同一密度瓶的水及样品的质量，由水的质量可确定密度瓶的容积即样品的体积，根据样品的质量和体积即可计算其密度。

1. 仪器准备单

密度瓶有各种形状和规格，一般常用的有25mL、10mL、5mL、1mL，大都为球形。比较标准的一种是带有特制的温度计、并具有磨口小帽的小支管的密度瓶，本实验所需仪器的种类及规格见表6-13。

表 6-13 密度瓶法测密度所需仪器

仪器名称	仪器规格
分析天平	感量为0.1mg
密度瓶	10mL或25mL
温度计	分度值为0.2℃
恒温水浴	温度可控制在(20±0.1)℃

2. 测定步骤

（1）称量密度瓶　将密度瓶洗净并烘干（带温度计的瓶塞不要烘烤），冷却至室温，带温度计及侧孔罩在分析天平上称量空瓶质量。

（2）装蒸馏水恒温　将煮沸 30min 并冷却至 16℃左右的蒸馏水装入密度瓶中，不得带进气泡，插好温度计，将密度瓶放进（20±0.1）℃的恒温水浴中，使液面浸没瓶颈。

（3）恒温后称量　恒温 30min 后，直到密度瓶的温度达到 20℃，并使侧管中的液面与侧管口齐平，拿出密度瓶，用滤纸擦干溢出支管外的水，盖上侧孔罩，擦干瓶外的水，称其总质量。

（4）清洗密度瓶　将密度瓶里的水倾出，用乙醇或乙醚清洗密度瓶并烘干。冷却。

（5）样品测定　在密度瓶中注满待测样品，待测液可以是丙酮等有机溶剂，重复上述（2）、（3）步操作，称其总质量。

（6）结果计算　重复测定 3 次，取平均值。试样的密度按下式计算：

$$\rho=\frac{m_1+A}{m_2+A}\times\rho_0 \qquad A=\rho_a V$$

式中　m_1——20℃时充满密度瓶所需样品的质量，g；

m_2——20℃时充满密度瓶所需蒸馏水的质量，g；

ρ_0——20℃时蒸馏水的密度，0.99820g/mL；

A——空气浮力校正值（此校正值的影响很小，通常可忽略不计），g；

ρ_a——干燥空气在 20℃，101.325kPa 时的密度，其值为 0.0012g/mL；

V——样品的体积，mL。

密度瓶法不适宜测定易挥发性液体试样的密度。

三、密度计法

密度计法是将密度计插入待测样品中，通过密度计刻度直接读出样品的密度。密度计法测定密度是基于阿基米德原理，当密度计沉入液体时，排开一部分液体，并受到自下而上的等于排开的液体重量的浮力。排开液体重量等于密度计本身的重量时，密度计处于平衡状态。这种方法虽然准确度较低，但是简便、快速，很适合工业生产中的日常控制测定。密度计的结构如图 6-16 所示，一般用玻璃制成，中间部分较粗，内有空气，所以放在液体中时，可以

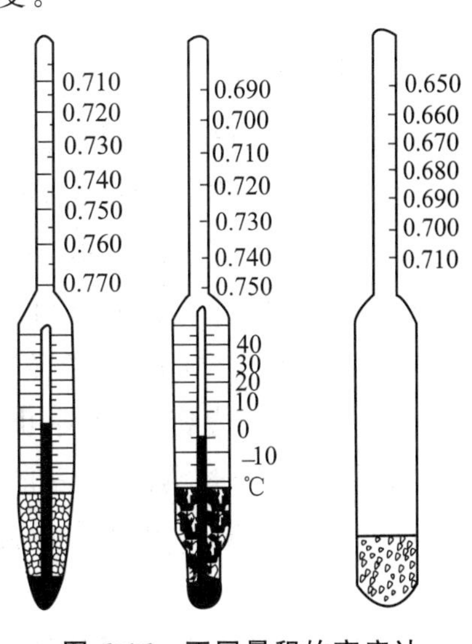

图 6-16　不同量程的密度计

浮起；下部装有小铅粒形成重锤，能使密度计直立于液体中；上部较细，管内有刻度标尺，可以直接读出密度值。密度计应符合 SH/T 0316—1998 标准和表 6-14 所给出的技术要求。密度计的种类较多，刻度也不尽相同。常用的有如下两类，一种是用于测定密度小于水（例如石油组分、白酒等）的物质，另一种是用于测定密度大于水的物质。通常由几支不同规格的密度计组成一套，每支都有一定的测定范围。

表 6-14　密度计的技术要求

型号	单位	密度范围	每支单位	刻度间隔	最大刻度误差	弯月面修正值
SY-02	kg/m^3 (20℃)	600～1100	20	0.2	±0.2	+0.3
SY-05		600～1100	50	0.5	±0.3	+0.7
SY-10		600～1100	50	1.0	±0.6	+1.4
SY-02	g/mL (20℃)	0.600～1.100	0.02	0.0002	±0.0002	+0.0003
SY-05		0.600～1.100	0.05	0.0005	±0.0003	+0.0007
SY-10		0.600～1.100	0.05	0.0010	±0.0006	+0.0014

1. 仪器准备单

本实验所需仪器的种类及规格见表 6-15。

表 6-15　密度计法测定密度所需仪器

仪器名称	仪器规格
密度计	分度值为 0.0001g/mL
恒温水浴	温度控制在(20±0.1℃)
温度计	0～50℃,分度值为 0.1℃
玻璃量筒	100～250mL

2. 测定步骤

(1) 清洗量筒　将用来盛装样品的量筒清洗干净，然后进行干燥。

(2) 取样　将待测样品小心地沿筒壁倒入清洁、干燥的量筒中，可选用乙醇、甲苯、甘油等样品，并注意不使液体中产生气泡。

(3) 密度估计　首先估计试样的粗密度，根据估计值选择相应的密度计。

(4) 测量　将密度计轻轻插入待测样品中。注意不能与量筒壁接触。

(5) 读数　待密度计停止摆动后，读出待测样品的密度值，读数方法如图 6-17 所示，同时测出样品的实际温度。

(6) 结果计算　在测定温度下试样的相对密度 ρ_t 按下式计算：

$$\rho_t = \rho_t' + \rho_t' \times \alpha(20 - t)$$

式中　ρ_t'——试样在温度 t 时密度计的读数，g/mL；

α——密度计的玻璃膨胀系数，一般为0.000025；

t——测定时的温度，℃；

20——密度计的标准温度，℃。

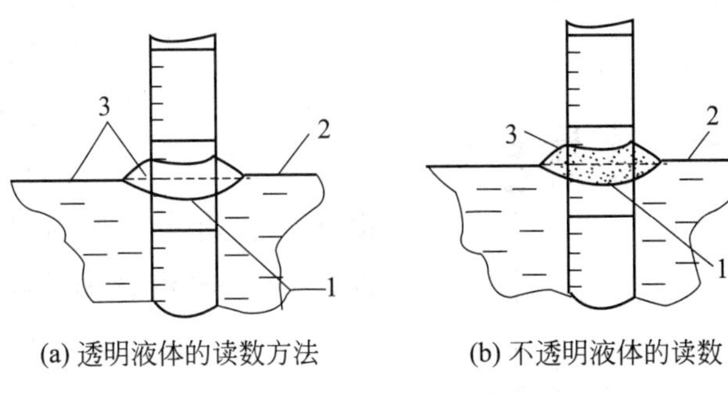

(a) 透明液体的读数方法　　(b) 不透明液体的读数

图6-17　读数方法

1—弯月面；2—液体的水平面；3—在这里读刻度

（7）密度换算　由于密度计干管读数是以纯水在4℃时的密度为1g/mL作为标准刻制标度的，因此，测定后要将密度换算成标准密度。当温差在（20±5)℃范围时，由下式换算：

$$\rho_{20}=\rho_t+\gamma(t-20)$$

式中　ρ_{20}——样品在20℃时的密度，g/mL；

ρ_t——样品在温度t测定时的密度，g/mL；

γ——样品密度的平均温度系数，可根据查表而得；

t——测定样品时的温度，℃。

油品密度的平均温度系数见表6-16。

表6-16　油品密度的平均温度系数

ρ_{20}/(g/mL)	Γ/[g/(mL・℃)]	ρ_{20}/(g/mL)	Γ/[g/(mL・℃)]
0.700～0.710	0.000897	0.850～0.860	0.000699
0.710～0.720	0.000884	0.860～0.870	0.000686
0.720～0.730	0.000870	0.870～0.880	0.000673
0.730～0.740	0.000857	0.880～0.890	0.000660
0.740～0.750	0.000844	0.890～0.900	0.000647
0.750～0.760	0.000831	0.900～0.910	0.000633
0.760～0.770	0.000813	0.910～0.920	0.000620
0.770～0.780	0.000805	0.920～0.930	0.000607
0.780～0.790	0.000792	0.930～0.940	0.000594
0.790～0.800	0.000778	0.940～0.950	0.000581
0.800～0.810	0.000765	0.950～0.960	0.000568
0.810～0.820	0.000752	0.960～0.970	0.000555
0.820～0.830	0.000738	0.970～0.980	0.000542
0.830～0.840	0.000725	0.980～0.990	0.000529
0.840～0.850	0.000712	0.990～1.000	0.000518

四、韦氏天平法

韦氏天平法测定密度的基本原理也是依据阿基米德定律。在20℃时，分别测量同一物体（玻璃浮锤）在水及样品中的浮力，由于玻璃浮锤所排开的水的体积与所排开样品的体积相同，所以根据水的密度及浮锤在水与样品中的浮力，即可计算出液体样品的密度。韦氏天平主要由天平横梁、可动支柱、砝码、玻璃浮锤、玻璃筒等组成。天平横梁用支柱支在玛瑙刀座上，横梁的两臂形状不同，而且不等臂。长臂上刻有分度，末端有悬挂玻璃锤的钩环，短臂末端有指针，当两端平衡时，指针应和固定指针对正。旋松支柱紧定螺钉，支柱可上下移动，其结构如图6-18所示。

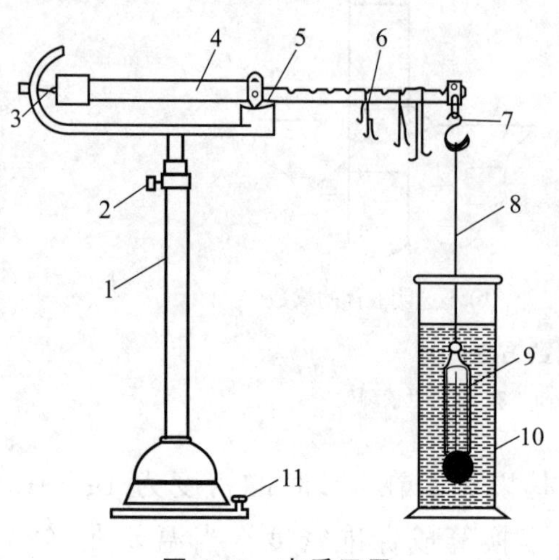

图6-18 韦氏天平

1—支架；2—调节器；3—指针；4—横梁；5—刀口；6—砝码；7—小钩；8—细铂丝；9—浮锤；10—玻璃筒；11—调节螺丝

每台天平配有两套砝码。每组有大小不等的四个，最大砝码的质量等于玻璃浮锤在20℃（或40℃）的水中所排开水的质量（约5g），其他砝码分别为最大砝码的1/10、1/100、1/1000。

1. 仪器准备单

本实验所需仪器种类及规格见表6-17。

表6-17 韦氏天平法测定密度所需仪器

仪器种类	仪器规格
韦氏天平	PZ-A-5型
恒温水浴	浴温(20.0±0.1)℃
电吹风	220V/240V 50Hz/60Hz

2. 测定步骤

（1）检查仪器 检查仪器部件是否完整无损，用干净绒布条擦净金属部分，用乙醇或乙醚擦净玻璃锤、金属丝、玻璃筒、温度计，并干燥。

（2）安装仪器 将仪器放在稳固的平台上，如图6-18所示安装韦氏天平。

（3）调整天平 将等重砝码挂在天平右梁的钩环上，调整水平调节螺钉，使天平横梁左端指针和固定指针对正而达到平衡。取下等重砝码，换上整套玻璃浮锤，此时天平仍应保持平衡，一般误差不应超过$\pm 0.0005g/cm^3$，否则需作调节。

（4）天平校验　往玻璃筒中装入（20±0.1）℃的蒸馏水，将玻璃浮锤浸入（20±0.1）℃水浴中 20min，此时天平失去平衡。然后由大到小将砝码加在横梁的 V 形槽上，使指针重新水平对齐，此时得到的读数应在 1.0000±0.0004 范围内，否则天平须检修或更换新砝码。

（5）测定　玻璃浮锤取出，将量筒中的水倾出，用乙醇洗涤量筒和玻璃浮锤，并吹干。在相同温度下，取相同体积的样品代替水重复上述（4）的操作。

（6）读数　天平平衡时，一号砝码挂在 8 分度，二号砝码挂在 6 分度，三号砝码挂在 5 分度，四号砝码挂在 3 分度，则读数为 0.8653。如果四号砝码也放在 5 分度上，则读数为 0.8655。四个砝码在天平横梁各个位置的读数如图 6-19 所示。该值作为玻璃浮锤浸在样品中时砝码的读数。此值是样品在 20℃时的视密度 ρ_1。

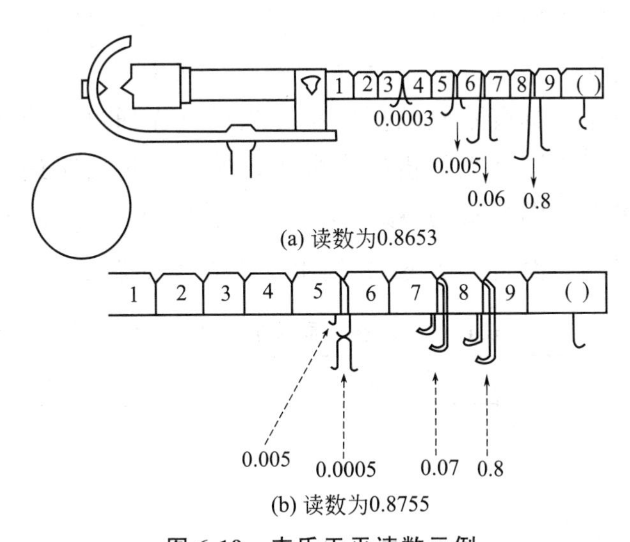

(a) 读数为0.8653

(b) 读数为0.8755

图 6-19　韦氏天平读数示例

（7）计算　按下式计算试样的真密度：

$$\rho=\rho_1(0.99823-0.0012)+0.0012$$

式中　ρ——试样在 t℃时的真密度，g/mL；

ρ_1——试样在韦氏天平上读得的视密度，g/mL；

0.99823——蒸馏水在 20℃时的密度，g/mL；

0.0012——空气在 20℃、1.01315×10^5Pa 时的密度，g/mL。

操作指南与安全提示

① 测定中必须严格控制温度。

② 不能用手直接拿砝码，玻璃锤应用细布或滤纸托住，以防损坏。

③ 实验完毕，先取下砝码放入盒中，再取下玻璃锤洗净、擦干放入盒中，然后依次取下部件擦干收好。

第五节 折射率的测定

一、测定原理

光的一个特点是直线传播，当光从一种介质进入到另一种介质时，它的传播方向会发生偏离，这种现象即是折射。折射能力的大小用折射率表示。不同物质对光的折射能力不同，这是由于物质的分子结构不同，因此测定折射率对于物质的定性和纯度测定都有重要意义。

折射率不仅与物质的结构有关，而且与温度、光线波长等因素有关，因此表示折射率时必须注明光源波长和测定温度。折射率用符号 n_D^t 表示，其中 t 为测定时的温度，一般规定为 20℃，D 为黄色钠光，波长为 589.0～589.6nm。同一物质对不同波长的光，具有不同的折射率；当可见光通过透明物质时，折射率常随波长的减小而增大，即红光的折射率最小，紫光的折射率最大。通常所说某物体的折射率数值多少（例如水为 $n_D^{20}=1.333$，水晶为 $n_D^{20}=1.55$），是指对钠黄光（波长 5893×10^{-10}m）而言。表 6-18 列出了水在不同温度下的 n_D^t 值。

表 6-18 水在不同温度下的 n_D^t 值

温度/℃	n_D^t	温度/℃	n_D^t	温度/℃	n_D^t
10	1.33371	17	1.33324	24	1.33263
11	1.33363	18	1.33316	25	1.33253
12	1.33359	19	1.33307	26	1.33242
13	1.33353	20	1.33299	27	1.33231
14	1.33346	21	1.33290	28	1.3320
15	1.33339	22	1.33281	29	1.33208
16	1.33332	23	1.33272	30	1.33196

折射率是在一定的温度下（通常是 20℃）用阿贝折光仪进行测定的。在某些情况下，可以利用折射率的测定观察聚合反应的进程。在涂料工业中，介质和颜料的折射率的差别，可用以决定涂料的遮盖力。在塑料工业中，折射率和温度的关系，可用以确定透明树脂的凝固温度。

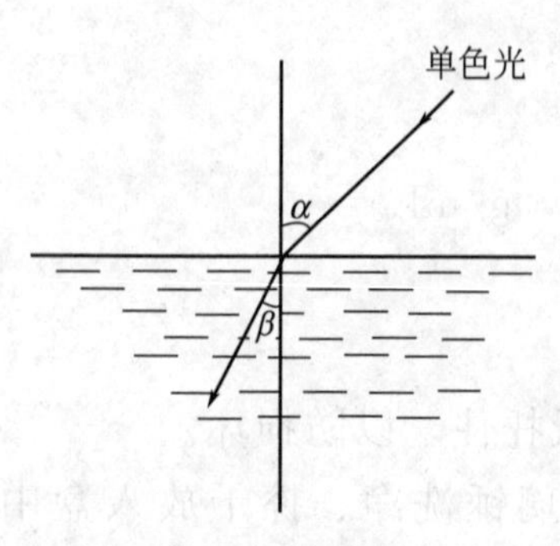

图 6-20 光的折射

根据折射定律：单色光线在一定温度和压力下，从空气进入到另一种介质时（见图 6-20），入射角 α 和折射角 β 的正弦的比值，或光线在空气中的速度与通过待测介质时的速度比，就是折射率。即

$$n=\frac{\sin\alpha}{\sin\beta}=\frac{v_1}{v_2}$$

式中　n——光在待测介质的折射率；

v_1——光在空气中的速度；

v_2——光在待测介质中的速度；

α——光的入射角；

β——光的折射角。

由于光在真空中传播的速度最大，故其他介质的折射率都大于 1。每种纯物质都有固定的折射率，两种折射率不同的物质混合后其折射率具有加和性。常见物质的折射率见书后附表四，例如，纯水的折射率是 1.333，糖类的折射率约是 1.54，不同浓度的糖溶液，其折射率在二者之间，因此通过测定折射率，可以测定溶液中糖的浓度。

二、仪器装置

如果光线由光密介质进入光疏介质，则入射角小于折射角，改变入射角的大小，可以使折射角为 90°，此时的入射角称为入射临界角。阿贝折光仪测定折射率就是基于测定临界角的原理。以 WZS-1 型阿贝折光仪为例，其光学原理图和机械结构图分别见图 6-21 和图 6-22。

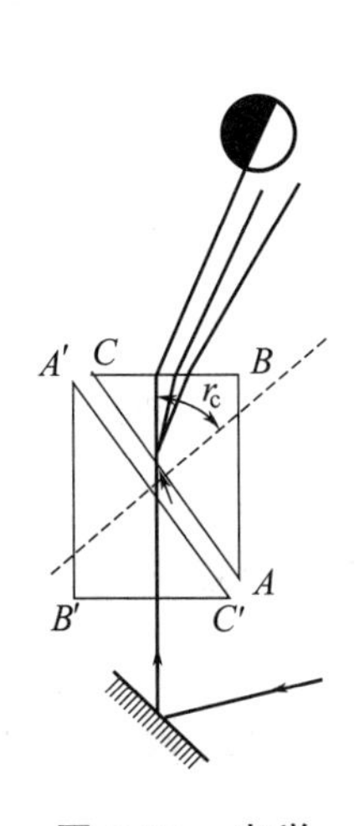

图 6-21　光学原理

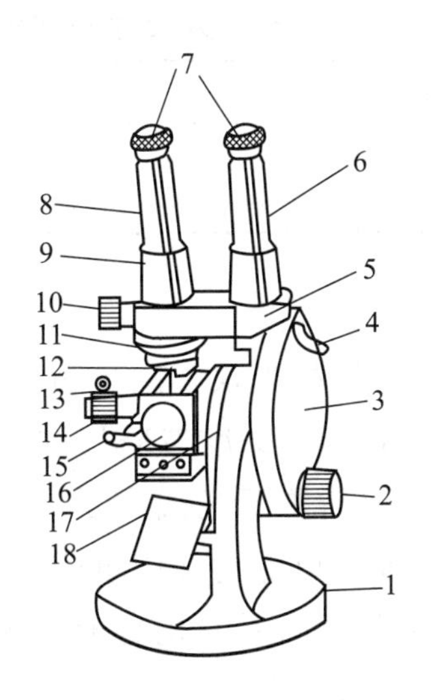

图 6-22　阿贝折光仪机械结构图

1—底座；2—棱镜转动手轮；3—刻度板外套；4—小反光镜；5—支架；6—读数镜筒；7—目镜；8—望远镜筒；9—示值调节螺钉；10—色散调节手轮；11—色散值度盘；12—棱镜开合旋钮；13—棱镜组；14—温度计座；15—恒温水出入口；16—光孔盖；17—主轴；18—反光镜

阿贝折光仪的主要部件是两块直角棱镜。上面一块表面光滑，为折光棱镜；下面一块是可以启闭的辅助棱镜，是磨砂面的，为进光棱镜。测量时，将样品溶液加在两块棱镜间，当两块棱镜关闭时，样品溶液的薄层夹在两棱镜之间。阿贝折光仪的右边镜筒是读数镜筒（也称为测量望远镜），用来观察折光情况。筒内还装有消色散棱镜，可消除光的色散。使测定时的光线波长等于589.3nm，左边的镜筒是目镜，用来观察刻度盘内的刻度，盘上有折射率刻度值，其值范围是1.3000～1.7000。光线由平面反光镜反射进入辅助棱镜，因辅助棱镜是磨砂面的，因此发生漫射，以不同入射角射入两个棱镜之间的样品液层，然后再射入上面棱镜的光滑表面上，由于它的折射率很高，一部分光线可以经折射进入空气而到达测量望远镜，另一部分光线则发生全反射。调节测量望远镜中的视场，开始视场中出现如图6-23(a)所示视野，继续调节，当视场中出现如图6-23(b)所示视野，这时可从左边的读数镜中读出折射率。

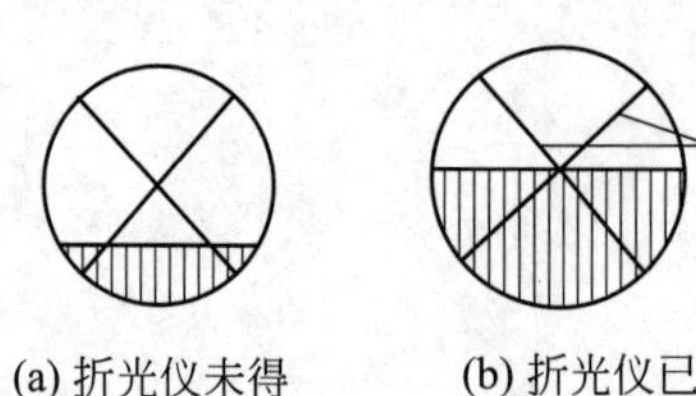

图6-23　视野调节

三、折射率测定

1. 仪器准备单

本实验所需仪器及规格见表6-19。

表6-19　本实验所需仪器及规格

仪器名称	仪器规格
阿贝折光仪	测量范围1.300～1.700
超级恒温水浴	控温精度为0.1℃

2. 测定步骤

（1）用纯水校正阿贝折光仪　阿贝折光仪在使用前要用纯水或标准玻璃片校正，水的折射率为1.3330，标准玻璃片的折射率为1.4628。

① 仪器恒温。将仪器置于光线充足、清洁干净的台面上，将20℃的水由恒温出入口输入棱镜周围，以保持20℃的恒温。

② 擦洗棱镜。仪器恒温后，用蘸有乙醇或乙醚等挥发性溶剂的擦镜纸或脱脂棉轻轻擦拭棱镜。

③ 调节明暗分界线。将纯水由加样孔小心滴入棱镜夹缝中，在20℃的条件下恒温，调节棱镜转动手轮，使目镜望远视野分为明暗两部分。

④ 调节色散值。转动色散调节手轮，使如图6-24所示的彩色带消失，视野中明暗界线清晰，调节棱镜转动手轮使明暗分界线恰恰移至十字交叉线的交点上。如图6-23(b)所

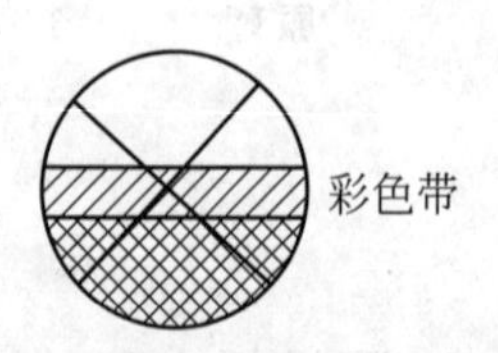

图6-24　折光仪显示出的色散

示。从读数目镜观察刻度，读数若恰好是 1.3330，则仪器正常，否则应调整仪器。调整时，先转动棱镜转动手轮，使读数盘刻度恰为 1.3330，然后用附件中的小钥匙插入示值调解螺钉中轻轻转动，使明暗分解线恰好移到十字交叉线的交点为止。

（2）用标准玻璃片校正阿贝折光仪 完全打开棱镜成水平状态，将 1～2 滴 α-溴萘（n=1.66）滴于光滑棱镜上，使标准玻璃片黏附在镜面上，用手指压实，使标准玻璃片与光滑棱镜面之间无缝隙，并且要使玻璃片直接对准反射镜，然后按上述用纯水校正的方法进行校正。读数若是 1.4628，则仪器正常，否则应调整仪器。调整时，先转动棱镜转动手轮，使读数盘刻度恰为 1.4628，然后用附件中的小钥匙插入示值调解螺钉中轻轻转动，使明暗分界线恰好移到十字交叉线的交点为止。

（3）试样测定

① 清洗棱镜。将棱镜表面用镜头纸和乙醚擦拭干净，然后干燥。

② 滴加样品。取待测液 2～3 滴加在棱镜的磨砂面上，关紧棱镜。不许出现气泡。

③ 调节明暗分界线。待温度稳定后，调节色散棱镜手轮，使目镜视野分成清晰的黑白分界。再调节读数的转动手轮，使黑白分界线处在十字线的交叉点上，记录标尺读数和温度。

④ 记录数据。从正反两个方向反复读数三次，读数之差不大于 0.0003 时，取平均值作为测定结果。

⑤ 结果计算。如果测定时温度不是 20℃，可按下式换算为 20℃时的折射率：

$$n_D^{20}=n_D^t-k(t-20)$$

式中 n_D^{20}——样品在 20℃的折射率；

n_D^t——样品在 t(℃) 测得的折射率；

k——样品折射率的温度系数，1/℃；

t——测定折射率时的温度，℃。

操作指南与安全提示

① 不能测定强酸、强碱及其他有腐蚀性的液体。

② 测定完毕，应立即用乙醚或丙酮擦洗两棱镜表面，晾干后，再关闭棱镜。

③ 仪器在使用或保存时均不得曝于日光中。

④ 不用时应将金属夹套内的水倒净并封闭管口，然后将仪器装入木箱，置于干燥处保存。

⑤ 样品的量要适当，太少时会出现气泡，导致观测不到清晰的明暗分界线；太多时又会溢出沾污仪器。

⑥ 折射仪的棱镜在使用过程中应注意保护，绝对禁止与玻璃管尖端或其他硬物相碰，以免划伤棱镜的光滑面。

第六节　旋光度的测定

一、测定原理

在有机化合物分子中，如果与碳原子直接相连的四个原子或原子团是完全不相同的，则这个有机化合物就是不对称化合物。当有机化合物分子中含有不对称碳原子时，就表现出具有旋光性。例如蔗糖、乳糖、氨基酸等数万种物质都具有旋光性，可以称为旋光性物质。

图 6-25　自然光

通常，自然光，如日常见到的日光、灯光等，光波的振动是在和它前进的方向相互垂直的许多平面上，如图 6-25 所示。当自然光射入某种晶体制成的偏振片或人造偏振片（如特制的玻璃片或尼科尔棱镜）时，透出的光线就改变位置，在一个平面上振动。这种只在一个平面上振动的光叫做平面偏振光，简称偏振光，如图 6-26 所示。

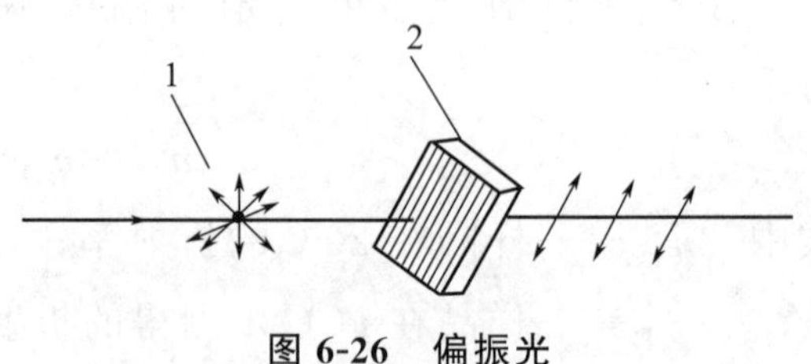

图 6-26　偏振光

1—自然光；2—偏振片

当偏振光通过旋光性物质时，偏振光的振动平面将被旋转，发生旋光现象，如图 6-27 所示。这时的偏振光平面旋转的角度称为旋光度，用符号 α 表示，单位为度(°)。旋光度的大小不仅与旋光性物质的结构有主要关系，还与旋光性物质溶液的浓度、液层厚度、入射偏振光的波长、测定时的温度等因素有关。即使是同一种旋光性物质，如果溶剂不同，其旋光度和旋光方向也是不同的。旋光方向可用（+）或（R）表示右旋（顺时针方向旋转），左旋用（−）或（L）表示（逆时针方向旋转）。

国家标准规定，液体（或溶液）的密度（或浓度）为 1g/mL，液层的厚度为 1dm，温度为 20℃，以黄色钠光 D 线为光源测定的旋光度称为比旋光度，用符号$[\alpha]_D^{20}$ 表示，单位为度(°)。同时用括号注明所用的溶剂。若为右旋，则$[\alpha]_D^{20}$ 值为正；若为左旋，则$[\alpha]_D^{20}$ 值为负。如蔗糖的比旋光度为$[\alpha]_D^{20}=+66.5°$，戊醇的比旋光度为$[\alpha]_D^{20}=-5.9°$。物质在其他浓度（c），或液层厚度

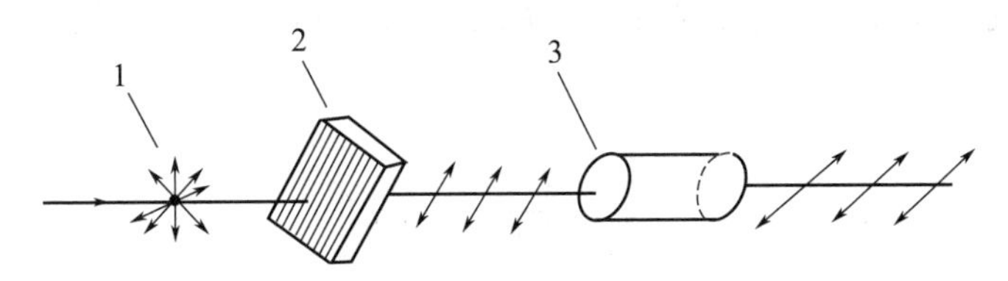

图 6-27　旋光现象

1—自然光；2—偏振片；3—旋光性物质

(L) 条件下测定的旋光度 ($[\alpha]_D^t$) 可通过以下公式换算成比旋光度：

$$\text{纯液体的比旋光度}=[\alpha]_D^{20}=\frac{[\alpha]_D^t}{L\rho}$$

$$\text{溶液的比旋光度}=[\alpha]_D^{20}=\frac{[\alpha]_D^t}{Lc}$$

式中　α——测得的旋光度，(°)；

ρ——液体在 20℃时的密度，g/mL；

c——样品的浓度，g/mL；

L——旋光管的长度（即液层厚度），dm；

t——测定时样品溶液的温度，℃。

比旋光度可以体现物质的旋光能力，是旋光性物质在一定条件下的物理特性常数。表 6-20 列出一些旋光性物质的比旋光度。表 6-21 列出了 d-酒石酸在不同溶剂中的比旋光度。利用比旋光度可以判断化合物的纯度，也可以测定其浓度。

表 6-20　几种旋光性物质的比旋光度

旋光性物质	浓度(c)/(g/mL)	溶剂	比旋光度$[\alpha]_D^{20}$/(°)
蔗糖	26	水	+66.53(26%,水)
葡萄糖	3.9	水	+52.7(3.9%,水)
果糖	4	水	−92.4(4%,水)
乳糖	4	水	+55.3(4%,水)
麦芽糖	4	水	+130.4(4%,水)
樟脑	1	乙醇	+41.4(1%,乙醇)

表 6-21　d-酒石酸在不同溶剂中的比旋光度

溶剂	$[\alpha]_D^{20}$/(°)	溶剂	$[\alpha]_D^{20}$/(°)
水	+14.40	乙醇+甲苯(1∶1)	−6.19
乙醇	+3.79	乙醇+氯苯(1∶1)	−8.09
乙醇+苯(1∶1)	−4.11		

【例题 6-3】　称取一纯糖试样 12.00g，用水溶解后，稀释为 50.00mL。20℃

时，用 2dm 旋光管，以黄色钠光测得旋光度为+31.92°，求比旋光度？

已知：

$$\alpha=+31.92°$$

$$c=\frac{12.00}{50.00}\text{g/mL}$$

$$L=2\text{dm}$$

求 $[\alpha]_D^{20}=?$

解

$$[\alpha]_D^{20}=\frac{\alpha}{Lc}$$

$$=\frac{(+31.92°)}{2\times\frac{12.00}{50.00}}=+66.5°$$

【例题 6-4】 称取蔗糖试样 10.00g，用水溶解后，稀释为 100.00mL，20℃时，用 2dm 旋光管，黄色钠光测得旋光度为+11.8°，求蔗糖的纯度？

已知：$\alpha=+11.8°$

$$L=2\text{dm}$$

$$c=\frac{10.00}{100.00}\text{g/mL}$$

求　蔗糖的纯度？

解　$$\text{蔗糖}=\frac{\alpha}{Lc\times[\alpha]_D^{20}}=\frac{(+11.8°)}{2\times\frac{10.00}{100.00}\times 66.5}=88.7\%$$

二、仪器装置

旋光仪的种类很多，化验室比较常用的是国产 WXG 型旋光仪。旋光仪的结构见图 6-28。

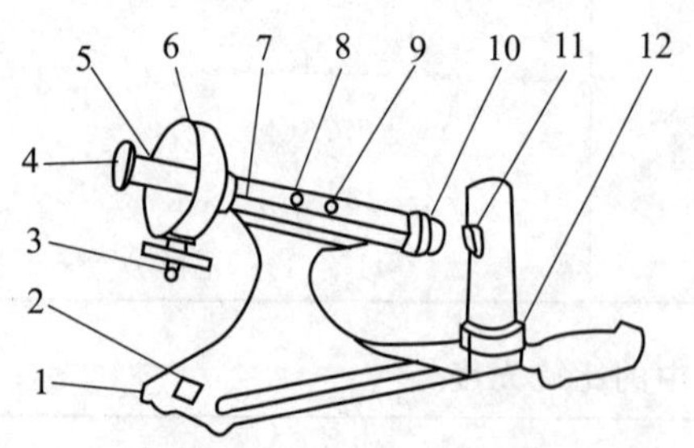

图 6-28　WXG-4 型旋光仪

1—底座；2—电源开关；3—度盘转动手轮；4—放大镜座；5—视度调节螺旋；6—刻度盘游表；7—镜筒；8—镜筒盖；9—镜盖手柄；10—镜盖连接；11—灯罩；12—灯座

最简单的旋光仪主要由可以在同一轴转动的两个尼科尔棱镜（即起偏器和检偏器）组成，当起偏器和检偏器相互平行，如图 6-29 所示时，视场全亮。当起偏器和检偏器相互垂直，如图 6-30 所示时，视场全暗。为了便于观察，在起偏器和检偏器之间放一个由石英和玻璃构成的圆形透明片，通过调节检偏器的位置，可使三分视场出现如图 6-31 所示的情况，由图 6-31(c) 作为仪器的零点。

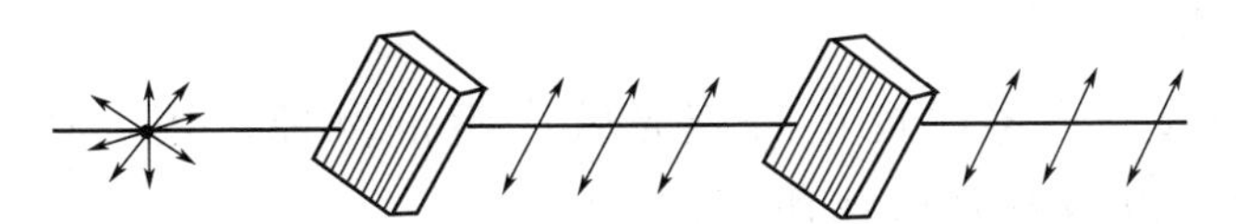

图 6-29　起偏器和检偏器相互平行

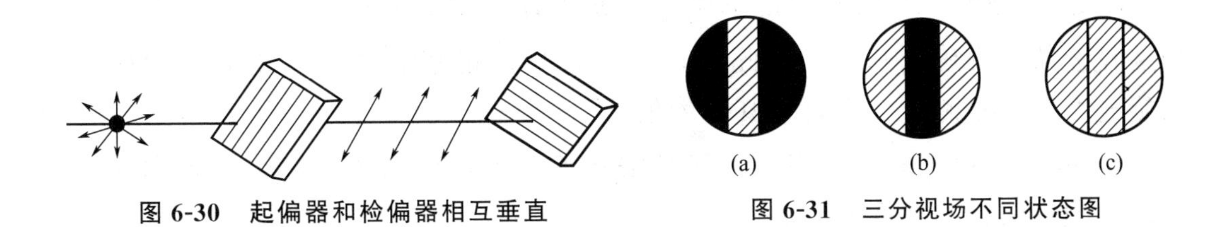

图 6-30　起偏器和检偏器相互垂直

图 6-31　三分视场不同状态图

三、测定方法

1. 仪器准备单

本实验所需仪器种类和规格见表 6-22。

表 6-22　旋光度测定所需仪器种类和规格

仪器名称	仪器规格
WXG-4 型旋光仪	读准至 0.01°
旋光管	1dm
恒温水浴	浴温(20±0.5)℃

2. 测定步骤

（1）准备工作　准确称取一定量样品（称准至 0.0002g），用适当溶剂（一般是水、乙醇、甲醇）溶解后，转移到容量瓶中，以溶剂稀释至刻度，混匀。将容量瓶放入温度为（20±0.5)℃的恒温水浴中恒温。

（2）零点校正

① 仪器预热。将旋光仪装上钠光灯，打开电源开关，进行预热约 5min。

② 装溶剂。将旋光管的一端用盖玻片盖在管口，垫上橡胶圈，再用螺旋盖旋上，由另一端将溶解样品的溶剂装入旋光管，按上述方法旋上螺旋盖。如果有气泡的话，应将管向上倾斜，轻轻敲打旋光管，将气泡赶进旋光管的突起部，否则光线会通过空气泡而影响测定结果。将旋光管擦干，放入旋光仪的长槽内，罩上盖子。

③ 调节视场。旋转检偏镜手轮，调节目镜视场明亮清晰。慢慢调节刻度盘，使三分视场出现图 6-31(c) 所示的情况，记录刻度盘读数。重复操作 5 次，取其平均值。若仪器正常，此读数即为零点。若零点相差太大，应重新校正。

（3）样品测定

① 清洗旋光管。将零点校正时旋光管内溶剂倒掉，用上述配好的样品溶液冲洗旋光管两次，以免有其他物质干扰。

② 装样品溶液。将已于 (20 ± 0.5)℃的恒温水浴中恒温的样品溶液装入旋光管。将旋光管擦干，放入旋光仪的长槽内，罩上盖子。

③ 调节视场。旋转检偏镜手轮至视场出现如图 6-31(c) 所示的情况，记录刻度盘读数（准确到 0.01°）。此时，该读数与校正零点之间的差值即为该物质的旋光度。重复测定 3 次，取其平均值。

④ 数据记录。记录平均值、样品溶液的浓度、所用溶剂、所用旋光管的长度以及测定时样品溶液的温度。

⑤ 结果计算。

$$\text{纯液体的比旋光度}=[\alpha]_{\mathrm{D}}^{20}=\frac{[\alpha]_{\mathrm{D}}^{t}}{L\rho}$$

$$\text{溶液的比旋光度}=[\alpha]_{\mathrm{D}}^{20}=\frac{[\alpha]_{\mathrm{D}}^{t}}{Lc}$$

式中各符号的意义见测定原理。

操作指南与安全提示

① 在实际工作中，有时不易判断某物质是右旋还是左旋。此时，可以将测定的样品浓度增大，如果浓度增大旋光度也随之增大，则该物质一定是右旋。反之，如果浓度增大旋光度反而减小，则该物质一定是左旋。

② 在向旋光管装溶液时，不能将旋光管的盖子旋得太紧。否则盖玻璃片会变形，产生表面张力，在测定旋光度时，即使旋光管中没有旋光性物质，也会测出旋光度，造成测定结果的严重误差。

③ 旋光仪不能连续使用超过 4h。

④ 旋光管用后要洗净擦干。

⑤ 所有镜片用柔软的绒布擦，不能用手直接擦。

第七节　电导率的测定

一、测定原理

将某种溶质溶解在某种溶剂中，例如将氯化钾溶解在水中，则氯化钾分子离解成带正电荷的钾离子和带负电荷的氯离子。若在此溶液中插入两片平行的金属板，并在两金属板间施加一定的电压，在电场的作用下，阴、阳离子会向与自身电荷极性相反的方向移动，如同金属导体一样。电解质溶液的电导是溶液中存在的离子的导电现象，溶液的电导和电阻之间的关系是互为倒数，即 $G=1/R$，单位是西门子（S）。电导率也称为比电导，以 κ 表示，表达式为 $\kappa=1/\rho$，单位是 S/cm。电导率表示两个相距 1cm、截面积为 $1cm^2$ 的平行电极间电解质溶液的电导，它仅仅表明 $1cm^3$ 电解质溶液的导电能力。通常采用氯化钾溶液为标准电导溶液，它在各种浓度的电导率都是经过准确测定的。氯化钾溶液在不同浓度、不同温度下的电导率见表 6-23。

表 6-23　KCl 溶液在不同浓度、不同温度下的电导率　　单位：S/cm

温度/℃	1mol/L	0.1mol/L	0.01mol/L	温度/℃	1mol/L	0.1mol/L	0.01mol/L
0	0.06541	0.00715	0.000776	19	0.10014	0.01143	0.001251
5	0.07414	0.00822	0.000896	20	0.10207	0.01167	0.001278
10	0.08319	0.00933	0.001020	21	0.10400	0.01191	0.001305
15	0.09252	0.01048	0.001147	22	0.10594	0.01215	0.001332
16	0.09441	0.01072	0.001173	23	0.10789	0.01239	0.001359
17	0.09631	0.01095	0.001199	24	0.10984	0.01264	0.001386
18	0.09822	0.01119	0.001225	25	0.11180	0.01288	0.001413

电解质溶液电导的测定随温度的变化而变化，温度每升高 1℃，电导值约增加 2%，因此不同温度测定的电导应换算为 25℃时的电导值。测量电导的电导仪如果不具备温度补偿功能，可把待测溶液的温度调到（25±1）℃再测。如果在任意温度下测定，就要按下式换算为标准温度时的电导率，换算公式为：

$$\kappa_t=\kappa_{25}[1+\alpha(t-25)]$$

式中　κ_t——温度 t(℃）时的电导率，S/cm；

κ_{25}——在 25℃时溶液的电导率，S/cm；

t——溶液测定时的温度，℃；

α——各种离子的平均温度系数，取 0.022。

溶剂的黏度增加时，离子的运动阻力增大，电导值降低。测量稀溶液时，杂质离子的存在会使测定结果有很大的误差。

二、DDS-11C 数字电导率仪

DDS-11C 数字电导率仪是电化学分析常用的仪器，适用于测量电解质水溶液的电导及电导率，目前使用较广泛。该仪器除了能满足实验室和工厂一般液体电导率的测量，还能进行水质的连续监测。另外，应用该仪器还能进行电导分析和其他化学反应的动力学研究。除此之外，它还具有 0～10mV 的信号输出，配上自动记录装置可以连续记录测量结果。

1. 测量原理

DDS-11C 数字电导率仪测量原理见图 6-32。

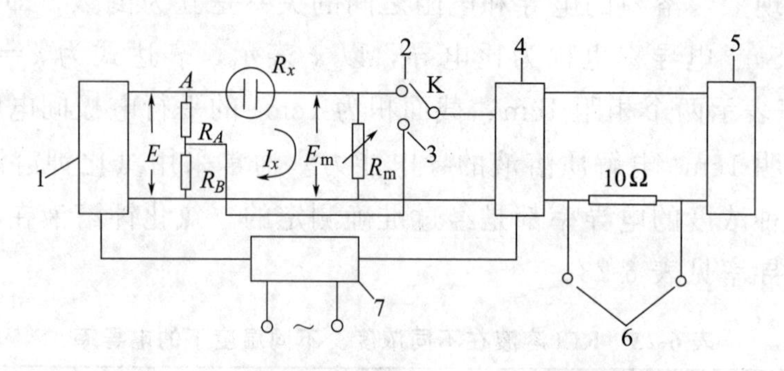

图 6-32　DDS-11C 数字电导率仪测量原理

1—振荡器；2—测量；3—校正；4—放大器；5—指示器；6—接电子电位差计；7—稳压器

图中 E 为振荡器产生的标准电压；R_m 为标准电阻器；E_m 为 R_m 上的交流分压。R_m 和 R_x 串联组成一电阻分压回路。E_m 与电导率之间有下面的关系：

$$E_m=\frac{ER_m}{R_m+R_x}=\frac{ER_m}{R_m+\frac{1}{G}}$$

式中，R_x 为电导池两极间溶液的电阻，其倒数即为电导（$1/R_x=G$）。当 R_m 和 E 为常数时，电导 G 只是 E_m 的函数，因此测量 E_m 的值就反映了电导 G 的高低。E_m 信号经放大、检波，并换算成电导率值，直接由显示屏显示出来。

DDS-11C 数字电导率仪的测量面板如图 6-33 所示。

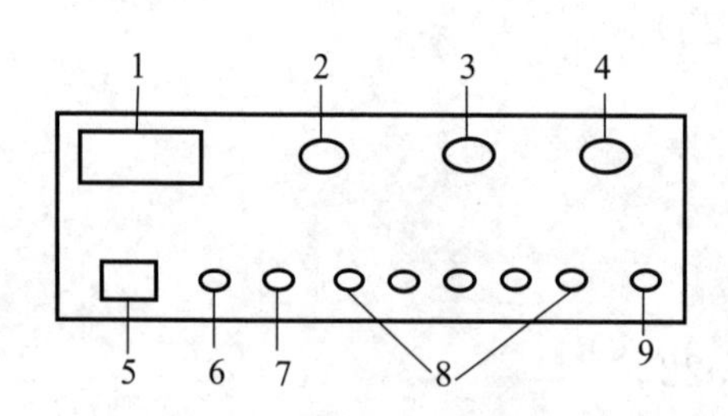

图 6-33　DDS-11C 数字电导率仪的测量面板

1—显示屏；2—调零；3—电极常数；4—温度补偿；5—开关；6—低频/高频；7—校正/测量；8—量限；9—输入转换

2. 测量方法

（1）选定电极　估计待测溶液的电导率范围，根据表 6-24 来选用合适的频率、量限和电极。

（2）选定量程　打开电源，按下所需的量程键，将电极接在电导率仪后板的“输入Ⅰ或Ⅱ”插口上，电极空载（不放入溶液中），同时将仪器面板“输入转换”调至相应的Ⅰ或Ⅱ位置上。

（3）选定频率　调节“调零”旋钮，使仪器数码显示为“.000”。

（4）选定温度　调节“温度补偿”旋钮，使其指示在“25℃”。

（5）校正仪器　按下“校正/测量”键至“校正”状态，调节“电极常数”旋钮，使仪器数码显示为所用电极的常数值（此常数标在电极上端）。如电极常数是 0.98，则调节“电极常数”旋钮使仪器显示为“.980”，当被测溶液的电导率大于 $2\times10^4\mu S/cm$ 时，需选用 $K=10$ 的铂黑电极以扩展量程。如此时电极常数为 10.04，则调节“电极常数”旋钮，使仪器显示为“1.004”。

(6) 电导率测定　将电极放入被测溶液中，按下所选定的测量键。调节“温度补偿”旋钮，使其指示在被测溶液的实际温度值上。此时仪器的数码显示值乘以所用量程的倍率就是被测溶液在 25℃时的电导率值。如用 $K=10$ 的铂黑电极，则仪器的数码显示值乘以倍率“10^4”后，再乘以 10 就是被测溶液在 25℃时的电导率值。

表 6-24　测量范围和配套电极

频率	量限	电导率范围/(μS/cm)	电阻率范围/Ω·cm	配套电极
低频	$\times1$	0.001～1.999	$1\times10^9\sim5\times10^5$	DJS-1 白
	$\times10$	$0.01\sim1.999\times10$	$1\times10^8\sim5\times10^4$	DJS-1 白
	$\times10^2$	$0.1\sim1.999\times10^2$	$1\times10^7\sim5\times10^3$	DJS-1 白
高频	$\times10^3$	$1\sim1.999\times10^3$	$1\times10^6\sim500$	DJS-1 黑
	$\times10^4$	$10\sim1.999\times10^4$	$1\times10^5\sim50$	DJS-1 黑
	$\times10^5$	$100\sim1.999\times10^5$	$1\times10^4\sim5$	DJS-10 黑

操作指南与安全提示

① 电线的引线不能潮湿，否则所测数据不准。

② 存放被测溶液的仪器必须干净，且无离子污染。

③ 在测高纯水时，应迅速，否则空气中的 CO_2 溶入水中，形成 CO_3^{2-} 影响测量结果。

④ 电极使用后必须用纯水冲洗干净。

⑤ 在使用仪器过程中如仪器数码显示“1”（或－1），则表示所选定的量限小了，应增大一挡。如没有按下面板的校正键或量限键，则仪器显示为随机状态，此时按下其中任一键，则进入工作状态。

第八节　黏度的测定

一、基本概念

黏度系指流体对流动的阻抗能力，是液体流动时内摩擦力大小的度量。其大小与分子结构及分子间作用力有关，分子间作用力小的液体黏度也小。另外，黏度还与液体的温度有关。温度降低时，液体分子的运动速度减慢，动能减小，分子间的作用力增大，黏度变大。因此，测定黏度时应注明温度条件。

黏度又分为动力黏度、运动黏度和条件黏度。

二、动力黏度的测定

动力黏度是液体在一定剪切应力下流动时内摩擦力的量度。当相距 1m、面积为 $1m^2$ 的两层液体，以 1m/s 的速度相对运动，应克服的阻力为 1N 时，则该液体的黏度为 1Pa·s，常用单位为 mPa·s。

用 NDJ-79 型旋转黏度计测定液体的动力黏度。其工作原理如图 6-34 所示。电机壳体上安装了两根金属游丝线，壳体的转动使游丝线产生扭转力矩，当两力矩平衡时，与电机壳体相连接的指针便在刻度盘上指出某一数值，此数值与转筒所受的黏滞阻力成正比，于是刻度读数乘上转筒因子，就表示动力黏度的量值。还可以通过测定物质的运动黏度和密度，间接地计算出该物质的动力黏度。

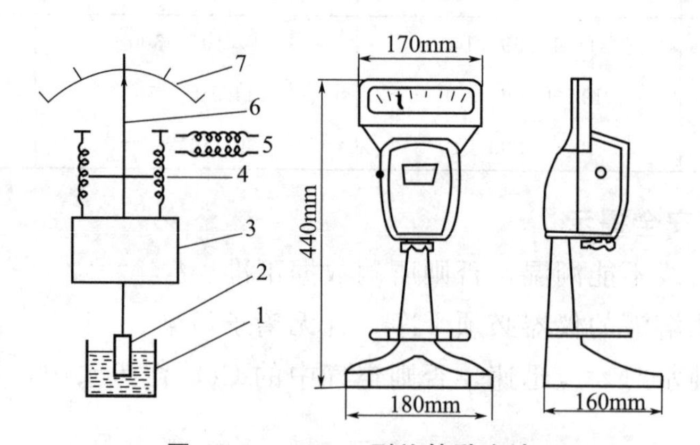

图 6-34　NDJ-79 型旋转黏度计

1—外筒；2—内筒；3—电机；4—游丝；5—电源；6—指针；7—刻度盘

三、运动黏度的测定

运动黏度是液体在重力作用下流动时内摩擦力的量度。其值为相同温度下液体的动力黏度与其密度之比，单位为 m^2/s。用毛细管黏度计测定液体的运动黏度。在某一恒定温度下，测量一定体积的液体在重力作用下流过一个标定好的玻璃毛细管黏度计的时间，黏度计的毛细管常数与流动时间的乘积，即为该温度下待测液体的运动黏度。在温度为 t 时，运动黏度用 v_t 表示。该温度下运动黏度与同温度下液体密度的乘积，即是该温度下液体的动力黏度，用 η_t 表示。

1. 仪器准备单

毛细管黏度计结构如图 6-35 所示。

应根据测定时的温度来选用适当黏度计，使样品的流出时间不少于 200s，内径 0.4mm 的黏度计的流出时间不少于 350s。每支黏度计在使用前必须进行检定并确定毛细管常数。本实验所需仪器种类及规格见表 6-25。

表 6-25　运动黏度测定所需仪器种类及规格

仪器名称	仪器规格
毛细管黏度计	内径 0.4～6.0mm，一组 13 支
恒温浴	有透明壁或观察孔，根据测定要求，注入适当传热介质
水银温度计	分度值为 0.1℃
秒表	分度值为 0.1s

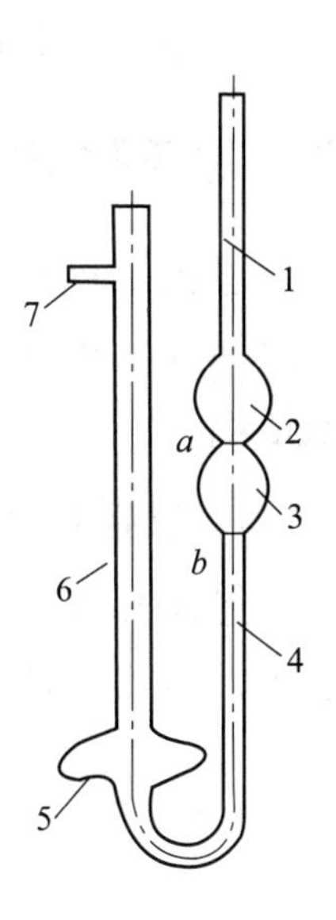

图 6-35　毛细管黏度计结构
1，6—管身；
2，3，5—扩张部分；
4—毛细管；
7—支管；a，b—标线

2. 测定方法

（1）除去样品杂质　当样品含有水或机械杂质时，测定前必须进行脱水处理，再用滤纸过滤除去机械杂质。对于黏度大的样品，可用瓷漏斗抽滤，也可以加热至 50～100℃，进行脱水过滤。

（2）清洗黏度计　在测定样品之前，用溶剂油或石油醚把黏度计清洗干净，烘干或者吹干。

（3）装样品　将过滤好的样品通过小漏斗注入黏度计中。

（4）黏度计恒温　将恒温浴的温度调整好，把黏度计垂直固定于恒温浴中。恒温浴中温度计的水银球应在毛细管的中部。黏度计在恒温浴中恒温 10～20min。

（5）试样流出时间的测定　用吸球或胶管从管 1 上部将样品提升至标线 a 以上，注意不要出现气泡。取下吸球，样品自由下落，用秒表记录样品流经 a 线和 b 线间的时间。

（6）测定结果的要求　重复测定 4 次，其相差不大于 0.3s。取 4 次平均值为 η_t，各次流过时间与其算术平均值的差应符合如下要求：

在 15～100℃间测定时，差数不应超过算术平均值的±0.5%；

在－30～15℃间测定时，差数不应超过算术平均值的±1.5%；

在低于－30℃测定时，差数不应超过算术平均值的±2.5%。

然后取不少于 3 个流动时间，求出算术平均值作为样品的平均流动时间。

（7）结果计算　在温度 t 时，样品的运动黏度 v_t（m^2/s）和动力黏度 η_t（mPa·s）按下式计算：

$$v_t = c\tau$$

$$\eta_t = v_t \rho_t$$

式中　v_t——样品的运动黏度，m^2/s；

η_t——样品的动力黏度，mPa·s；

τ——样品的平均流动时间，s；

ρ_t——在温度 t 时样品的密度，g/cm^3；

c——黏度计的毛细管常数，m^2/s^2。

四、恩氏黏度的测定

恩氏黏度是一种相对黏度。样品在某温度下从恩氏黏度计流出 200mL 所需的时间与黏度计的水值之比，即是样品在该温度下的恩氏黏度。用 E_t 表示，为无量纲量。

1. 仪器准备单

恩氏黏度计，如图 6-36 所示。包括接收瓶、铁三脚架、木塞、加热和控温装置。本实验所需仪器准备单见表 6-26。

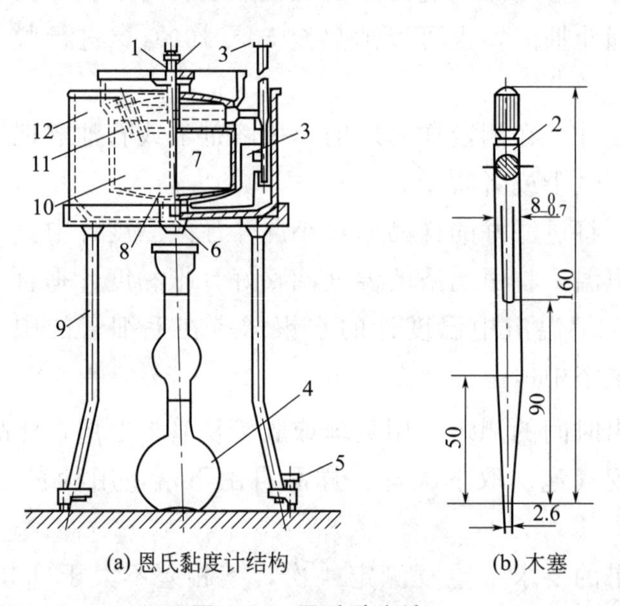

(a) 恩氏黏度计结构　　(b) 木塞

图 6-36　恩氏黏度计

1—木塞插孔；2—木塞；3—搅拌器；4—接收瓶；5—水平调节螺钉；6—流出孔；7—小尖钉；8—球面形底；9—铁三脚架；10—内容器；11—温度计插孔；12—外容器

表 6-26　恩氏黏度计测定所需仪器种类及规格

仪器名称	仪器规格
恩氏黏度计	
温度计	分度值为 0.1℃
秒表	分度值为 0.2s

2. 测定步骤

（1）清洗　测定前必须洗净黏度计的内筒及接收瓶，并将内筒吹干。

（2）加水并调整　将 20℃的蒸馏水注入内筒，直至内筒中三个尖钉的尖端刚好露出水面。再用相同温度的蒸馏水充满外筒。调整三脚架的螺丝，使三个尖端处在同一水平面上。

（3）测定水值　当内筒和外筒温度都稳定在 20℃时，迅速提起木塞，同时按动秒表至接收瓶液面达到标线止，记录时间。重复测定 4 次，在测定误差≤0.5s 时，可取两次平行测定的算术平均值作为黏度计水值 K_{20}。标准黏度计的水值应为（51±1)s，超过此范围的仪器不能用。

（4）样品处理　样品测定前要用 576 目的金属网过滤。含水样品要用硫酸钠或无水氯化钙脱水，沉降并过滤后再测定。

（5）试样恩氏黏度的测定　将内筒接收瓶洗净、干燥，用木棒塞紧出口孔，将样品预热至规定温度以上 1～2℃，注入内筒中，调至要求的特定温度，与测定水值时一样，提起木塞启动秒表，记录样品流至接收瓶上刻线的时间。平均测定 4 次，平均值作为流出时间 τ_t 值。

平行测定的允许误差：τ_t 在 250s 以下，允许相差 1s；τ_t 为 250～300s，允许相差 2s；τ_t 为 500s 左右，允许相差 3s。

（6）样品黏度的计算

$$E_t=\frac{\tau_t}{K_{20}}$$

式中　E_t——样品在 t 时的恩氏黏度，条件度；

τ_t——样品的流出时间，s；

K_{20}——黏度计的水值，s。

注：恩氏黏度是我国常用的相对黏度。

五、全自动黏度计

前面介绍的还是经典的手工操作的黏度计，现在已有数字显示的黏度计，如上海产的 SNB-2 型数字式（LCD）黏度测量仪，控温精度高，操作也方便。见图 6-37。其主要性能及使用方法如下：

黏度测量范围 cP(mPa・s)：0.5～6000000(即 600 万 mPa・s)。

速度：0.1～100r/min（无级变速）。

转子数量：4 种（0 号转子为选配件）。

测量精度：±2.0%。

重现性：0.5%。

电源：(220±10)V。

图 6-37　SNB-2 型数字式(LCD)黏度测量仪

技能检查与测试

一、填空题

1. 密度的定义是______，其表示符号和单位为______。

2. 毛细管法测定熔点，一般都使用______加热，所用的仪器有______和______。

3. 测定液体沸程时，第一滴馏出物从冷凝管末端落下时的温度为______，最后一滴液体蒸发时的温度为______。

4. 物质开始熔化至全部熔化的温度范围称作______，被测样品中含有杂质越多，______越宽。

5. 20℃时纯水的折射率为______，25℃时则为______。

6. 同系物中，熔点随分子量的增大而______。

7. 如果物质中含有杂质时，则熔点往往较纯物质______，而熔程也较______，凝固点会______。

8. 液体在一个标准大气压，即______kPa时的______温度称为它的沸点。

9. 由______到______或______之间的温度范围称为沸程。

10. 沸点的测定方法有______和______。______称为常量法，______称为微量法。

11. 国家标准规定以______为标准温度，以______为标准光源，测定折射率。

12. 折射率随______和______的不同而有所变化。

13. 国家标准规定，液体的比旋光度是指在液层厚度为______，溶液浓度______为1g/mL，温度为______℃及用钠光谱D线波长测定时的旋光度，用符号表示，单位为______。

14. 所谓的闪点是指______。

15. 凝固点是在101.325kPa的压力下，物质由______变为______时的温度。

二、选择题

1. 测定挥发性产品的密度，应该采用（　　）。

A. 密度瓶法　　B. 韦氏天平法　　C. 密度计法　　D. 称量法

2. 液体化工产品的沸程测定数据与（　　）无关。

A. 大气压力　　B. 测定装置　　C. 产品纯度　　D. 实验室纬度

3. 有机化工产品的结晶点是（　　）温度数据。

A. 一个　　B. 一组　　C. 区间　　D. 熔点

4. 熔点与熔程是（　　）化工产品检验中经常测定的指标。

A. 无机　　B. 有机固体　　C. 有机液体　　D. 气体

5. 在化工产品检验中，通常测定其结晶点必须（　　）某一温度。

A. 等于　　B. 低于　　C. 高于　　D. 高于或等于

6. 折射率的测定适用于（　　）液体产品。

A. 挥发性的　　B. 透明的　　C. 浑浊的　　D. 碱性的

7. 微量法测沸点中，温度计水银球位置（　　）。

A. b 形管底部　　B. b 形管两支管中间处　　C. 液面下任意位置

8. 微量法测沸点中，橡胶圈位置在哪里？（　　）

A. 液面下　　B. 液面上　　C. 任意位置

9. 微量法测沸点中，熔点管如何放置（　　）。

A. 不用封口，直接放入内管中　　B. 封口，封闭端向下放入内管中

C. 封口，封闭端向上放入内管中

10. 微量法测沸点，应记录的沸点温度为（　　）。

A. 内管中第一个气泡出现时的温度　　B. 内管中有连续气泡出现时的温度

C. 内管中最后一个气泡不再冒出并要缩回时的温度

11. 在挥发性液体中加入不挥发溶质时（　　）。

A. 对沸点无影响　　B. 沸点降低　　C. 沸点升高

12. 化合物的熔点是指（　　）。

A. 常压下固液两相达到平衡时的温度

B. 任意常压下固液两相达到平衡时的温度

13. 测定熔点的方法有（　　）。

A. 毛细管法　　B. 熔点仪法　　C. 蒸馏法　　D. 分馏法

14. 测熔点时，火焰加热的位置（　　）。

A. b 形管底部　　B. b 形管两支管交叉处

C. b 形管上支管口处　　D. 任意位置

15. 测熔点时，温度计水银球的位置（　　）。

A. b 形管底部　　B. b 形管两支管中间处　　C. 液面下任意位置

16. 测熔点时，橡胶圈位置（　　）。

A. 液面下　　B. 液面上　　C. 任意位置

17. 下列说法中错误的是（　　）。

A. 熔点是指物质的固态与液态共存时的温度

B. 纯化合物的熔程一般介于 0.5～1℃

C. 测熔点是确定固体化合物纯度的方便、有效的方法

D. 初熔的温度是指固体物质软化时的温度

18. 下列说法中正确的是（　　）。

A. 杂质使熔点升高，熔距拉长

B. 用石蜡油做热浴，不能测定熔点在200℃以上的熔点

C. 毛细管内有少量水，不必干燥

D. 用过的毛细管可重复使用

19. 熔距（熔程）是指化合物（　　）温度的差。

A. 初熔与终熔　　B. 室温与初熔

C. 室温与终熔　　D. 文献熔点与实测熔点

20. 毛细管法测熔点时，使测定结果偏高的因素是（　　）。

A. 样品装得太紧　　B. 加热太快　　C. 加热太慢　　D. 毛细管靠壁

21. 准确测定液体的相对密度最常用的方法是（　　）。

A. 密度瓶法　　B. 密度计法　　C. 韦氏天平法

22. 目前实验室测定熔点最常用的装置是采用（　　）。

A. 提勒管式熔点测定仪　　B. 双浴式熔点测定仪

23. 在测定熔点时，若样品的终熔温度在150℃以下，不能选用的载热体是（　　）。

A. 甘油　　B. 液体石蜡　　C. 水　　D. 硅油

24. 对于易分解或易脱水样品的熔点测定，升温速度控制在（　　）。

A. 0.5℃/min　　B. 1.0℃/min　　C. 3.0℃/min

25. 馏出量达到最末一个规定的馏出百分数时，蒸馏烧瓶内的气相温度称为（　　）。

A. 始沸点　　B. 初馏点　　C. 干点　　D. 终沸点

26. 用阿贝折光仪测定液体的折射率，以下描述正确的是（　　）。

A. 仅需几滴液体　　B. 测定速度快　　C. 准确度高　　D. 能测出4位有效数字

27. 不能用于擦拭阿贝折光仪的棱镜的试剂是（　　）。

A. 水　　B. 乙醚　　C. 丙酮　　D. 乙醇

28. 旋光度的大小主要决定于旋光性物质的（　　）。

A. 入射偏振光的波长　　B. 分子量的大小

C. 温度　　D. 液层的厚度

三、判断题

1. 国家标准规定，液态产品密度的标准测定温度为25℃。（　　）

2. 密度计法的准确度要好于密度瓶法。（　　）

3. 韦氏天平法的准确度比密度瓶法更好。（　　）

4. 在用韦氏天平法测定样品的密度时，注入量筒的样品的体积与校验时水的体积必须相同。（　　）

5. 不能用分度值为1℃的温度计代替内标式单球温度计测定熔点或沸点。（　　）

6. 实验室测得的熔点范围，实际上就是该物质的熔点。（　　）

7. 每一纯物质都有固定的熔点和凝固点，但两者一定不相同。（　　）

8. 测定有机物的熔点时，熔点管不能重复使用。（　　）

9. 测定凝固点和结晶点都可以使用茹可夫瓶。（　　）

10. 毛细管法测定沸点所用的仪器与毛细管法测定熔点所用的仪器不同。　(　　)
11. 液体试样的沸程很窄便能确证它是纯化合物。　(　　)
12. 任何介质中的折射率都大于 1。　(　　)
13. 阿贝折光仪只能用来测定折射率在 1.3～1.7 之间的物质的折射率。　(　　)
14. 同一旋光性物质在不同的溶剂中有相同的旋光度和旋光方向。　(　　)
15. 在测定旋光度时，应用配制试样溶液的纯溶剂来校准旋光仪的零点。　(　　)
16. 纯物质有固定不变的凝固点，如有杂质，则凝固点会上升。　(　　)

四、问答题

1. 韦氏天平法测定液体物质密度的原理和操作步骤如何？
2. 画图说明测定沸程的仪器装置和操作步骤。
3. 测定液体化工产品沸程时，需要记录哪些数据？为什么？
4. 熔点和结晶点的含义如何？为什么化工产品的熔点有一个温度范围？而结晶点却是一个温度值？
5. 画图说明毛细管法测定熔点的仪器装置和操作步骤。
6. 采用套管式结晶点测定器测定结晶点操作步骤如何？何时使用搅拌器？何时读取温度值？
7. 什么叫折射率？影响折射率的因素有哪些？
8. 如何校正、使用和维护阿贝折光仪？
9. 实验测得某氯化石蜡产品的折射率 $n_D^{20}=1.5080$，问就此项指标而言，该产品属于哪个等级？
10. 试查阅三氯已烯的技术标准，说明测定物理参数对该产品质量分级的重要意义。
11. 在蒸馏装置中，把温度计水银球插至液面上或者在蒸馏烧瓶支管口上，是否正确？为什么？
12. 蒸馏时，放入止暴剂为什么能防止暴沸？如果加热后才发觉未加入止暴剂时，应该怎样处理才安全？
13. 用微量法测定沸点，把最后一个气泡刚欲缩回至内管的瞬间的温度作为该化合物的沸点，为什么？
14. 是否可以使用第一次测过熔点时已经熔化的有机化合物再作第二次测定？为什么？
15. 在测定时怎样确定样品的凝固点？

五、计算题

1. 使用密度瓶测定某样品的密度时，称得空密度瓶质量为 40.1800g，于 20℃充满蒸馏水的密度瓶的质量为 65.1400g，同样条件下装入试样后的质量为 60.2090g。求该样品的密度？

2. 用毛细管法测得某样品的熔程为 120～122℃。已知测量温度计的示值校正值为

－0.1℃，测量温度计露颈处的刻度值为105℃，辅助温度计读数为25℃。求该样品的准确熔程温度？

3. 采用图6-2所示装置测得一吡啶产品的初馏点为114.7℃，终馏点为116.6℃。当时实验室的大气压力为1000.32hPa，室温20.3℃，纬度20°，测量温度计校正值为＋0.1℃，露出塞外处的刻度为87℃，辅助温度计读数为31.0℃。问该产品标准的初馏点和终馏点温度应是多少？

4. 称取蔗糖试样5.0004g，用水溶解后，稀释为50.00mL。20℃时，用2dm旋光管，黄色钠光测得旋光度为＋13.0°。已知蔗糖的比旋光度$[\alpha]_D^{20}$＝66.5°，求蔗糖的纯度。

5. 通过实验测得某样品的沸程，得到如下数据：

测定项目	初馏点	终馏点
主温度计读数/℃	85.4	86.5
辅助温度计读数/℃	35	35
温度计刚露出塞外刻度值/℃	55	
测定时气压(25.8℃)/hPa	1005	
测量处纬度/℃	38.8	

求准确沸程温度？

第七章　纯水制备

学习目标：

1. 掌握离子交换法制备纯水的基本原理。
2. 学会用蒸馏法、亚沸法和离子交换法制备纯水。
3. 了解离子交换树脂的预处理及再生方法。

分析工作中经常会用到水，根据用途不同，对水质的要求也不同。我国国家标准 GB 6682—2008《分析实验室用水规格和试验方法》，将适用于化学分析和无机痕量分析等的实验用水分为三个级别，即一级、二级和三级，其要求见表 7-1。

表 7-1　中国国家实验室用水标准（GB 6682—2008）

项目		一级	二级	三级
pH 范围(25℃)		—	—	5.0～7.5
电导率(25℃)/(mS/m)	≤	0.01	0.10	0.50
可氧化物质(以 O 计)/(mg/L)	<	—	0.08	0.40
吸光度(254nm,1cm 光程)	≤	0.001	0.01	—
蒸发残渣(105℃±25℃)/(mg/L)	≤	—	1.0	2.0
可溶性硅(以 SiO_2 计)/(mg/L)	<	0.01	0.02	—

注：1. 由于在一级水、二级水的纯度下，难于测定其真实的 pH，因此，对一级水、二级水的 pH 范围不做规定。

2. 由于在一级水的纯度下，难于测定可氧化物质和蒸发残渣，对其限量不做规定。可用其他条件和制备方法来保证一级水的质量。

一级水通常用于有严格要求的分析试验，包括对颗粒有要求的试验，如高效液相色谱分析用水；二级水通常用于无机痕量分析等试验，如原子吸收光谱分析用水；三级水通常用于一般化学分析试验。按国家标准规定，标准滴定溶液及化学实验中所用的制剂及制品的制备所用的水至少要保证在三级以上，杂质测定用标准溶液的制备用水至少要保证在二级以上。

普通自来水是将天然水经过初步净化处理制得的，仍然含有各种杂质，只能用于初步洗涤仪器及做水浴等方面。而要用于配制溶液等分析工作，必须通过适当的方法将其进一步纯化。经纯化后可以满足分析实验工作要求的水称为分析实验室用水，为了叙述方便，我们也常将其简称为纯水。目前制备纯水的方法有蒸馏法、离子交换法及电渗析法等，这里主要介绍前两种方法。

第一节　蒸馏法制纯水

蒸馏法是目前广泛采用的制备分析实验室用水的方法，是根据水与杂质沸点的不同，将自来水（或其他天然水）用蒸馏器蒸馏得到的。蒸馏法又分为普通蒸馏法和亚沸法。

一、普通蒸馏法

1. 蒸馏器

蒸馏法制纯水所使用的仪器是电热蒸馏器，目前使用的蒸馏器主要由铜、硬质玻璃、石英等材料制成。电热蒸馏器由蒸发锅、冷却器及电热装置三部分组成。

（1）蒸发锅　由薄紫铜板制成，内壁涂纯锡。锅内水超过水位线时，能自行从排水管溢出。顶盖中央装有挡水帽，锅身与顶盖开启方便，便于刷洗。下侧装有放水龙头，可随时放去存水。

（2）冷却器　由紫铜板和紫铜管制成。冷凝管内壁涂以纯锡，结构采用拆卸式，以便洗刷内部水垢。水蒸气在冷凝管中冷凝成蒸馏水，同时也使冷却水得到预热，冷却水预热后流入蒸发锅，既充分利用了热量，加快了煮沸速度，又使水在预热时除去了部分挥发性杂质，有利于提高蒸馏水的质量。

（3）电热装置　电热蒸馏器的发热元件是由几支浸入式电热管组成的，安装在蒸发锅的底部，使用时全部浸没于水中，因与水直接相接触，所以电热管所放出的热量能全部被利用。

2. 蒸馏器操作方法

① 关闭放水龙头，开启水源龙头，使水源从进水控制龙头进入冷却器，再由回水管流入漏斗，最后流入蒸发锅中，直至水位上升到玻璃水位孔处，待水位停止上升时，暂时关闭水源龙头。

② 打开电源开关，待蒸发锅内的水开始沸腾并且流出蒸馏水时，再开启水源龙头。水源流量不宜过大或过小，调节时可由冷却器外壳的温度来确定水流量的大小，一般底部温度为38～40℃（微温），中部温度为42～45℃（较热），上部温度为50～55℃（烫手）时为宜。

③ 导出蒸馏水的橡胶管不宜过长，切勿插入容器内的蒸馏水中，应保持顺流畅通，以防止因蒸汽室塞而造成漏斗溢水。

3. 蒸馏法的特点

由于绝大部分无机盐类不挥发，因此蒸馏水较纯净，适用于一般化验工作。但蒸馏水中仍含有一些杂质，原因是：

① 二氧化碳及某些低沸物易挥发，随水蒸气带入蒸馏水中；

② 少量液态水成雾状飞出，进入蒸馏水中；

③ 微量的冷凝管材料成分带入蒸馏水中。

因此，要得到更纯净的蒸馏水，通常需要增加蒸馏次数。

4. 实验室制取重蒸馏水的方法

用硬质玻璃或石英蒸馏器，在每1L蒸馏水或去离子水中加入50mL碱性高锰酸钾溶液（含8g/L $KMnO_4$＋300g/L KOH），重新蒸馏，弃去头和尾各1/4容积，收集中段的重蒸馏水，亦称二次蒸馏水，此法去除有机物较好，但不易做无机痕量分析用。

二、亚沸法

一般的沸腾蒸馏方法由于沸腾的水泡破裂，使蒸汽中带入微粒，另外，未蒸馏的液体沿器壁爬行，使蒸馏水受到明显的沾污。亚沸蒸馏是在液体不沸腾的条件下蒸馏，完全消除了由沸腾带来的沾污。亚沸蒸馏是纯化高沸点酸最常用的方法，也是高纯水及高纯酸制备的标准方法。亚沸蒸馏装置中采用红外线加热，因此器壁可保持干燥，避免液体向上爬行。

石英亚沸蒸馏器的特点是在液面上加热，使液面始终处于亚沸状态，蒸馏速度较慢，可将水蒸气带出的杂质减至最低。

第二节　离子交换法制纯水

离子交换法是应用离子交换树脂来分离出水中的杂质离子的方法。用此法制得的水通常称为“去离子水”。去离子水纯度较高，一般适用于准确度要求较高的分析工作。

离子交换树脂是一种直径为0.45～0.90mm的半透明或不透明的球状有机高分子，不溶于水、醇、酸和碱，对有机溶剂、氧化剂、还原剂和其他化学试剂具有一定的稳定性，对热也较稳定。

在离子交换树脂网状结构的骨架上有许多可以与溶液中离子起交换作用的活性基团，根据活性基团的不同，离子交换树脂又分为阳离子交换树脂和阴离子交换树脂。在阳离子交换树脂中又分为强酸性和弱酸性阳离子交换树脂，在阴离子交换树脂中，又分为强碱性和弱碱性阴离子交换树脂。

一、离子交换法制纯水的基本原理

制取纯水一般选用强酸性阳离子交换树脂和强碱性阴离子交换树脂。当水流过装有离子交换树脂的交换柱时，水中的杂质离子与树脂中网状骨架上的能与离子起交换作用的活性基团发生交换作用。

强酸性阳离子交换树脂：

$$\underset{\text{氢型}}{\text{R-SO}_3\text{H}} + \text{Na}^+ \underset{\text{再生}}{\overset{\text{交换}}{\rightleftharpoons}} \underset{\text{钠型}}{\text{R-SO}_3\text{Na}} + \text{H}^+$$

强碱性阴离子交换树脂：

$$\underset{\text{氢氧型}}{\text{RN(CH}_3)_3\text{OH}} + \text{Cl}^- \underset{\text{再生}}{\overset{\text{交换}}{\rightleftharpoons}} \underset{\text{氯型}}{\text{RN(CH}_3)_3\text{Cl}} + \text{OH}^-$$

式中，R 表示离子交换树脂本体，Na^+和 Cl^-分别代表水中的阴、阳离子杂质，交换下来的 H^+和 OH^-结合成水。上述离子交换反应是可逆的。市售的树脂一般为钠型（阳离子交换树脂）和氯型（阴离子交换树脂），可用酸碱分别处理成氢型和氢氧型，当原水流过树脂时产生上述交换反应。失效的树脂变为钠型和氯型，分别用酸和碱处理，交换反应向相反方向进行，树脂又转变为氢型和氢氧型，这叫做离子交换树脂的再生。

离子交换法制取纯水一般在交换柱中进行，树脂层高度与内径之比至少要大于 5∶1，从柱上部通入要处理的水，下部流出离子交换水，这种方式称为固定床。

自来水通过阳离子交换柱除去阳离子，再通过阴离子交换柱除去阴离子，出水即可使用。但水质一般，通常为提高水质，可串联一个阴、阳离子交换树脂混合柱，得到纯水。交换顺序为阳柱→阴柱→混合柱，因为原水如果直接通入阴柱，交换下来的 OH^-会与水中的阳离子杂质生成难溶性沉淀，吸附在阴离子树脂表面，使阴离子交换容量下降。交换时，先将原水进入阳离子交换柱的顶部，阳柱底部的流出液进入阴柱顶部，阴柱底部的流出液进入混合柱的顶部，从混合柱流出的水即为去离子水。

二、离子交换法制纯水的操作步骤

1. 树脂的预处理

新树脂常含有低分子物质和高分子组成的分解产物。当树脂与水、酸、碱溶液接触时，上述这些有机杂质会进入溶液。树脂中还含有铁、铅、铜等金属离子。因此，在使用前必须进行预处理，除去树脂中的杂质，并将树脂转变成所需要的形式。

离子交换树脂的预处理方法如下。

（1）水漂洗　将树脂置于塑料容器中，用清水漂洗，以除去其中的色素、水溶性杂质和灰尘等，直到排水清晰为止。用水浸泡树脂12～24h，使其充分膨胀。如为干树脂，应先用饱和氯化钠溶液浸泡，再逐步稀释氯化钠溶液，以免树脂突然急剧膨胀而破碎。

（2）醇浸泡　当用来浸泡树脂的水中无明显混悬物时，把树脂中的水排尽，加入95%的乙醇至浸没树脂，搅拌均匀后，浸泡24h，以除去醇溶性杂质。将乙醇排尽，再用自来水洗至排出液为无色，无醇味为止。

（3）酸碱反复处理　将用醇浸泡过的树脂用水洗净后，将水排尽，然后用酸碱进行处理。

① 阳离子交换树脂。用树脂体积2倍量的盐酸（2%～5%）溶液浸泡树脂2～4h，并不时搅拌。也可将树脂装入柱中，用动态法使酸液以一定流速流过树脂层，然后用低纯水自上而下（间以自下而上）洗涤树脂，直至流出液pH≈4，再用2%～5%的NaOH溶液处理，处理后用水洗至微碱性pH=9～10，再一次用5%HCl溶液浸泡4h并不断搅拌，使树脂转变为氢型。最后用纯水洗至pH≈4，无Cl^-即可。

② 阴离子交换树脂。其预处理步骤与阳离子树脂基本相同，但应先用5%～8%的NaOH溶液浸泡，用水洗至流出液的pH=9～10，再用5%的HCl溶液处理，用水洗至pH≈4，最后再用5%～8%的NaOH溶液浸泡处理，然后用水洗至pH≈8，使树脂转变为氢氧型。

2. 装柱

（1）装柱方法　将离子交换柱洗去油污杂质，用去离子水冲洗干净，在柱中先装入半柱水，然后将处理好的树脂和水一起倒入柱中。单柱装入柱高的2/3，混柱装入柱高的3/5，阳离子树脂与阴离子树脂比例约为1∶2。阳离子树脂装至加酸管上面一点，再接着装阴离子树脂，装至2倍阳离子树脂体积即可。如交换柱较大，可用真空泵将树脂和水的混合物从管道中吸入柱中。

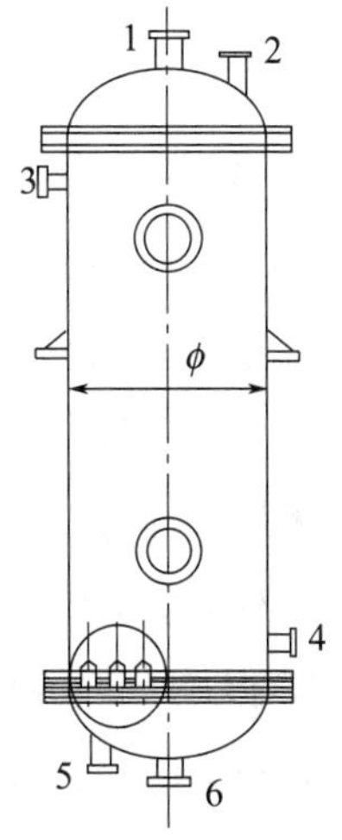

图7-1　离子交换柱外形

1—排气口；2—进水口；3—树脂进口；4—排净口；5—清洗口；6—出水口

（2）装柱操作　离子交换柱通常为有机玻璃制成，有各种不同规格，其外形如图7-1所示。使用时，可通过橡胶管将若干个柱串联起来，如图7-2所示，按上述装柱方法，将树脂装入柱中。实验室中也可采用简易的方法自制交换柱。我们以实验室简易装置为例说明装柱的具体过程。

① 柱的准备和安装。取三支内径为4cm，长约60cm的玻璃管，洗去油污杂质后，再用自来水、去离子水依次冲洗干净。在三支玻璃管下端用乳胶管分别连一根T形玻璃管，T形管的下端与取样管连接，侧管与下一支玻璃管连接，取样时，拧松取样管上的螺丝夹，水样即可流出。选择三个大小适合于玻璃管口的橡胶塞，在塞子中央钻一个孔，分别插入一根短玻璃管。把配有短玻璃管的橡胶塞分别塞入装有离子交换树脂的玻璃管管口，然后用滴定管夹子把三支玻璃管固定在铁架台上，用套有粗橡胶管的乳胶管把高位水槽和三支玻璃管按图7-3连接起来，并在连接玻璃管的乳胶管上分别装上螺丝夹。

图7-2　串联的离子交换柱

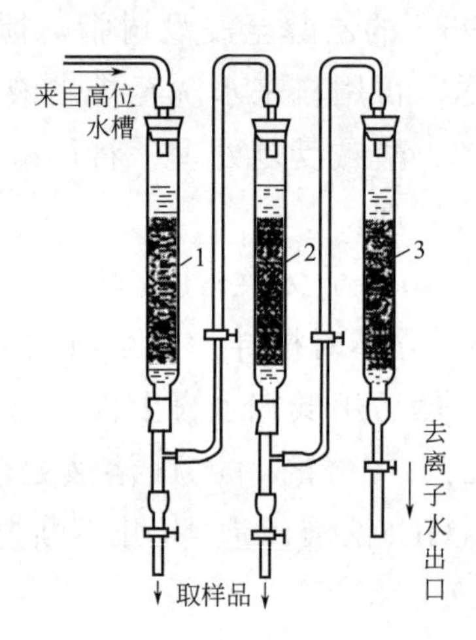

图7-3　离子交换柱的连接

1—阳离子交换柱；2—阴离子交换柱；3—阴、阳离子交换柱

② 装柱。拧紧各玻璃管下端取样管上的螺丝夹及玻璃管间的螺丝夹，在玻璃管底部分别塞入少量支承树脂用的玻璃纤维，然后向玻璃管中分别加入数毫升去离子水，小心将阳离子交换树脂和水一起倒入第一支玻璃管中，树脂层高度为40cm左右，即为阳离子交换柱。将阴离子交换树脂和水一起倒入第二支玻璃管中，树脂层高度也为40cm左右，即为阴离子交换柱。将体积比为1∶2的阳离子交换树脂和阴离子交换树脂在水中充分混匀后，连同水一起倒入第三支玻璃管中，树脂层高度为36cm左右，即为阴、阳离子混合交换柱。

装柱时应注意动作的连续，柱中的水不能漏干，树脂应始终没于水下面，否则树脂间形成空气泡，而气泡不会自动逸出，导致溶液不能均匀地流过树脂层，而是顺着气泡流下，溶液中的离子也就不能与树脂进行交换，即发生了“沟流”现象，影响交换效率，从而影响出水量。若发现树脂层出现气泡，则应将树脂倒出重装。

3. 产水

按制取去离子水的流程连接好管路，从阳柱顶部进自来水，让原水依次流经阳离子交换柱、阴离子交换柱和阴、阳离子混合交换柱。用电导仪或兆欧表在线随时监测水质，至达 0.5MΩ·cm 以上时即可供一般化验使用。水的流速可为 10m/h（线速度）。连接水质自动报警系统，当水质不合格时还可发出信号，同时停止出水。在杯中测定水的电导率会因水吸收空气中的二氧化碳等气体使电导率增大。

对于简易的交换柱，可在装好树脂后，将各螺丝夹打开，从阳柱进水，让原水依次流经阳离子交换柱、阴离子交换柱和阴、阳离子混合交换柱。水的流速可控制为每分钟 25～30 滴，开始流出的约 30mL 水应弃去，然后重新控制流速为每分钟 15～20 滴。然后收集水样待检测。

在间歇制取纯水时，开始的 15min 内水质不高应弃去。出水流速应控制适当，流速过低，出水水质较差；流速过高，交换反应未来得及进行，也使出水水质下降，而且使柱子易穿透。

4. 树脂的再生

离子交换树脂失效后（阳柱出水检验出阳离子，阴柱出水检验出阴离子，混柱出水电导率不合格）。可用酸碱再生处理，重新将其转变为氢型和氢氧型。再生的完全与否关系到出水的水质和出水量。

（1）再生剂的用量和配方　再生阳离子树脂用 5%HCl（化学纯），用量为树脂体积的 2 倍。再生阴离子树脂用 5%NaOH（化学纯），用量为树脂体积的 2 倍。

（2）再生方法　树脂再生方法有两种，即动态再生法和静态再生法，下面主要介绍的是动态再生法。

① 阳柱再生方法

a. 逆洗。从交换柱底部通入自来水，从顶部排除废水，以使被压紧的树脂松动，同时洗去树脂碎粒及其他杂质，排出树脂层内因 CO_2 逸出而产生的气泡，使树脂层与再生液充分接触。洗至水清澈，时间一般需 15～30min。逆洗后从下部放水至液面高出树脂层表面 10cm 处。

b. 加酸。将 4%～5% 的盐酸水溶液从柱顶部加入，控制流速，约 30～45min 加完。

c. 正洗。从柱顶部通入自来水，废水从柱下端流出，控制流速约为加酸速度的 2 倍（开始 15min 的流速可慢些）。洗至 pH＝3～4（用 pH 试纸检验，pH 试纸最好经 pH 剂核对），大约用时 20～30min，此时用铬黑 T 检验应无阳离子。

② 阴柱再生方法

a. 逆洗。用阳柱水逆洗，将阳柱出水口连接至阴柱下端，靠自来水的压力通入阳柱水。条件同阳柱。

b. 加碱。从柱顶部加入5%的NaOH水溶液，控制流速，约1～1.5h将碱加完。

c. 正洗。从柱顶部通入阳柱水，废水从柱下端放出，控制流速为加碱时的2倍，开始15min可慢些。洗至pH=11～12，用硝酸银溶液检验应无氯离子。

以上所有操作均不可将柱中水放至树脂层以下，以免树脂之间产生气泡。

③ 混柱的再生方法。混柱的再生比单柱复杂，可将阴、阳离子树脂分层后取出分别再生，混合后再装入，也可直接在柱内再生。

a. 逆洗分层。将自来水从柱的下端通入，使树脂悬浮起来，由于阴、阳离子树脂密度不同，树脂分为两层，同时，由于两种树脂颜色不同，二者之间会产生一明显的分界面。但如果树脂未完全失效，则氢型和氢氧型二者密度相差较小，会导致树脂分层不好。这种情况下，可在分层前先通入部分NaOH溶液，再逆洗分层，效果较好。

b. 再生阴离子树脂。自上而下加入NaOH溶液，经过下层的阳离子树脂层，从底部排出废液，方法同前。

c. 正洗。用纯水洗净树脂层，至出水pH=9～11为止，方法同前。

d. 再生阳离子树脂。再生阳离子树脂有两种方法。一种是从进酸管中通入HCl溶液，下端排出废液，为防止HCl上溢使再生好的阴离子树脂失效，可同时从上面通入一定量的纯水，使其平衡。由于纯水的稀释作用，可适当提高HCl再生液的浓度。另一种是将水放至阴阳离子树脂分界面上，加酸时控制酸的液面不渗入到阴离子树脂层。

e. 正洗。从进酸口或从柱上部通入纯水，下端排出废液，洗至出水pH=4～5。

f. 混合。阴阳树脂分别再生后，应洗去再生液，然后使其充分混合，混合的方法是通入经严格除油、净化处理的压缩空气（也可以从下端进空气，上口抽真空进行混合），混匀后立即以较快的速度从柱下端排水，迫使树脂迅速降落，以避免重新分层。混合后可以放置一夜，再进行正洗。

静态再生的方法适用于小型交换柱，其操作方法与动态类似，不同的是要把再生的树脂从柱中取出，然后以与上述相同的再生剂与处理次序进行处理。对混柱的树脂，取出后，依据两种树脂密度的不同，先用淘米法将其分开，再分别进行再生。

第三节　纯水的检验方法

分析实验室用水必须符合国家标准规定的要求，因此对于所制备的每一批纯水，都必须对照规格要求进行质量检验。

纯水检验分标准检验法和一般检验法。标准检验法严格但很费时，一般化验工作用的纯水可用测定电导率检验法和化学检验法进行检验。

一、电导率检验法

在外加电场作用下，水中的杂质离子能发生定向移动而导电，其导电能力与水中杂质离子数量有关。杂质离子越多，水的纯度越低，电导率越高；反之，越低。所以通过电导率的测定，可以检验纯水中杂质离子的含量。

离子交换法制得的纯水就可以用电导率仪监测水的电导率，根据电导率确定何时需再生交换柱。

用于一、二级水测定的电导仪：配备电极常数为0.01～0.1/cm的“在线”电导池。并具有温度自动补偿功能。若电导仪不具温度补偿功能，可装“在线”热交换器，使测量时水温控制在（25±1)℃。

用于三级水测定的电导仪：配备电极常数为0.01～0.1/cm的电导池。并具有温度自动补偿功能。若电导仪不具温度补偿功能，可装恒温水浴槽，使待测水样温度控制在（25±1)℃。

当实测的各级水不是25℃时，可记录水温，其电导率可按下式进行换算。

$$K_{25}=k_t(K_t-K_{pt})+0.00548 \tag{7-1}$$

式中　K_{25}——25℃时各级水的电导率，mS/m；

K_t——t℃时各级水的电导率，mS/m；

K_{pt}——t℃时理论纯水的电导率，mS/m；

k_t——换算系数；

0.00548——25℃时理论纯水的电导率，mS/m。

K_{pt} 和 k_t 可从表7-2中查出。

表7-2　理论纯水的电导率和换算系数

t/℃	k_t	K_{pt}/(mS/m)	t/℃	k_t	K_{pt}/(mS/m)
0	1.7975	0.00116	1	1.7550	0.00123
2	1.7135	0.00132	3	1.6728	0.00143
4	1.6329	0.00154	5	1.594	0.00165
6	1.5559	0.00178	7	1.5188	0.00190
8	1.4825	0.00201	9	1.4470	0.00216
10	1.4125	0.00230	11	1.3788	0.00245
12	1.3461	0.00260	13	1.3142	0.00276
14	1.2831	0.00292	15	1.253	0.00312
16	1.2237	0.00330	17	1.1954	0.00349
18	1.1679	0.00370	19	1.1412	0.00391

续表

t/℃	k_t	K_{pt}/(mS/m)	t/℃	k_t	K_{pt}/(mS/m)
20	1.1155	0.00418	21	1.0906	0.00441
22	0.0667	0.00466	23	1.0436	0.00490
24	1.0213	0.00519	25	1.000	0.00548
26	0.9795	0.00578	27	0.9600	0.00607
28	0.9413	0.00640	29	0.9234	0.00674
30	0.9065	0.00712	31	0.8904	0.00749
32	0.8753	0.00784	33	0.8610	0.00822
34	0.8475	0.00861	35	0.8350	0.00907
36	0.8233	0.00950	37	0.8126	0.00994
38	0.8027	0.01044	39	0.7936	0.01088
40	0.7855	0.01136	41	0.7782	0.01189
42	0.7719	0.01240	43	0.7664	0.01298
44	0.7617	0.01351	45	0.7580	0.01410
46	0.7551	0.01464	47	0.7532	0.01521
48	0.7521	0.01582	49	0.7518	0.01650
50	0.7525	0.01728			

测定时首先按电导仪说明书安装调试仪器。对一、二级水的测量，是将电导池装在水处理装置流动出水口处，调节水流速，赶尽管道及电导池内的气泡，即可进行测量。对三级水，可取400mL水样于锥形瓶中，插入电导池后即可进行测量。

注意：取水样后要立即测定，注意避免空气中的二氧化碳溶于水中使水的电导率增大。测量用的电导仪和电导池应定期进行检定。

DDS-11C电导仪的板面图如图7-4所示。为保证测量准确及仪表安全，须按以下各点使用。

① 通电前，检查表针是否指零，如不指零，可调整表头调整螺丝，使表针指零。

② 当电源线的插头被插入仪器的电源孔（在仪器的背面）后，开启电源开关，灯即亮。预热后即可工作。

③ 将范围选择器5扳到所需的测量范围，如不知被测量的大小，应先调至最大量程位，以免过载使表针打弯，以后逐挡改变到所需量程。

④ 连接电板引线。被测液为低电导（5μm以下）时，用光亮铂电极；被测液电导在5μS～150mS时，用铂黑电极。

⑤ 将校正测量换挡开关扳向“校正”，调整校正调节器6，使指针停在指示电表8中的倒立三角形处。

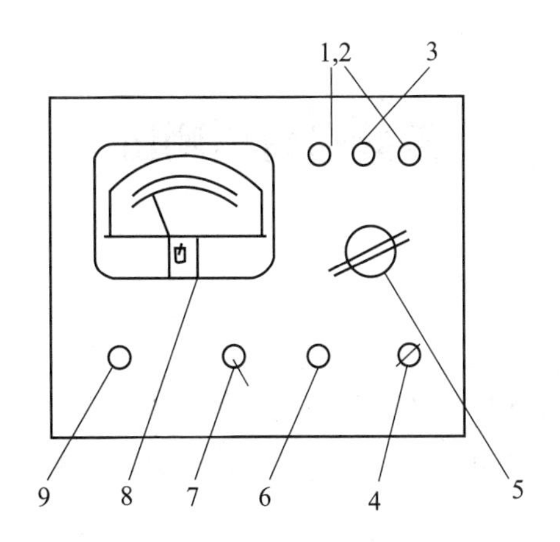

图 7-4 DDS-11C 电导仪的板面图

1，2—电极接线柱；3—电极屏蔽线接线柱；4—校正测量换挡开关；5—范围选择器；6—校正调节器；7—电源开关；8—指示电表；9—指示灯

⑥ 将开关 4 扳向“测量”，将指示电表 8 中的读数乘以范围选择器 5 上的倍率，即得被测溶液的电导值。

⑦ 在测量中要经常检查“校正”是否改变，即将开关 4 扳向“校正”时，指针是否仍停留在倒立三角形处。

二、化学检验法

1. 阳离子的检验

取水样 10mL 于试管中，加入 2～3 滴氨-氯化铵缓冲溶液（pH＝10）、2～3 滴铬黑 T 指示剂，如果水呈现蓝色，表明无金属阳离子；若水呈现紫红色，表明含有阳离子。

2. 氯离子的检验

取水样 10mL 于试管中，加入数滴硝酸银水溶液（1.7g 硝酸银溶于水中，加浓硝酸 4mL，用水稀释至 100mL），摇匀，在黑色背景下观察溶液，若溶液无色透明，表明无氯离子存在；若溶液出现白色浑浊，说明水中尚有氯离子存在。（注意：如硝酸银溶液未经硝酸酸化，加入水中可能出现白色或变为棕色沉淀，这是氢氧化银或碳酸银造成的）

3. pH 的检验

pH 的检验采取指示剂法。

首先取水样 10mL 于试管中，加甲基红指示剂 2 滴，应不显红色。另取一试管，取水样 10mL，加溴麝香草酚蓝指示剂 5 滴，不显蓝色即符合要求。

用于测定微量硅、磷等的纯水，应该先对水进行空白实验，才可用于配制试剂。

技能检查与测试

一、填空题

1. 实验室用水可用________、________、________等方法制得。

2. 我国国家标准 GB 6682—2008《分析实验室用水规格和试验方法》将适用于化学分析和无机痕量分析等实验用水分为________个级别，一般实验室用水应符合________级水标准要求。

3. GB 6682—2008《分析实验室用水规格和试验方法》标准中规定的实验室用水的技术指标包括________、________、________、吸光度、蒸发残渣以及可溶性硅六项内容。

4. 实验室用水水质的检验可分为________和________两种。

5. 检验水质 pH 时，取水样 10mL，加甲基红指示剂 2 滴，不显________色为合格；另取水样 10mL，加溴百里酚蓝指示剂 5 滴，不显________色即符合要求。

6. 实验室用水水质检验，取样后要立即测定，以避免________使水的电导率增大。

7. 离子交换树脂失效后，可用酸、碱进行________处理，分别将阳离子树脂由________型转变为________型，将阴离子树脂由________型转变为________型。

8. 蒸馏法制备纯水，能除去水中的________杂质。

9. 水的电导率越高，表示水中所含的杂质离子越________，水的纯度越________。

10. 离子交换树脂分为阳离子交换树脂与阴离子交换树脂。阳离子交换树脂经________处理后成为氢型，阴离子交换树脂经________处理后成为氢氧型。当水流经交换柱时，阳离子交换树脂上的________与水中的阳离子进行交换，阴离子交换树脂上的________与水中的阴离子进行交换。

二、选择题

1. 干树脂应首先用（　）浸泡。

A. 自来水　B. 浓氯化钠溶液　C. 蒸馏水　D. 氢氧化钠溶液

2. 在液体不沸腾的条件下进行的蒸馏方法称为（　）。

A. 真空蒸馏　B. 亚沸蒸馏　C. 红外蒸馏　D. 二次蒸馏

3. 离子交换法制备纯水，其流水过程依次为（　）。

A. 阴柱→阳柱→混合柱　B. 混合柱→阴柱→阳柱

C. 阳柱→阴柱→混合柱　D. 阳柱→混合柱→阴柱

4. 亚沸蒸馏装置中采用（　）加热。

A. 红外线　B. 加压　C. 通电　D. 减压

5. 需用新制备的水“在线”测定电导率的是（　）。

A. 一级水　B. 二级水　C. 三级水

三、判断题

1. 在检测纯水电导率时，不慎落入了少许 NaCl，将导致其电导率值增大。（　）
2. 自来水通过阳离子交换柱除去阴离子，再通过阴离子交换柱除去阳离子。（　）
3. 用离子交换法制备去离子水，能有效地除去有机物。（　）
4. 通过阳离子交换树脂的水，因发生了离子交换而使水的酸度变小。（　）
5. 蒸馏水是利用水与杂质的沸点不同而制成的。（　）

四、问答题

1. 电热蒸馏器由哪几部分组成？简述其操作方法及应注意的事项。
2. 简述离子交换法制备纯水的操作步骤。
3. 离子交换树脂有哪两种再生方法？如何进行？
4. 在用离子交换法制纯水时，为什么树脂始终要没于水面下？

附　录

附表一　气压计读数的校正值

室温/℃	气压计读数/hPa							
	925	950	975	1000	1025	1050	1075	1100
10	1.51	1.55	1.59	1.63	1.67	1.71	1.75	1.79
11	1.66	1.70	1.75	1.79	1.84	1.88	1.93	1.97
12	1.81	1.86	1.90	1.95	2.00	2.05	2.10	2.15
13	1.96	2.01	2.06	2.12	2.17	2.22	2.28	2.33
14	2.11	2.16	2.22	2.28	2.34	2.39	2.45	2.51
15	2.26	2.32	2.38	2.44	2.50	2.56	2.63	2.69
16	2.41	2.47	2.54	2.60	2.67	2.73	2.80	2.87
17	2.56	2.63	2.70	2.77	2.83	2.90	2.97	3.04
18	2.71	2.78	2.85	2.93	3.00	3.07	3.15	3.22
19	2.86	2.93	3.01	3.09	3.17	3.25	3.32	3.40
20	3.01	3.09	3.17	3.25	3.33	3.42	3.50	3.58
21	3.16	3.24	3.33	3.41	3.50	3.59	3.67	3.76
22	3.31	3.40	3.49	3.58	3.67	3.76	3.85	3.94
23	3.46	3.55	3.65	3.74	3.83	3.93	4.02	4.12
24	3.61	3.71	3.81	3.90	4.00	4.10	4.20	4.29
25	3.76	3.86	3.96	4.06	4.17	4.27	4.37	4.47
26	3.91	4.01	4.12	4.23	4.33	4.44	4.55	4.66
27	4.06	4.17	4.28	4.39	4.50	4.61	4.72	4.83
28	4.21	4.32	4.44	4.55	4.66	4.78	4.89	5.01
29	4.36	4.47	4.59	4.71	4.83	4.95	5.07	5.19
30	4.51	4.63	4.75	4.87	5.00	5.12	5.24	5.37
31	4.66	4.79	4.91	5.04	5.16	5.29	5.41	5.54
32	4.81	4.94	5.07	5.20	5.33	5.46	5.59	5.72
33	4.96	5.09	5.23	5.36	5.49	5.63	5.76	5.90
34	5.11	5.25	5.38	5.52	5.66	5.80	5.94	6.07
35	5.26	5.40	5.54	5.68	5.82	5.97	6.11	6.25

附表二 重力校正值

纬度/(°)	气压计读数/hPa							
	925	950	975	1000	1025	1050	1075	1100
0	−2.48	−2.55	−2.62	−2.69	−2.76	−2.83	−2.90	−2.97
5	−2.44	−2.51	−2.57	−2.64	−2.71	−2.77	−2.84	−2.91
10	−2.35	−2.41	−2.47	−2.53	−2.59	−2.65	−2.71	−2.77
15	−2.16	−2.22	−2.28	−2.34	−2.39	−2.45	−2.51	−2.57
20	−1.92	−1.97	−2.02	−2.07	−2.12	−2.17	−2.23	−2.28
25	−1.61	−1.66	−1.70	−1.75	−1.79	−1.84	−1.89	−1.94
30	−1.27	−1.30	−1.33	−1.37	−1.40	−1.44	−1.48	−1.52
35	−0.89	−0.91	−0.93	−0.95	−0.97	−0.99	−1.02	−1.05
40	−0.48	−0.49	−0.50	−0.51	−0.52	−0.53	−0.54	−0.55
45	−0.05	−0.05	−0.05	−0.05	−0.05	−0.05	−0.05	−0.05
50	+0.37	+0.39	+0.40	+0.41	+0.43	+0.44	+0.45	+0.46
55	+0.79	+0.81	+0.83	+0.86	+0.88	+0.91	+0.93	+0.95
60	+1.17	+1.20	+1.24	+1.27	+1.30	+1.33	+1.36	+1.39
65	+1.52	+1.56	+1.60	+1.65	+1.69	+1.73	+1.77	+1.81
70	+1.83	+1.87	+1.92	+1.97	+2.02	+2.07	+2.12	+2.17

附表三 沸程温度随气压变化的校正值

标准中规定的沸程温度/℃	气压相差 1hPa 的校正值/℃	标准中规定的沸程温度/℃	气压相差 1hPa 的校正值/℃
10～30	0.026	210～230	0.044
30～50	0.029	230～250	0.047
50～70	0.030	250～270	0.048
70～90	0.032	270～290	0.050
90～110	0.034	290～310	0.052
110～130	0.035	310～330	0.053
130～150	0.038	330～350	0.056
150～170	0.039	350～370	0.057
170～190	0.041	370～390	0.059
190～210	0.043	390～410	0.061

附表四 常见液体的折射率

物质名称	分子式	密度	温度/℃	折射率
丙酮	CH_3COCH_3	0.791	20	1.3593
甲醇	CH_3OH	0.794	20	1.3290
乙醇	C_2H_5OH	0.800	20	1.3618
苯	C_6H_6	1.880	20	1.5012
二硫化碳	CS_2	1.263	20	1.6276
四氯化碳	CCl_4	1.591	20	1.4607
三氯甲烷	$CHCl_3$	1.489	20	1.4467
乙醚	$C_2H_5 \cdot O \cdot C_2H_5$	0.715	20	1.3538
甘油	$C_3H_8O_3$	1.260	20	1.4730
松节油		0.87	20.7	1.4721
橄榄油		0.92	0	1.4763
水	H_2O	1.00	20	1.3330

习题参考答案

第一章　实验室的安全和环保常识

一、填空题

1. 禁止、停止、消防；注意危险；安全无事；图像、文字符号和警告标志；强制执行；2. 泡沫式；酸碱式；二氧化碳；1211；干粉灭火。

二、选择题

1. A；　2. A；　3. A；　4. A。

三、判断题

1. ×；　2. ×；　3. √；　4. √；　5. √；　6. √；　7. √；　8. √；　9. √；　10. √。

四、问答题

略。

第二章　化学实验基本知识

一、填空题

1. 普通过滤；减压过滤；保温过滤；2. 水；酸；碱；有机溶剂；3. 软质玻璃；硬质玻璃；石英玻璃；4. 自然晾干；用加热器烘干；吹干；5. 水刷洗；洗涤液刷洗；6. 优级纯试剂；分析纯试剂；化学纯试剂；实验试剂；7. 重铬酸钾；硫酸；8. 空气的影响；温度的影响；光的影响；杂质的影响；储存器的影响。

二、判断题

1. √；2. √；3. √；4. √；5. √；6. √；7. √；8. ×；9. √；10. √。

三、问答题

略。

第三章　化学定量分析基本操作

一、填空题

1. 机械式；电子；2. 灵敏性；准确性；稳定性；示值变动性；3. 灵敏度；稳定性；4. 10. 1065；5. 称量物；砝码；6. 平衡调节螺丝；水平仪；7. 越低；8. 预热；去皮；9. 超载；卸载；10. 准确；一定体积；11. 使用分析天平时；一定质量的试样；12. 量出式；Ex；量入式；In；13. 酸性、中性或氧化性；碱性；14. 左；右；15. 0. 5cm；0. 5～1；附着在管上部内壁的溶液流下；“0”刻度或“0”刻度附近的某一读数；16. 同一；17. 3/4；避免混合后体积的改变；18. 10mL/min；3～4 滴/s；成液柱；19. 一定溶液；风干或吹干；20. 直接称量法；递减称量法；固定质量称量法；21. 不吸湿、不挥发和在空气中稳定的固体物质；不易吸湿的、且不与空气中各种组分发生作用的，性质稳定的粉末状物质；22. 左；右；刻线以上；食；准确移取；移液管；吸量管；23. 机械秒表；电子秒表；24. 金属汞；－30～300；25. 量程；26. 被测体系；刻度；27. 排气泡和校正。

二、选择题

（一）单选题

1. A；2. C；　3. B；　4. B；　5. D；　6. A；　7. A；　8. A；　9. B；　10. C；　11. C；　12. C；　13. D；　14. A；15. C；16. A。

（二）多选题

1. ABCD；2. ABC；3. ABC；4. ABC；5. BCD；6. BC；7. BC；8. ACD。

三、判断题

1. ×；2. √；3. √；4. ×；5. √；6. √；7. ×；8. ×；9. ×；10. ×；11. √；12. √；13. √；14. √；15. ×；16. ×；17. √；18. √；19. √；20. √。

四、问答题

略

五、计算题

1. 21.3250g；2. 0.2552g；3. 15.12mL；4. 30.03mL；5. 24.99mL。

第四章　混合物的提纯与分离

一、填空题

1. 温度；在较高的温度；饱和；降低温度；2. 化学反应；大；小；三；3. 升华；凝华；4. 饱和蒸气压；5. 常压；减压；6. 固体熔点；7. 沸腾；冷凝管；液体；8. 暴沸；加热；稍冷；9. 加热；微小气泡；液体的汽化；10. 沸点；沸程；1～2℃；11. 1/3；2/3；12. 连通；密封；爆炸；13. 饱和蒸气压；14. 外界压力；15. 沸石；暴沸冲出；16. 油；砂；直形；不带夹层的空气；17. 冲出；打开；关闭；隔离；18. 之和；100；19. 溶于；很高；化学；20. 倒吸进入；打开 T 形管；21. 一；多；22. 均匀；稳定；效率；23. 4；96；78.15；95；纯；24. 液泛；回流比；25. 萃取溶剂；26. 凡士林；油膜均匀透明；旋塞；27. 不能；放气；28. 液-固；29. 分配系数；30. 水；分配；31. 分配系数；快；32. 比移值；分离后各纯物质的斑点中心到点样原点的距离；溶剂前沿到点样原点的距离；33. 定性；34. 硅胶；氧化铝；吸附色谱；35. 强酸；强碱；高温碳化显色；36. 吸附；吸附。

二、选择题

1. C；2. B；3. A；4. C；5. C；6. A；7. A；8. B；9. D；10. B；11. B；12. B；13. A；14. C；15. B；16. C；17. D；18. B；19. B；20. C；21. B；22. D；23. B；24. D。

三、判断题

1. ×；2. √；3. ×；4. √；5. ×；6. √；7. ×；8. ×；9. ×；10. ×；11. √；12. ×；13. √；14. ×；15. √；16. ×；17. ×；18. √；19. √；20. ×；21. ×；22. √；23. ×；24. ×；25. √；26. √；27. ×；28. ×；29. √；30. √；31. ×；32. ×；33. ×；34. ×；35. √。

四、问答题

略。

五、计算题

1. 12.5cm 处斑点 $R_f=0.5$ 为苯、6.25cm 处斑点 $R_f=0.25$ 为苯胺、0.75cm 处斑点 $R_f=0.03$ 为苯甲酸、3.25cm 处斑点 $R_f=0.13$ 为苯酚；

2. $R_{f1}=a_1/L=0.4$、$R_{f2}=a_2/L=0.6$，$a_2-a_1=2$ 联立方程解得 $L=10$cm，滤纸长度应加上两端距离，故实际裁剪长度为 10＋2＋2＝14(cm)，L 为溶质移动的距离。

第五章　基本有机合成

一、填空题

1. 垫石棉网；用明火直接加热；2. 用冷水冲洗热的温度计；冷至室温后；3. 夹放纸片；自然晾干；4. 主要仪器；顺序；下；上；左；右；相反的顺序；5. 1/2 左右；2/3；直形冷凝管；球形冷凝管；6. 温度计；冷凝管；搅拌器；7. 通入冷空气；温度和真空度；8. 100～400℃；乙醚等易燃溶剂；9. 分液漏斗；加

热蒸馏；10.85～90℃；加速反应；1%氯化铁；11.少；低；12.苯甲醛；乙酸酐；无水碳酸钾；13.空气浴；向上；离开石棉网；14.乙醇和水（体积比为 1∶3）的稀乙醇；热水；15.0～5℃；苯酚；搅拌；16.水蒸气蒸馏；二氯甲烷。

二、选择题

1.B；2.C；3.C；4.D；5.D；6.A；7.C；8.B。

三、判断题

1.×；2.×；3.×；4.×；5.×；6.×；7.×。

四、问答题

略。

第六章　物理常数的测定

一、填空题

1.在一定的温度和压力下单位体积内所含物质的质量；用符号 ρ 表示，单位是 g/cm^3、kg/m^3、kg/L 和 g/mL；2.热浴；双浴式熔点测定仪；提勒管式熔点测定仪；3.始沸点（或初馏点）；终沸点（或终馏点）；4.熔程；熔程；5.1.3330；1.3325；6.增高；7.低；长；降低；8.101.325；沸腾时；9.始沸点；干点；终沸点；10.蒸馏法；毛细管法；蒸馏法；毛细管法；11.20℃；黄色钠光；12.温度；光线波长；13.1dm；或液体密度；20；度（°）；14.石油产品在规定的条件下，加热到它的蒸气和空气的混合气与火焰接触发生瞬间闪火时的最低温度，以℃表示；15.液态；固态。

二、选择题

1.B；2.B；3.A；4.B；5.B；6.B；7.B；8.B；9.C；10.C；11.C；12.A；13.AB；14.B；15.B；16.B；17.D；18.B；19.A；20.B；21.A；22.B；23.C；24.C；25.D；26.ABC；27.A；28.B。

三、判断题

1.×；2.×；3.×；4.√；5.√；6.×；7.×；8.√；9.√；10.√；11.×；12.×；13.√；14.×；15.√；16.×。

四、问答题

略

五、计算题

1.0.8009g/cm^3；2.120.1～122.2℃；3.113.7～115.6℃；4.质量分数＝0.98；5.84.7～85.8℃。

第七章　纯水制备

一、填空题

1.蒸馏法；离子交换法；电渗析；2.三；三；3.pH 范围；电导率；可氧化物质含量；4.电导率检验法；化学检验法；5.红；蓝；6.空气中的 CO_2 溶于水中；7.再生；钠；氢；氯；氢氧；8.二氧化碳及某些低沸物；9.多；低；10.5%HCl；5%NaOH；H^+；OH^-。

二、选择题

1.B；2.B；3.C；4.A；5.AB。

三、判断题

1.√；2.×；3.×；4.×；5.√。

四、问答题

略。

参 考 文 献

[1] 夏玉宇．化学实验室手册．3版．北京：化学工业出版社，2015.
[2] 葛庆平．化学检验工．2版．北京：中国计量出版社，2010.
[3] 张振宇．化工产品检验技术．2版．北京：化学工业出版社，2012.
[4] 王宝仁．石油产品分析．3版．北京：化学工业出版社，2014.
[5] 朱嘉云．有机分析．2版．北京：化学工业出版社，2004.
[6] 王世润，吴法伦，郑艳铃，刘雁红，程绍玲．基础化学实验．天津：南开大学出版社，2002.
[7] 马腾文．分析技术与操作（Ⅰ）——分析室基本知识及基本操作．北京：化学工业出版社，2005.
[8] 王建梅．化学检验基础．3版．北京：化学工业出版社，2015.
[9] 刘珍．化验员读本（上、下）．4版．北京：化学工业出版社，2004.
[10] 王秀萍，刘勃安，王宪恩．实用分析化验工读本——习题与试题集．4版．北京：化学工业出版社，2017.
[11] 胡必明．化工分析工．北京：化学工业出版社，2003.
[12] 周玉敏．分析化学．2版．北京：化学工业出版社，2009.
[13] 张小康，张正兢．工业分析．3版．北京：化学工业出版社，2017.
[14] 盛晓东．工业分析技术．2版．北京：化学工业出版社，2012.
[15] 张燮．工业分析化学．2版．北京：化学工业出版社，2013.
[16] 邬宪伟．物理化学．2版．北京：化学工业出版社，2007.
[17] ［美］加里．D．克里斯琴著．分析化学．3版．王令今，张振宇译．北京：化学工业出版社，1988.
[18] 王瑛．分析化学操作技能．北京：化学工业出版社，2004.
[19] 初玉霞．化学实验技术基础．3版．北京：化学工业出版社，2020.
[20] 北京化学试剂公司．化学试剂标准手册．北京：化学工业出版社，2003.
[21] 李妙葵，贾瑜，高翔，李志铭．大学有机化学实验．上海：复旦大学出版社，2006.
[22] 北京大学化学学院有机化学研究所．有机化学实验．北京：北京大学出版社，2004.
[23] 初玉霞．有机化学实验．4版．北京：化学工业出版社，2020.